カーボンニュートラルをめぐる世界の潮流

政策・マネー・市民社会

白井さゆり［著］

文眞堂

序

　世界は少しずつ，しかし着実に地球温暖化という共通の気候変動課題に取り組もうと動き出している。それは，現在，大半の国・地域が地球温暖化の原因とされる温室効果ガス（GHG）排出量のネットゼロ（正味ゼロ）実現を公約しカーボンニュートラルを掲げていることからも明らかである。世界の大手企業もカーボンニュートラルを掲げ，積極的な投資やイノベーションに取り組み始めている。しかし地球温暖化が極端に進行していくのを食い止めるためには，もっと手を打たなければならない。

　2021年春以降，天然ガス，石油，石炭のエネルギー価格などさまざまなコモディティ価格が高騰したことで，世界各地で予想外の高インフレを招いている。エネルギー価格や食料価格は2022年のロシアのウクライナ侵攻をきっかけに一段と高騰している。エネルギー価格高騰は安全保障や物価安定の見地から，化石燃料に依存し過ぎることへのリスクを改めて世界に示している。再生可能エネルギーの供給体制がまだ十分進んでいないからこそ化石燃料価格高騰に対する経済の脆弱性が露呈したと捉える見方も世界で広がっている。

世界を大きく変えた 2015 年のパリ協定

　世界が気候変動課題に目を向けるきっかけとなったのは，2015年9月に国連サミットで「持続可能な開発目標」（SDGs）が採択され，同年12月に気候変動対応に焦点を当てたパリ協定で合意したことにある。SDGs17目標の中にも気候変動対応やクリーンエネルギーなども含まれているが，フランスのパリで開催された地球温暖化抑制のためにGHG排出削減を目指す国連気候変動枠組条約（UNFCCC）第21回締約国会議（通称，COP21）において，先進国だけでなく，途上国も含めて世界が実現すべき世界平均気温の上昇抑制に関する共通の長期目標で初めて合意した点が画期的である。長期目標とは，パリ協定第2条に明記されており，工業化以前に比べて今世紀末（2100年頃）までに世界全体の平均気温の上昇について，工業化以前よりも「2℃よりも十分下回

る水準に抑えること，並びに 1.5℃ までに制限する努力をすること」である。そしてパリ協定第 4 条ではこの長期目標を実現するために，今世紀後半に GHG の人為的な排出量と吸収源による除去量のバランスをとって「ネットゼロ」を達成するために，現在増え続けている世界の GHG 排出量のピークをできるだけ早く達成し，その後は迅速に削減していくとビジョンを示している。

　人間の活動によって発生する GHG 排出量が毎年増え続けているが，パリ協定の批准国はまずはその増加を抑えてから減少に転じさせて，その後もさらに減少させていかなければならない。それでも残る GHG 排出量については植林や森林再生などで大気からの炭素を吸収，あるいは除去技術によって減らしてカーボンニュートラルを実現すること，その時期については 2050 年頃から 2100 年頃までに実現させると定めたのである。つまり排出量と吸収量が等しくなった状態がネットゼロ，すなわちカーボンニュートラルである。締約国は「国が決定する貢献」（NDC）として 2030 年頃の GHG 削減目標を策定して国連気候変動枠組条約事務局に提出・報告を義務づけられている。また別途，努力目標としてより長期（2050 年など）の排出削減目標や戦略を作成して公表することが定められた。

2050 年排出量のカーボンニュートラルが決まった背景

　その後，2018 年に国際的な科学評価機関の「気候変動に関する政府間パネル」（IPCC）が世界で大きな衝撃を与えた報告書を発表している。いわゆる 1.5℃ 特別報告書では，1.5℃ と 2℃ の温暖化では大きな違いがあり，熱波・豪雨・海面上昇，生物多様性の喪失のほか，トウモロコシや小麦・米などの食料生産の減少や水不足と貧困の悪化といったマイナスの影響にかなりの差があることから，1.5℃ に抑制する努力を促している。そして，世界平均気温上昇を今世紀末までに 1.5℃ に抑えるためには 2050 年頃までに二酸化炭素（CO_2）排出量をネットゼロにする必要があるが，現在の速さで温暖化が進むと早くて 2030 年から 2052 年の間に 1.5℃ へ上昇してしまうとする驚くべき見通しを示したのである。その上で今世紀末までに 1.5℃ 上昇に抑制したいのであれば，CO_2 排出量を 2030 年より前にかなり減らす必要があり，それにはできるだけ早く脱炭素に向けてあらゆる分野で大転換を果たし新しい技術開発や人々の行

動・生活様式を変えていかなければならないことを明確に示したのである。これ以降，多くの国が 2050 年を中心に GHG 排出量のカーボンニュートラル目標の実現を公約するようになっている。2021 年 11 月の UNFCCC 第 26 回締約国会議（COP26）の合意文書でも，世界の温暖化の 1.5℃目標が強調されている。

　2050 年頃までにカーボンニュートラル目標にコミットするということは，2050 年以降はマイナスに転換しさらにマイナス幅を深めていくことを前提に，今世紀末までに工業化以前に比べて 1.5℃の上昇に抑制する目標にコミットすることとほぼ同じ意味で使われている。GHG 排出量の 2050 年までにネットゼロの実現という表現とともに，カーボンニュートラル 2050 年という目標を掲げる国もみられている。いずれも排出量の削減量から吸収源と除去量を差し引いた状態がネットゼロになるよう目指す点で共通しているが，カーボンニュートラル（中立性）は，CO_2 排出量を森林などで CO_2 を吸収・除去する量でバランスさせるといった意味である。GHG 排出量の中で CO_2 は全体の 4 分の 3 ほどを占めているが，メタンなど他のガスも含む。CO_2 以外の GHG 排出量を正味ゼロにすることが難しいため，IPCC は GHG 排出量正味ゼロにするには，CO_2 を正味ゼロよりマイナスを目指すことも考えるべきとも指摘する。

カーボンニュートラル実現に必要な「政策」，「マネー」，「市民社会」の 3 つの柱

　世界では現在 160 カ国程度の国・地域が温室効果ガス排出量のカーボンニュートラル実現を公約している。スリナムやブータンのように既に達成している国もあるが，多くは先進国を中心に 2050 年かそれより前の達成を公約している。世界第 2 位の GHG 排出国の米国は，欧州連合（EU），イギリス，日本とともに 2050 年までに，世界最大の GHG 排出国の中国は 2060 年までに，世界第 3 位の排出国インドは低所得国ということもあって 2070 年までに，それぞれカーボンニュートラルを宣言している。現在の GHG 排出量累積の多くは，既に工業化を遂げた先進国の経済活動が原因であるため，先進国から率先して削減に努め，生活水準を高めるために経済成長が必要な途上国が脱炭素と成長を両立できるようさまざまな支援を提供していくことが不可欠となる。

　こうした野心的な排出削減目標を実現するには，排出量が非常に多い電力，

運輸・交通，製造業の排出量を大幅に減らさなければならない。電力部門では化石燃料依存を減らし再生可能エネルギーの拡大，またはアンモニア・水素の利用，運輸・交通部門ではガソリン車から電動自動車などへの転換，製造業では電化を進め，技術的に電化が難しい鉄鋼・化学などの分野では水素燃料やCO_2の回収・貯留（CCS）または回収・有効利用・貯留（CCUS）などの技術を利用することが期待されている。この多くの活動を企業が担っていくため，企業の行動と産業構造の変革を促していくことが重要になる。

　経済の円滑な変革には，政策，マネー，市民社会の3本の柱が揃って初めて可能になる（図表序 -1 を参照）。まずは政府の強いリーダーシップと気候政策パッケージの策定が基本になる。政府はカーボンニュートラルの実現を設定した期限と整合的な 2030 年頃の中期削減目標を設定し，具体的な気候政策や必要な官民資金総額などの試算を示して，政策の予見性を高めていくことが望ましい。気候政策には，排出削減や脱炭素に関連する公共投資や研究開発支援，省エネ規制の強化，カーボンプライシング（炭素税と排出量取引制度）などの政策を網羅している。政府の役割は，脱炭素の主な担い手である電力，重化学，自動車など GHG 排出量の多い産業を中心に企業の行動変容を促し，脱炭素に関連する新しい技術開発や設備投資を促して新しい産業を育成していくことにある。ここには政府の気候政策を側面支援する中央銀行のグリーン金融政策や金融当局による気候プルーデンス政策も含まれる。気候変動に関する政策イニシアチブで世界のトップに君臨するのが EU，すぐその後をイギリスが追っている。

図表序 -1　カーボンニュートラルの実現に必要な 3 つの柱

出所：筆者作成

世界マネーをいかに取り込むか

　こうした企業の研究開発や設備投資には多額の資金が必要になるため，民間マネーをいかに取り込んで資金を拡充していくかという視点が欠かせない。国際エネルギー機関（IEA）の「ネットゼロ 2050 年」報告書によれば，2030 年までに世界でクリーンエネルギー投資額は毎年 5 兆ドルも必要でこの水準を2050 年まで維持が必要だと試算する（IEA 2021a）。主な資金提供の担い手は，環境・社会・ガバナンス（ESG）などサステナビリティを重視する投資家などになる。世界には多額の投融資資金があるが，大半は一般的な使途の資金であり，サステナビリティへのインパクトを意識した資金ではない。こうした一般的な資金を，脱炭素を可能にするような企業やプロジェクトに向けるような転換を促していかなければならない。そのためにはサステナビリティへの関心が高い投資家を増やし，彼らに安心して投資を増やしてもらえるように，政府の包括的なサステナブルファイナンス戦略が欠かせない。政府が率先して企業に情報開示を義務づけ，環境的に持続可能な活動の分類表（タクソノミー）を策定しそれにもとづき環境債やグリーン金融商品などの民間による開発が進むように投資環境を整備していくことが望ましい。最近では環境的に持続可能な活動以外の活動も分類して，民間資金を呼び込むための議論も始まっている。EU やイギリスなどの欧州には伝統的に ESG 投資家や環境意識の高い市民組織が多く存在しており，政府や企業にも積極的な働きかけをしてきた歴史もあり，サステナブルファイナンス市場が大きく発展している。世界最大の金融市場をもつ米国でも急速にグリーンファイナンス市場が拡大している。

　政策とマネーが車の両輪であるとすれば，それらを後押しするのが市民社会である。非政府組織（NGO）や非営利団体（NPO），シンクタンク・大学，および，環境意識が高くリーダーシップを発揮する企業や個人である。市民社会は，政府や企業の動きをウオッチして積極的な対応を促したり，さまざまな企業や政策の分析・調査を行っており，時には不適切な行為をしている企業を訴訟に持ち込んだり，世界の連携を深める役割も担っている。国際機関，政府，および ESG 投資家と連携して活動することも多い。サステナビリティで評価が非常に高い NGO としては世界自然保護基金（WWF）が有名である。再生可能な資源利用，生物多様性の保全，環境汚染の削減を目指して世界で活動す

る組織である。サステナブル商品を提供しリーダーシップを発揮して高評価を得ている企業は，イギリスの消費財メーカーのユニリーバと米国の衣料品メーカーのパタゴニアである。とくにユニリーバは 2039 年までにサプライチェーンを含めてカーボンニュートラルを掲げ，本書第 3 章でも指摘するが，森林伐採の防止キャンペーンでイニシアチブを発揮している。サステナブルファイナンス市場の発展に大きく貢献する個人としては，ブルームバーグ創設者のマイケル・ブルームバーグ氏と元イングランド銀行総裁のマーク・カーニー氏であることは言うまでもない。これらの人物は，気候変動に関する企業の情報開示のグローバルスタンダードとなりつつある「気候関連財務情報開示タスクフォース」（TCFD）ガイドラインの策定に大きく貢献している。それ以外でも多種多様な情報開示スタンダードやサステナビリティに関する認証システムがさまざまな民間組織によって開発されているが，標準化が進みつつある。読者は，本書を通じで，市民社会がいかにカーボンニュートラルやサステナブルファイナンスおよび企業の ESG 経営に深くかかわっているかを知ることができるであろう。

　市民社会は，つきつめれば市民の総意を反映している。カーボンニュートラルを実現していくには，企業・経済構造や人々の行動様式について大きな変容を伴うため，市民による気候政策に対する理解や脱炭素に向けて努力する企業をサポートする機運が盛り上がると，実現性は高まっていく。たとえば，第 1 章で説明するが，カーボンニュートラルの世界を実現していくには，炭素税などを段階的に引き上げるカーボンプライシングが不可欠とのコンセンサスが世界にある。太陽光や風力などの再生可能エネルギーや運輸・交通部門や建物の電化を進めていくには化石燃料の使用にかかるコストを炭素税などによって高めることで企業・消費者の行動変容を促すことにつながる。また再生エネルギーの電力コストは運用開始後に追加費用が低くなるが，導入拡大期には設置コストがかかるので電気料金が上昇する。こうした炭素税や電力料金の上昇負担を軽減するために低所得者には炭素税から得られる税収の一部などを補助金として支給する「公正な移行」（Just Transition）の仕組みが必要になる。また，カーボンプライシングの 1 つである排出量取引制度は，カーボンクレジット市場の拡大につながることもあり，近年，注目を集めている。多くの国民の

気候変動課題への理解が深まれば，政府の気候政策の取り組みは一段と推進されていく。したがって気候変動への意識が高い市民が多いほど，カーボンニュートラルの実現に向けた政策が軌道にのり，マネーも集まりやすくなる。

世界でのリーダーを目指す欧州，後を追う中国

「政策」，「マネー」，「市民社会」の3つの柱がすべて揃っており，気候変動課題の解決に向けてルールメーカーとして世界を圧倒的にリードするのがEUである。第4章で説明するが，EUは2005年から域内のGHG排出削減を目指して排出量取引制度を導入しており，サステナブルファイナンスへの取り組みを2016年から本格化している。2016年に設立したサステナブルファイナンスに関するハイレベル・エクスパートグループ（HLEG）が2018年発表した報告書にもとづき，サステナブルファイナンス行動計画を策定し，着実に実行に移している。2019年には欧州グリーンディールを発表している。サステナブルファイナンス行動計画の一環として環境的に持続可能な活動を分類する「タクソノミー規則」が採択されており，企業や金融機関に対する情報開示の義務化も進めている。2021年にはカーボンニュートラルと2030年GHG排出量55％削減を実現するための気候政策のパッケージ「Fit for 55」を発表している。再生可能エネルギー供給の拡大や電気自動車（EV）の生産などが進みつつあり，この動きを後押しする環境意識の高い投資家と市民社会がある。EUは2022年2月のロシアによるウクライナ侵攻を受けて，ロシアへの制裁とともにロシアの石炭・石油・ガスから自立する方針を掲げている。再生可能エネルギー供給の一段の拡大と省エネの促進，スマートグリッド，デジタル技術の開発，小型モジュール炉，水素燃料利用の拡大を目指している。EUのカーボンニュートラル実現への意志は固く，一部の石炭依存度が高いEU加盟国の石炭フェーズアウト期限の一時的な先送りはあるものの，中期的には脱炭素・低炭素への移行を加速する戦略を打ち出している。

気候変動対応でEUとほぼ互角の先駆的な動きをしているのが，2020年1月末にEUを離脱したイギリスである。イギリスは電力における石炭火力脱却により主要先進国で最もGHG排出量を削減した実績を誇る。ESG産業が成熟しており，企業統治を高める制度や人権尊重に対する法的取り組みに対する世

界の評価は高い。2022年初めのロシアのウクライナ侵攻に対する制裁も人道
的見地から米国に次ぐ厳しい制裁に取り組んでいる。イギリスもロシアのエネ
ルギーからの自立を宣言している。イギリスはEU離脱後の成長戦略として世
界発の「ネットゼロ金融センター」を目指して政策を打ち出しており，現在世
界で最高評価のグリーン金融センターを有している。もっともEUの国内総生
産（GDP）はイギリスの6倍程度にもなり，経済規模の差からEUでサステナ
ビリティに関する制度・法的基盤が整備され浸透していくと，サステナブル
ファイナンス市場におけるEUの存在感が一段と高まっていく可能性もある。

　EUとイギリスに次いで世界が注目しているのが中国である。中国では電力
の石炭依存度が高く，2060年までにカーボンニュートラルを実現していくに
は課題がある。しかし，政府の強いリーダーシップにより相次いで環境政策を
打ち出しており，世界最大の再生可能エネルギーの生産および消費大国となっ
ている。EVでも世界最大の生産・消費大国となっている。クリーンエネル
ギー投資額も世界最大級となっている。また環境に配慮したグリーン金融政策
も活発で，政府・中央銀行主導でグリーン金融市場が急成長をしている。中国
ではEUやイギリスのようにESG投資家や市民社会が成熟しているわけでは
なく，習近平国家主席と中央政府による強いリーダーシップのもとで金融や企
業によるグリーンな活動が活発化している。

　一方，米国ではジョー・バイデン氏が2021年1月に大統領に就任すると直
ちにパリ協定への復帰を申請し，2050年までにカーボンニュートラル，2035
年までに電力部門のカーボンニュートラルの実現目標を掲げている。しかしそ
の実現に必要な気候政策が連邦議会で賛同を得られておらず，サステナブル
ファイナンス市場の整備を進めていくにあたり民主党と共和党の対立が激化し
ており，一貫した政策がとれないという課題に直面している。しかし，米国で
はカリフォルニア州を筆頭に独自に気候対策を進める州政府が多く，サステナ
ブルファイナンス市場も大きく拡大している。世界最大の金融市場とイノベー
ションを生み出すダイナミズムがある米国だけに，革新的な金融の動きも多
く，ESG投資や市民社会の活動も活発である。

　現在，世界ではサステナブルファイナンス金融センターを発展させようと
EU，イギリス，中国を中心にファイナンス市場戦略をつぎつぎと打ち出して

いる。デジタル化が進むシンガポールも東南アジア諸国連合（ASEAN）を中心とするサステナブルファイナンス市場の金融ハブを目指して，国際的なリーダーシップを発揮している。米国では地方政府・民間主導で革新的なサステナブル市場が発展している。日本やほかの多くの国・地域も金融市場の発展を目指して競争が始まっている。

本書の狙いと構成

　本書は，カーボンニュートラルに向けた世界の潮流について，「政策」，「マネー」，「市民社会」の３つの柱を念頭に置いて，主要なポイントを整理しかつ展望する。第１章ではカーボンニュートラルの世界とはどのようなものなのかについて見ていき，想定される経済構造や必要な気候政策について紹介する。第２章ではカーボンニュートラルに向けて企業経営の改革を促すサステナブルファイナンスの動向と課題に焦点をあてる。第３章では気候変動を中心とする環境課題について，社会的課題にも触れつつ，企業に期待される経営について解説する。第４章から第６章までは世界が注目する欧州，中国，米国の動向を紹介する。第４章では，グリーンディールの下で世界のルールメーカーとして台頭する EU と EU 離脱後の成長戦略としてネットゼロ金融センターを目指すイギリスについて，第５章では，アジアのグリーンファイナンスで存在感を高める中国，そして第６章では気候政策では遅れをとるが革新的なサステナブルファイナンス市場で世界をひきつける米国に焦点をあてる。第７章では環境に配慮した金融政策（グリーン金融政策）や金融安定化の取り組みについて考察する。「最後に」では，日本の最近の動向についてふれている。

　最近では，気候変動リスクに関する議論もある程度成熟してきたことから，自然資本や生物多様性にも対応が広がりつつある。2021 年半ばに気候変動に関する TCFD の生物多様性バージョンとして，「自然関連財務情報開示タスクフォース」（TNFD）が新たに創設され，情報開示ガイドラインの策定や科学的根拠にもとづく数量的な目標設定に向けて議論が開始している。実用化にはもう少し時間がかかるため，本書では議論と対策が進んでいる気候変動を中心に考察している。

　本書では，話を分かり易くするために，幾つかの専門用語をあえて同じ意味

で用いている。カーボンニュートラル，ネットゼロ，1.5℃°についてそうした扱いをしている。GHG と CO_2 もほぼ同じ意味で用いている。また，サステナブル投資，ESG 投資，責任投資もほぼ同じ意味で扱っている。

　また，円の為替レートについては，本書を執筆している間に円安が大きく進んでおり，円が割安になっている。変動が大きいため，円に換算する場合には1 ドル＝127 円程度，1 ユーロ＝137 円程度と仮定している。

　筆者が ESG 課題に関心を持ち始めたのは，数年前に欧州の複数の中央銀行の職員や有識者と気候変動への取り組みについて議論をしたことがきっかけである。また，ESG 関連のエンゲージメント・サービス会社として欧米で高い評価を受ける老舗のイギリス企業の上級顧問として 2 年間勤務し，企業経営の改善を図るべくエンゲージメントを実践してきた実務経験，ならびにさまざまな投資家，企業，政府関係者，中央銀行，国際機関，メディアなどとの意見交換などを通じて蓄積してきた知識や研究活動にもとづいて執筆している。また慶應義塾大学湘南藤沢キャンパスと市民大学での講義，および複数の国内外の講演，討論会，ラウンドテーブルでの公式・非公式の意見交換を通じて，筆者の考えを整理するのに有意義な機会となった。

　このようなテーマでの全体を捉えた類書は多くはないと思われる。本書が少しでも読者の皆様の理解の促進につながり，お役に立てれば幸甚に存じます。

　2022 年 7 月

白井さゆり

目　　次

略語一覧

ASEAN：東南アジア諸国連合
　　　The Association of Southeast Asian Nations
BCBS：バーゼル銀行監督委員会
　　　Basel Committee on Banking Supervision
BIS：国際決済銀行
　　　Bank for International Settlements
CalPERS：カリフォルニア州職員退職年金基金
　　　California Public Employees' Retirement System
CalSTRS：カリフォルニア州教職員退職年金基金
　　　California State Teachers' Retirement System
CBAM：炭素国境調整メカニズム
　　　Carbon Border Adjustment Mechanism
CCC：気候変動委員会
　　　Climate Change Committee
CCS：二酸化炭素の回収・貯留
　　　Carbon dioxide Capture and Storage
CCUS：二酸化炭素の回収・有効利用・貯留
　　　Carbon dioxide Capture, Utilization and Storage
CDM：クリーン開発メカニズム
　　　Clean Development Mechanism
CDSB：気候変動開示基準委員会
　　　Climate Disclosure Standards Board
CEO：最高経営責任者
　　　Chief Executive Officer
CORSIA：国際民間航空のためのカーボンオフセット・削減スキーム
　　　Carbon Offsetting and Reduction Scheme for International Aviation
CO_2：二酸化炭素
　　　Carbon Dioxide
CSR：企業の社会的責任
　　　Corporate Social Responsibility
CSRD：企業サステナビリティ開示指令
　　　Corporate Sustainability Reporting Directive

DAC：直接空気回収
　　Direct Air Capture
ECB：欧州中央銀行
　　European Central Bank
EPA：米国環境保護庁
　　Environmenttal Protection Agency
ESG：環境，社会，コーポレートガバナンス（企業統治）
　　Environment, Social, and Corporate Governance
ESMA：欧州証券市場監督局
　　European Securities and Markets Authority
EU：欧州連合
　　European Union
EU ETS：EU排出量取引制度
　　EU Emissions Trading System
EV：電気自動車
　　Electric Vehicle
FIP：フィードインプレミアム
　　Feed-in Premium
FIT：固定価格買取
　　Feed-in Tariff
FOE：地球の友
　　Friends of the Earth
FRB：連邦準備制度理事会
　　Federal Reserve Board
FSB：金融安定理事会
　　Financial Stability Board
GDP：国内総生産
　　Gross Domestic Product
GFANZ：ネットゼロに向けたグラスゴー金融連合
　　Glasgow Financial Alliance for Net-Zero
GHG：温室効果ガス
　　Greenhouse Gas
GPIF：年金積立金管理運用独立行政法人
　　Government Pension Investment Fund

GRI：グローバルレポーティング・イニシアチブ
　　　Global Reporting Initiative
G20：20カ国＊G7（米国, 日本, ドイツ, フランス, イギリス, イタリア, カナダ）に, アルゼンチ
　　　ン, オーストラリア, ブラジル, 中国, インド, インドネシア, 韓国, メキシコ, ロシア,
　　　サウジアラビア, 南アフリカ, トルコ, 欧州連合・欧州中央銀行を加えた20カ国・地域
　　　Group of Twenty
GSIA：グローバルサステナブル投資アライアンス
　　　Global Sustainable Investment Alliance
HLEG：サステナブルファイナンス・ハイレベルエキスパートグループ
　　　High-Level Expert Group on Sustainable Finance
IASB：国際会計基準審議会
　　　International Accounting Standards Board
ICAO：国際民間航空機関
　　　International Civil Aviation Organization
ICMA：国際資本市場協会
　　　International Capital Market Association
IEA：国際エネルギー機関
　　　International Energy Agency
IFC：国際金融公社
　　　International Finance Corporation
IFRS：国際会計基準
　　　International Financial Reporting Standards
IIGCC：気候変動に関する機関投資家グループ
　　　Institutional Investors Group on Climate Change
IIRC：国際統合報告協議会
　　　International Integrated Reporting Council
ILO：国際労働機関
　　　International Labor Organization
IMF：国際通貨基金
　　　International Monetary Fund
IOSCO：証券監督者国際機構
　　　International Organization of Securities Commissions
IPCC：気候変動に関する政府間パネル
　　　Intergovernmental Panel on Climate Change
IPSASB：国際公会計基準審議会
　　　International Public Sector Accounting Standards Board

IPSF：サステナブルファイナンスに関する国際プラットフォーム
International Platform on Sustainable Finance
ISO：国際標準化機構
International Organization for Standardization
ISSB：国際サステナビリティ基準審議会
International Sustainability Standards Board
LCOE：平準化発電単価
Levelized Cost of Electricity
LED：発行ダイオード
Light-emitting Diode
LNG：液化天然ガス
Liquefied Natural Gas
M&A：合併買収
Merger and Acquisitions
NDC：国が決定する貢献
Nationally Determined Contributions
NFRD：非財務情報開示指令
Non-Financial Reporting Directive
NGFS：気候変動リスク等に係る金融当局ネットワーク
Network of Central Banks and Supervisors for Greening the Financial System
NGO：非政府組織
Non-Governmental Organization
NPO：非営利団体
Non-Profit Organization
OCC：通貨監督庁
Office of the Comptroller of the Currency
OECD：経済協力開発機構
Organization for Economic Co-Operation and Development
PBR：株価純資産倍率
Price Book-value Ratio
PRA：健全性規制機構
Prudential Regulatory Authority
PRI：責任投資原則
Principles for Responsible Investment
PSF：サステナブルファイナンスに関するプラットフォーム
Platform on Sustainable Finance

RAN：レインフォレスト・アクション・ネットワーク
　　　Rainforest Action Network
RBA：責任ある企業同盟
　　　Responsible Business Alliance
RGGI：地域温暖化ガスイニシアチブ
　　　Regional Greenhouse Gas Initiative
RMI：責任ある責任鉱物イニシアチブ
　　　Responsible Minerals Initiative
ROE：自己資本利益率
　　　Return on Equity
ROIC：投下資本利益率
　　　Return on Invested Capital
RSPO：持続可能なパーム油のための円卓会議
　　　Roundtable on Sustainable Palm Oil
SASB：サステナビリティ会計基準審議会
　　　Sustainability Accounting Standards Board
SBTi：Science-Based Targets イニシアチブ
　　　Science-Based Targets Initiative
SDGs：持続可能な開発目標
　　　Sustainable Development Goals
SEC：米国証券取引委員会
　　　U.S. Securities and Exchange Commission
SFDR：サステナブルファイナンス開示規則
　　　Sustainable Finance Disclosure Regulation
SRI：社会的責任投資
　　　Socially Responsible Investment
TCFD：気候関連財務情報開示タスクフォース
　　　Task Force on Climate-related Financial Disclosures
TNFD：自然関連財務情報開示タスクフォース
　　　Taskforce on Nature-related Financial Disclosures
UN-DESA：国際連合経済社会局
　　　United Nations-Department of Economic and Social Affairs
UNEP FI：国連環境計画金融イニシアチブ
　　　United Nations Environment Programme Finance Initiative
UNGC：国連グローバル・コンパクト
　　　United Nations Global Compact

UNFCCC：国連気候変動枠組条約
　　United Nations Framework Convention on Climate Change
US SIF：米国サステナブル責任投資フォーラム
　　Forum for Sustainable and Responsible Investment
VRF：バリューリポーティング財団
　　Value Reporting Foundation
WEF：世界経済フォーラム
　　World Economic Forum
WWF：世界自然保護基金
　　World Wildlife Fund

第1章

カーボンニュートラルな世界

　世界の多くの国・地域がカーボンニュートラルを公約しており，それに見合った気候政策が着実に実施されていけば，温暖化による海面上昇や極端な気候事象などの「物理的リスク」が抑えられると考えられている。そのためにはGHG排出量の大幅削減につながるように経済・産業構造を転換する移行（トランジション）の過程に移らなければならない。その際に，産業・企業の新陳代謝を促し，経済成長やインフレにも大きな影響が及ぶこともあり，さまざまな新しい「移行リスク」に向き合うことになる。世界の多くの国・地域がまだカーボンニュートラルと整合的な気候政策パッケージを策定・着手できていないのも，移行に必要な政策を実施していく際のリスクが大きいと躊躇しているためである。政策を遅らせることによる「フリーライダー」（ただ乗り）を回避するには，多くの国・地域が危機感を共有して同時に必要な政策を進めなくてはならない。今後の気候政策の実践次第で，物理的リスクと移行リスクのどちらがより大きくなるかが変わるので，将来予想される世界の経済・社会状況もそれに合わせて大きく変わってくる。第1章ではカーボンニュートラルな世界について，実現に必要な政策と想定される産業転換について見ていくことにする。

第1節　気候変動の物理的リスクと移行リスク

　気候変動リスクは「物理的リスク」と「移行リスク」に分けて考えることが

世界のコンセンサスとなっている。物理的リスクは年々顕在化しており，大型のハリケーンや台風，集中豪雨，大洪水など大自然災害が頻発し規模も拡大していることや海面上昇などによってインフラや企業の生産設備・家屋などが破損し経済活動が阻害されるリスクのことを指している。また食料生産の減少，コモディティ価格の高騰，健康被害，モノやサービスの生産活動や労働が困難になることによる生産性の低下などが発生するリスクも含まれている。現在の世界平均気温は工業化前に比べて既に 1.1〜1.2℃ 程度上昇しており，極端な気候事象による被害は世界で頻発している。さらに世界平均気温が上昇していくほど，こうした被害は増えていくと予想されている。

　一方，移行リスクとは，気候政策によって低炭素経済へ移行する過程で生じるリスクのことである。気候政策には，排ガス・燃費規制や省エネ規制などの大幅な強化，化石燃料補助金の撤廃，グリーンプロジェクトや低炭素技術開発への補助金の拡充，再生可能エネルギーの固定価格買取（FIT）制度，脱炭素に必要な公共投資（たとえば EV 充電ステーションの増強，低炭素の交通手段，公的建造物のグリーン化）や森林の管理のほか，後述するカーボンプライシング（炭素税や排出量取引制度）の拡充などが含まれる。いずれにしても歳出拡大や税・補助金の見直しが必要になる。こうした気候政策によって企業が再生可能エネルギー，スマートグリッド，EV，蓄電池，水素燃料，CCS と CCUS などへの研究開発や設備投資を拡充しビジネスモデルの転換を促されることになる。企業にとっては設備投資と研究開発の費用もかかるし，そうした投資・研究活動が実を結ばないリスクもある。産業・企業間でも新陳代謝が進む。化石燃料を多く使用する資産は投資コストが回収できずに「座礁資産」となり，そうした産業に多く投融資する金融機関が多ければ金融システムの安定を脅かす恐れがある（第7章を参照）。また，政府の環境規制の強化に違反する企業に対する処罰・罰金の適用や対応を怠る企業への訴訟も増えていくと予想される。さらにはカーボンプライシングによる電気料金や炭素税などの一定期間の引き上げによる物価上昇（グリーンインフレ）が生じることで経済や低所得者に及ぼす打撃も移行リスクに含まれる。しかし，低炭素経済への移行過程では新しい官民投資やイノベーションが生まれるため，経済活動が活発になる可能性が高い。こうした動きに早く参加し新しいビジネスを追及する企業

は，新しい需要を掘り起こし国際競争力を高めていく機会にもなる。

　このように，物理的リスクと移行リスクは「逆相関」の関係にある。図表1-1では，縦軸に移行リスクの程度，横軸に物理リスクの程度を示している。原点から離れるほどリスクが大きくなる。気候対策が「現状維持のシナリオ」のドでは，移行リスクは気候政策を新たに追加するわけではないので相対的に低いが，物理的リスクが大きく高まってしまう。その結果，世界平均気温が工業化以前に比べて現在（1.1～1.2℃上昇）から今世紀末までに3℃以上に上昇し，生産・生活が困難な地域や健康被害が急増する可能性がある。この状態を回避するためには，パリ協定とIPCCの1.5℃特別報告書が指摘するように，世界の平均気温を今世紀末までに1.5℃度上昇に抑制する努力をしなければならない。それは容易なことではないが，今からできるだけ早く気候政策を実行に移していくことが望ましい。「現状維持」または「1.5℃シナリオ」のどちらを選択するかは世界各国の政府，投資家，企業，市民社会の行動にかかっている。

図表1-1　気候シナリオ分析の主要な3つのシナリオ

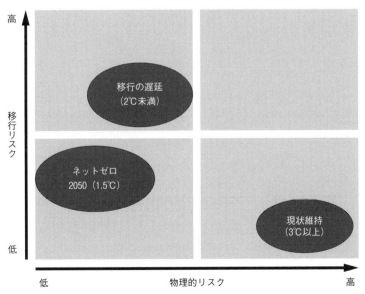

出所：NFGS（2021a）をもとに筆者作成。

第2節　気候シナリオ分析で描かれる3つの未来像

　気候変動による世界経済への影響については，「気候変動リスク等に係る金融当局ネットワーク」（NGFS）が2021年6月に公表した気候変動のマクロ経済分析を参考にするのがよい（NGFS 2021a）。NGFSは2017年末に欧州の中央銀行や金融当局が主導して設立したネットワークである（第7章を参照）。NGFSはパリ協定目標を実現するために，中央銀行や金融規制当局による金融機関の監督業務において気候変動をどう取り入れていくべきか，気候変動が金融システム全体に与える影響をどう分析・評価するべきか，低炭素経済と整合的な中央銀行の業務や金融政策とはどのようなものかなどについて検討を重ねてきており，さまざまな分析枠組みやガイドラインを公表している。世界の多くの中央銀行や金融当局が参考にしており，金融監督，金融機関に対する気候シナリオ分析，および中央銀行の取り組みについて世界の標準化を促すことが期待されている。またそれによりカーボンニュートラル経済への移行を支援するサステナブルファイナンス市場の育成を目指している。

　NGFSの分析は，国際エネルギー機関（IEA）が2021年5月に発表した「ネットゼロ2050」報告書，IPCCや既存の有識者による研究成果，有識者との共同研究などを通じて，新しい気候シナリオも追加して，世界の平均気温上昇が2℃を下回るような気候政策を実施していく場合と現状維持の場合，気候政策を今から着実に実施していくのか，あるいは10年程度遅らせるのか，およびCCUSや炭素隔離技術が入手可能になるのかといった幾つかの前提条件の違いから6つの気候シナリオを用意している。IEAのネットゼロ報告書は，2050年までにエネルギー関連のCO_2排出量をネットゼロにするためのロードマップを示した高い影響力をもつ文書である（IEA 2021a）。

気候シナリオの3つのメインシナリオ

　NGFSのメインシナリオは，次の3つである（NGFS 2021a）。まずベースラインシナリオとして，現行の気候政策を維持したままで追加政策がない「現状維持」シナリオが用意されている。次に，2050年頃までに1.5℃と整合的な

カーボンニュートラル実現のために今から着実に各国が気候政策を実施してい
く「ネットゼロ 2050」シナリオ，および気候政策の実施は今から 10 年程度遅
らせるが世界の平均気温上昇を 1.8℃程度に抑制するために厳しい気候政策を
断行していく「遅延する移行」シナリオがある（図表 1-1 を参照）。

「ネットゼロ 2050」と「遅延する移行」シナリオでは，GHG 排出削減のた
めに炭素税などによって炭素価格を段階的に引き上げる政策を想定する。前者
のシナリオでは炭素価格（実質）は 2030 年頃までに CO_2 排出量 1 トン当たり
160 ドル程度（20,000 円程度），2040 年頃までに 400 ドル弱（51,000 円程度），
2050 年に 700 ドル弱（9 万円弱）へと大幅な引き上げが必要になる。これは各
国が現在採用する実際の炭素価格よりかなり高い。図表 1-2 は，CO_2 排出量

図表 1-2　主要国の炭素価格

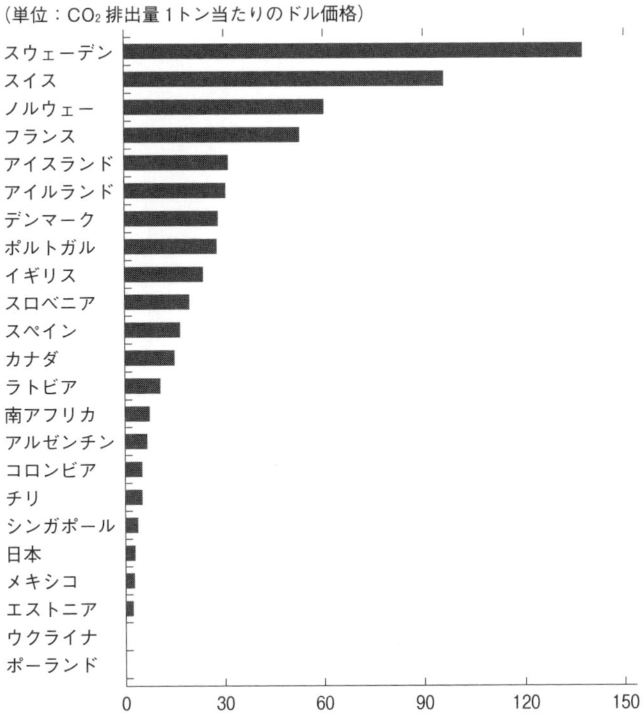

（単位：CO_2 排出量 1 トン当たりのドル価格）

出所：世界銀行の Carbon Pricing Dashboard 2020

当たりの炭素税をドル建て表示している。炭素税とは一般のエネルギー税とは異なり，CO_2 などの排出量に応じて課税される税を指している。日本では「地球温暖化対策のための税」（温対税）があり，現在 CO_2 排出量1トン当たり289円なので，相対的に低い税率となっている。「遅延する移行」シナリオでは2030年までは炭素価格は現状と同じ低い水準で推移した後，急速に炭素価格を引き上げて2040年には350ドル，2050年までに600ドル強に引き上げることになる。

　いずれのシナリオでも炭素価格はかなり引き上げられるが，実際の炭素価格はこれほど上昇しないと考えたほうがよい。実際には，これ以外のさまざまな税制や，政府による低炭素エネルギー関連のインフラ投資，排ガス・省エネ規制などの環境規制の強化，再生エネルギー関連への研究開発支援，EV の購入者への補助金，並びに CCS，CCUS，水素技術などの発展により，炭素価格をここまで引き上げなくても GHG 排出量の大幅削減ができる可能性が高い。NGFS の気候マクロモデルではあくまでも推計モデルの簡便化のために，それらの一連の政策を炭素価格に織り込んでいる。ちなみに上記以外のシナリオの中で，たとえば世界の平均気温上昇を 1.7℃ に抑制するシナリオでは炭素価格は次の10年程度で50ドルへ，2040年には100ドル，2050年には200ドル弱へ引き上げが必要と試算しており，極端な引き上げにはなっていない。国際通貨基金（IMF）も2020年10月の「世界経済見通し」報告書において，1.7℃上昇に抑制する政策パッケージシナリオを提示しており，炭素価格を6〜20ドルの水準から開始し，2030年に10〜40ドル，2050年に40〜150ドルへ段階的に引き上げていく見通しを示しており，それとも整合的である（IMF 2020）。

カーボンニュートラルの未来は世界経済を押し上げる

　図表1-3は，NGFS の3つのシナリオについて，移行リスクと物理的リスクが各々実質 GDP に及ぼす影響を示している。この図表では，これらの気候リスクが顕在化する前に想定される「プライヤートレンド」を推計してから，それとの対比で3つの気候シナリオの下での GDP 変化を示している。図表1-3では「ネットゼロ2050」シナリオの場合，移行リスクが GDP に及ぼす影響は幾分プラスになることを示している。これは炭素税の引き上げやエネ

図表 1-3　気候変動が GDP の変化に及ぼす影響の試算

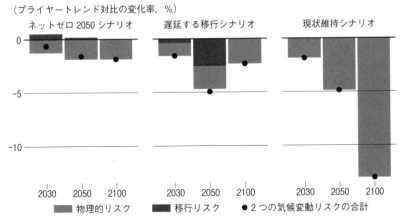

注：図の黒点は，3 つのメインシナリオで，物理的リスクと移行リスクが GDP に及ぼす影響の合計を示す。
出所：NGFS（2021a）

ギーコストが上昇しても，そうした税収を活用してグリーン公共投資や研究開発支援とそれによる民間の経済活動が誘発され，低所得者への所得支援にも配分できるので，全体として GDP の押し上げ効果が大きくなるからである。また炭素税収の増加の一部は政府の債務返済に充てられるので財政の持続性も高められる。一方，排出量取引制度の場合，排出枠のオークション収入は政府に入るが，炭素税ほどの歳入増は見込めないことが多い（白井 2022）。一方，「遅延する移行」シナリオでは，移行リスクは GDP を下押しする。必要な気候政策を 10 年程度遅らせてしまうため，世界平均気温を 2℃以下に抑えるためにはより厳しい気候政策を断行していかなければならないからである。「現状維持」シナリオでは追加的な気候政策がないため，移行リスクが GDP に及ぼす影響はかなり限定的になる。

　物理的リスクについては，3 つのシナリオとも現在よりは地球温暖化が進行していくため GDP は下押しされると予想される。NGFS 分析ではプライヤートレンドに対して各シナリオの下での損害の大きさなどを推計しているため「マイナスの効果」として示されている。物理的リスクにより 3 つのシナリオ

とも実質 GDP は下押しされるが，「現状維持」シナリオの下での GDP 下押し効果が最大となる。ただし，シナリオ間の違いは 2050 年頃まではさほど目立たないとみられる。「現状維持」シナリオの下で気候政策を十分実践せずに物理的リスクが高まって経済活動を下押しする影響は，2050 年以降に大きく顕在化していくと予想されている。前述の IMF の分析でもこの点は共通している。

　NGFS モデルでは，物理的リスクについて，77 カ国の中の 1,500 以上の地域の過去の気候データが国内総生産に及ぼした影響に関する先行研究の分析なども使って，地域の温暖化による世界の降水量の増加，海岸や河川からの距離（近いほど洪水などの被害が大きい）や標高（熱帯地域などは被害が大きい）などの違いが GDP に及ぼす影響などを推計に反映させている。気温上昇が農業生産性や労働生産性へ及ぼす影響も含めている。しかし，海面上昇などの物理的リスクの「慢性リスク」，およびサイクロン，大洪水，集中豪雨などの異常気象の激化や突発的な気象現象による物理的リスクの「急性リスク」がもたらす損害の影響はモデルに織り込めていない。こうした物理的リスクが顕在化することで，世界各地で起きうる紛争などが間接的に GDP を下押しする影響も反映されていない。これらの物理的リスクを織り込むと，GDP を下押しする影響は一段と大きくなる可能性が高い。現在のモデルの下で，移行リスクと物理的リスクが GDP に及ぼす影響を合計すると，図表 1 - 3 の黒点が示すように，現状維持シナリオが GDP を下押しする影響が最大になる。ただし，その影響は 2050 年までは「遅延する移行」シナリオとあまり変わらない。本格的な影響は 2050 年以降に大きく顕在化していくと見込まれている。

第3節　カーボンニュートラルな世界の経済構造

　以上の気候シナリオ分析による予想は，不確実性が高く推計モデルなどによって試算結果が異なっている。しかし，結果のインプリケーションは同じであり，IPCC の 1.5℃特別報告書が指摘したように 1.5℃と 2℃では大きな違いがあるため，世界は 1.5℃にできるだけ近づけるよう最大限の努力をしなけれ

図表1-4　2050年ネットゼロのもとでのCO_2排出量見通し

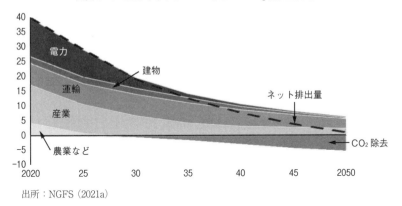

出所：NGFS（2021a）

ばならない。

　それでは2050年までにカーボンニュートラルを可能にする世界とは，移行プロセスを含めて一体どのような世界なのだろうか。ここでは前述のNGFSによる気候シナリオ報告書とIEAのネットゼロ2050年報告書をもとに，未来の状況を描いてみることにする。図表1-4はCO_2の排出量の見通しを示しているが，CO_2排出量を完全に減らせない残った部分については植林や除去技術などで相殺させる（オフセットする）ことを示している。電力部門の脱炭素化が，ネットゼロへ移行する際にまず始めるべき対応と想定されていることが見てとれる。電力部門では排出量がゼロである再生可能エネルギーが将来の主力電源となっていくことが予想されており，2050年頃までに電力供給は現在の5倍程度まで大きく拡大させる必要がある。それに加えて，国・地域によっては原子力発電などを組み合わせていくことになる。

優先される電力部門の構造転換

　天候によって変動する再生可能エネルギー供給を安定させていくには，スマートグリッドと風力・太陽光・地熱・バイオマス（たとえば食品廃棄物など）を組み合わせていくことが不可欠になる。とくに太陽光や風力の発電量は天候に左右され変動が大きいため，発電量を予め人工知能（AI）などで予測しかつベストな価格時間帯での電力販売を可能にするデジタル技術，および電

力需要が少ない時間帯に供給量が増加すると配電線に大量に電力が送られて負荷がかかるため，電力を貯めることで電力の需給バランスを調整する系統安定化対策が欠かせない。余剰となった発電量を無駄なく活用する方法については多くのイノベーションが世界で生まれている。大型の蓄電池を設置して再生可能エネルギー電力をプールするだけでなく，必要に応じて EV を蓄電池として代替利用を促し，コージェネレーションの導入やガスエンジンといった機器の電力源としての利用など，ほかの設備に余剰分の電力を移す方法もある。コージェネレーションシステムとは熱源から電力と熱を生産し供給するシステムを指している。エンジンやタービンなどの内燃機関や燃料電池で発電を行いその際に発生する熱を活用する方法や，蒸気ボイラーと蒸気タービンで発電を行って蒸気の一部を熱として活用する方法などがある。

　国・地域によって実現の時期に幅はあるが，電力に関する世界のコンセンサスとしては，再生可能エネルギー供給を増やしつつ，GHG 排出量が最も多い石炭から早期に脱却してガス火力発電への転換を図り，そしてガス火力の低炭素化を進めていくことである。低炭素なガスは 2050 年以降も利用されていくと見込まれている。2021 年 11 月の UNFCCC 第 26 回締約国会議（COP26）の合意文書では，初めて排出削減の講じられてない石炭の「段階的な削減」が明記されており，締結国で合意に至っている。石炭などの化石燃料の電力発電の多くは利用が減少し座礁資産化するリスクが高くなるため，石炭火力発電は 2030 年までにはかなり減っていき，残された発電所については CO_2 の排出量を減らす設備や技術を動員していくことになる（図表 1 - 4）。

　排出削減を講じるためには，液体を使用して化学的に CO_2 を分離するか，あるいは特殊な膜を使って CO_2 だけを分離させる方法などによって炭素を回収し，それを地下深くなどに貯留する CCS，あるいは回収した CO_2 の有効利用を含む CCUS 技術を活用していく技術革新が必要になる。あるいは，水素・アンモニア技術などをつかって化石燃料を使った発電所で混焼によって発電し，しだいに専焼へ移行することも考えられ，これによって CO_2 の排出量を削減できる。ただしこれらの技術は非常にコストがかかるため，いかにして低コストにして実用化するのかが課題となる。また，CCS 技術は CO_2 を地下深くに留めておくための地層を見つけ，地上に漏れないような管理が必要にな

り，しかも住民によっては居住地区がそうした対象になることに賛同を得られ
ない可能性もあり，大量な活用には限界があるかもしれない。さらに CCS を
石炭やガスなどの火力発電に使う場合，化石燃料の温存につながるとの批判的
な見方もある。そのほか植林や間伐による森林管理によって CO_2 の吸収力を
高めるとともに。大気中の CO_2 を化学反応によって固定する直接空気回収
（DAC）技術の開発も期待されている。

産業・建物・運輸部門はどう排出削減するのか

　産業，建物，運輸・交通などの部門についてはエネルギー効率の改善を進め
るほか，できるだけ電化していくことが GHG 排出削減には欠かせない。製造
業や建物のボイラーやヒートポンプの利用拡大などが考えられる。また建物は
できるだけ緑化を進め，太陽光パネルを屋根に設置して電力の再生可能エネル
ギーの利用を増やし，LED 照明や高効率エアコン，断熱材，燃料電池や蓄電
池を設置する住宅を増やしていくことが期待されている。鉄鋼，セメント，ガ
ラスなどの素材産業では現時点では技術的に電化が難しい分野と考えられてい
るため，CCUS の設置や水素技術によって新しい生産方法を開発していくこと
が考えられている。製造業でも工場の屋根に太陽光パネルの設置や工場周辺の
緑化を進め，廃棄物の再利用を進めていく必要がある。またプラスチックは製
造過程で GHG 排出量が多いことから，企業は使い捨てプラスチック容器や分
解性の弱いプラスチックの利用は停止し，再利用可能な容器（生分解性プラス
チックやバイオプラスチックなど）やリサイクルを促進していかなければなら
ない。消費者もできる限り使い捨てのスプーンやストローなどの利用は止めな
ければならない。

　運輸・交通部門では，EV や水素燃料自動車などが中心となる。EV はエン
ジン車よりも GHG 排出量は大きく削減されるが，製造に使用する電力を化石
燃料から再生可能エネルギーに転換できれば一段と削減が可能になる。カーボ
ンニュートラルな世界では，産業，建物，運輸・交通で消費するエネルギーの
半分以上を 2050 年までに電化していることが想定されているため，運輸・交
通部門においても電力の再生可能エネルギーへの大幅な転換が鍵となってい
る。

　さらに，水素燃料，バイオ燃料，合成燃料などは，電化が難しい場合の選択肢になりうる。バイオ燃料は航空産業でGHG排出量を減らすのに既に利用されているが，これらの燃料をさらに生産拡大していくことも必要になる。気体，液体，固体燃料の4割以上が2050年までカーボンニュートラルに転換していることが想定されている。

農業，森林，土地利用の変革が必要：リジェネラティブ農業

　農業，森林，その他の土地利用についてもGHG排出総量の20%以上も占めているため，大幅なGHG削減に取り組まなければならない。こうした部門で排出量が増えているのはアマゾンやインドネシアなどの熱帯雨林などで大豆，パーム油，カカオ，紙・パルプなどの生産のためのプランテーションや家畜の飼育によって森林伐採や森林破壊が急速に進んでいることが大きい。さらに農業においてGHG排出量の多い窒素肥料や殺虫剤の利用が多いことも地球温暖化の原因である。また，動物由来のプロテインの消費は，とくに牛肉の場合，カロリー供給，土地利用，GHG排出の観点から効率的ではないとの理解が広く共有されるようになってきている。たとえば，鶏肉，卵，魚類はカロリーバリューの20%前後の比率でプロテインを得られる一方で，牛肉は5%未満しか得られない。牛肉1カロリーを作り出すのにより多くの飼料が必要になり，植物由来のプロテインの方が効率的であることも明らかになっている。殺虫剤や肥料をあまり使わない再生可能な「有機農法」や，穀物が土壌の健康を保ち生物多様性の喪失を緩和する「リジェネラティブ農法」を進めていくこと，そして食生活では可能であれば豆類・野菜を増やし，食肉の消費から代替肉・人工肉の消費へ転換していくような変化が重要になってくる。しかも森林再生や植林などによるCO_2吸収の観点からも植物由来の方が優っている。図表1-4では，2030年までに農業，森林，その他の土地利用からのCO_2排出量についてもカーボンニュートラルを実現する必要があることを示している。また企業も個人もできるだけ食料廃棄物を減らしていかなければならない。

カーボンニュートラルに向けて進展する産業は電気自動車と照明のみ

　IEAは，2021年11月に「トラッキング報告書」において，2050年までに

カーボンニュートラルを達成するために対応が必要な46の産業転換分野の進捗状況をトラッキングして評価している（IEA 2021b）。信号機の色をもとに，進捗している分野を緑色，ある程度進捗しているがさらなる改善が必要な分野を黄色，そして進捗があまり見られない分野を赤色で評価している。IEAの「ネットゼロ2050」報告書のシナリオに沿って順調に進捗しているので緑色の評価を獲得した分野は，わずかEVと照明だけである。EVは販売市場が拡大しており，照明については発行ダイオード（LED）が世界の照明市場の半分以上を占めるまでに成長したと評価している。そして，黄色の評価を得た分野は18分野あり，進捗状況は悪くはないがさらなる改善の努力が必要だと判定している。18分野には，再生可能エネルギー，水素，蓄電地，スマートグリッド，鉄道，冷暖房，家電，ヒートポンプ，データセンター・データ通信網，大気直接回収のDAC技術，ガス火力発電，ガス火力発電へのCCUS導入，水素燃料の段階的転換，メタン漏出対策などが含まれている。残る26分野は，進捗が遅れていると赤色の判定が下されている。ここには，電力のCCUS，石炭火力，原子力発電，石油・ガス採掘におけるメタン漏出，鉄鋼，化学，セメント，アルミニウム，紙・パルプ，重工業へのCCUS導入，運輸・交通，バイオ燃料，航空，国際海運，トラック・バス，エンジン車，建物断熱などが含まれている。とくに石炭火力発電の排出量の削減が遅れていることへIEAは懸念を表明している。

　以上をもとに，1次エネルギー消費量の供給構成を見ていくことにする。1次エネルギー消費量はエネルギー消費量からエネルギー以外の目的で消費されたエネルギー（たとえば石油からつくったプラスチック）を除くもので，一国のエネルギー消費を満たすのに必要なエネルギー総量と定義されている。この1次エネルギーから電力や都市ガスなどがつくられ，最終エネルギー需要として産業，建物，運輸・交通などに使われていく。世界の1次エネルギー消費量構成をみると，石炭については現在の27％程度から2030年までには6％程度へ，2050年までにはほぼゼロに近い状態まで減らす必要がある（図表1-5）。ガスは，移行過程における石炭からの代替という役割もあって2030年頃までは現在とほぼ変わらないが，2050年にはCCSや水素技術の利用等によってGHG排出量を大きく減らすことが想定されている。石油については次第に自

図表1-5　ネットゼロ2050シナリオ:1次エネルギー消費量の構成

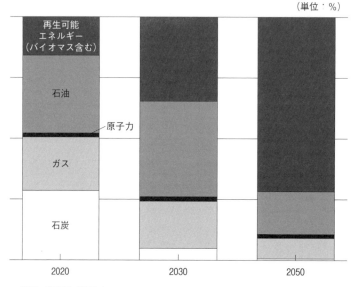

(単位・%)

出所:NGFS (2021a)

動車のガソリンや産業での利用が減っていくが，世界は人口と経済成長が続き
プラスチックなどへの利用が拡大していくため，2030年頃ではさほど構成比
は変わらない。その後は，プラスチックの再利用や使用量の減少および代替が
進むことで2050年頃までには石油の利用割合は減っていくと想定される。

第4節　気候政策とカーボンプライシング

気候政策にはさまざまなものがあるが，大別すると，「非市場型」と「市場
型」の政策に分類することができる。非市場型の政策には，特定の閾値以上の
排出を制限するような規制（スタンダード）があり，たとえば石炭火力発電所
に対するGHGに含まれる窒素酸化物（NOx）や硫黄酸化物（SOx）排出規制
がある。そのほかに，脱炭素関連の技術・イノベーションのための研究開発支
援，化石燃料関連の補助金の撤廃，EVの充電ステーション施設の拡充，並び

に大洪水に備えた堤防・土手や排水設備の設置のための公共投資や極端な自然気象に対する早期警戒システムなどの気候変動の適応政策が非市場型政策に含まれている。世界の多くの先進国・地域が1990年代頃から何らかの非市場型の政策手段を採用しており、我々にも馴染みのある政策が多い。

　他方、市場型政策の中心は、カーボンプライシングや価格を通じた再生エネルギー供給拡大制度になる。カーボンプライシングには、炭素税、排出枠を取引する排出量取引制度、再生エネルギー証書取引制度などが含まれている。再生エネルギー拡大政策としては、FIT制度やフィードインプレミアム（FIP）制度が市場型政策に含まれている。FITは欧州で採用され、日本でも2012年に導入された制度である。電力会社に対して再生可能エネルギー発電事業者が発電した電力を固定価格での買い取りを義務づけることで、再生可能エネルギー事業者が利益を見通しやすくなるので安心して供給拡大を促せる制度である。再生可能エネルギー供給が増える効果がある一方で、買取価格が電気料金に上乗せされるため供給が増えると電力価格が高くなり過ぎる問題が発生するようになった。日本では2021年度では総額2.7兆円ほどの費用に達している。そこで、欧州ではFITからFIPに転換しており、日本でも2022年4月からFIPへ移行している。FIPでは、再生可能エネルギー事業者が卸売市場などで電力を販売する際に、その売電市場価格に対して一定のプレミアムを上乗せする制度である。電力価格の上昇がFITに比べて緩和され、市場価格が反映されたより市場型の政策に近づくことになる。

世界におけるカーボンプライシングの活用は限定的

　気候政策には、公共投資や補助金、および炭素税などさまざまなエネルギー関連税や投資減税も含むため、財政政策の領域と重なる面が多い。IMFは2020年の報告書において、環境政策の「厳格度指数」を示しており、前述したスタンダード、研究開発の補助金、FIT、炭素税、排出量取引制度に大きく分類して時系列で推移を示している（IMF 2020）。図表1-6は、主要国による気候政策の厳格度指数の平均を政策タイプ別に示している。多くの国では、スタンダードが採用されかつ次第に強化されてきたことが見てとれる。次いでFITなどや研究開発費への補助金が広く採用されかつ強化されてきたが、最

図表1-6　環境政策の厳格度指数

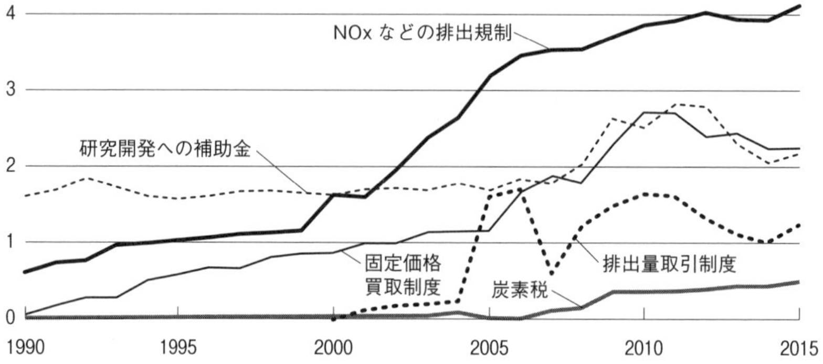

注：指数はOECDの28加盟国と中国・インドなど5カ国の新興国を含む。指数は最低0
（最も緩い）から最高6（最も厳しい）。
出所：IMF（2020）

近では厳格度が幾分低下している。これに対して，市場型政策であるカーボン
プライシングはあまり採用されていない。しかも，どちらかと言えば排出量取
引制度の方が炭素税よりも選好されて実践されてきたことが分かる。このこと
はカーボンプライシングについてさらに拡充する余地があることを示唆してい
る。

　排出量削減に最も効果的な政策がカーボンプライシングであることは，理論
的にも世界の国際機関・専門家の間でも共有されている。2050年までにカー
ボンニュートラルを実現するには，非市場型の政策だけでは十分ではないとの
世界的なコンセンサスがある。たとえ政府主導で再生可能エネルギーの供給拡
大やスマート電力ネットワークに大規模投資を実施し，EV充電ステーション
を全国各地で増設し，電化やビルの省エネ化・緑化を推進し，研究開発資金を
増やすことができたとしても，カーボンニュートラルの達成は難しいと考え
られている。たとえば再生可能エネルギーの供給量を増やせば，規模の経済性
が働くので再生可能エネルギーの電力費用を下げていくことができるが，電力
費用が低下することによりエネルギー需要がむしろ増えてしまうことも考えら
れるからである。また，化石燃料についても炭素価格が低い水準に留まる限
り，そのまま再生可能エネルギーへ転換することなく使い続けてしまうことも

ありうる。つまり，非市場型の気候政策だけではエネルギー消費効率の改善が
あまり期待できないため，カーボンニュートラル目標の実現に必要なだけの大
幅な GHG 排出削減につながらないと考えられている。

　世界で排出削減があまり進んでいないのは，カーボンプライシングが十分活
用されていないため炭素価格が低いことにある（図表1‐2を参照）。地球温暖
化がもたらしている数多くのマイナスの影響――たとえば，公害・汚染，大自
然災害の激化による社会資本や企業・個人の資産の損失や毀損，人体や生物へ
有害な影響など――を炭素価格に反映させるためには，炭素価格を段階的に引
き上げていく政策が必要になる。炭素価格が低いままであると，大量に GHG
排出量の多いエネルギーを使用し続けても，それがもたらすマイナスの影響分
の負担がエネルギーを大量に消費する産業と企業が負担しないで済むことが問
題とされているのである。

　つまり，炭素価格が低い限り，産業・企業の排出削減のインセンティブが十
分高まらないままになってしまう。炭素価格が上昇していけば，GHG 排出量
が多い産業・企業ほど経済活動による負担が重くなるので，それらの産業・企
業は削減努力をしないと利益が下押しされることになる。その一方で，再生可
能エネルギーの相対的コストが化石燃料と比べて下がるので，再生可能エネル
ギーや低炭素エネルギーへの需要が高まり，関連するイノベーションも一段と
誘発されると期待されている。IMF は世界の炭素価格の平均は現在わずか3
ドル（約380円）程度に過ぎず，カーボンプライシング効果を期待するには，
あまりにも低いと主張している。

炭素税が有効な政策である2つの根拠

　カーボンプライシングは，炭素税または排出量取引制度のことで，炭素価格
を引き上げることを目的として導入される。炭素価格の上昇による企業利益へ
の影響を回避したければ，排出の多い産業・企業は自らの GHG 排出量を減ら
すインセンティブを高めるようになり，経済全体の脱炭素化に向けて適切な価
格シグナルを送ることができる政策手段である。

　カーボンプライシングの中でも，炭素税は，実践的には排出量取引制度より
も有効な手段だと考えられている。理由は2つある。ひとつは，炭素税であれ

ば確実に炭素価格を直接的に引き上げることができるが，排出量取引制度では必ずしも炭素価格の引き上げにつながる保証がないことにある。同制度はGHG排出量の多い産業に対して排出を許容する上限枠を設定し，その上限を下回った企業が排出枠の余剰分を，排出上限を超えた企業に売却する取引が行われる「キャップ＆トレード方式」である。そうした市場取引で成立する排出枠の取引価格は排出枠をめぐる需給状況に左右されるため，必ずしも望ましい水準まで高まるとは限らない。

　たとえば，EUは2005年から火力発電所や排出の多い製造業（鉄鋼，セメント，石油精製，化学品など）を対象にEU排出量取引制度（EU ETS）を導入した。同制度では排出上限を超えた企業には罰金を適用して徐々に排出量の全体量の上限を減らしてきたが，2017年頃までは炭素価格は低水準で推移していた（第4章を参照）。この背景には同制度の導入によってEU企業の生産コストが高まってEU域外に生産拠点を移転して規制を逃れる「カーボン・リーケージ」が発生して産業が空洞化するのを回避するために，EU当局が排出枠の割当を無料で大量に行ってきたからである。その結果，許容排出量の上限が高くなり過ぎていた。2019年以降は，排出量の余剰（および未配分枠）をリザーブとして保管するメカニズムを導入し，問題の改善に努めている。EUは2050年までにカーボンニュートラルを掲げ，2030年排出量削減目標をそれまでの40％から55％への引き上げを公約しており，脱炭素の機運が一段と高まったこともあって，EU ETSの炭素価格は直近では80ユーロ前後（11,000円弱）とかなり高騰している。現在，EU ETSはEU全域の排出量の45％程度をカバーし，世界の排出量取引の9割程度を占める最大取引市場に発展している。中国は2017年7月に全国排出量取引制度を導入し，電力部門を対象とする排出量はEUを上回る世界第1位となっているが，市場取引の活性化にはもう少し時間がかかるとみられる。排出枠の取引価格はまだ1,300円前後と低水準で推移している。

　炭素税が望ましいもうひとつの理由は，各国政府にとって税収が得られることにある。炭素税収を炭素価格高騰によって打撃を受ける（たとえば石炭火力発電所に依存する）地域の振興や産業転換を促進し，労働者に対する職業訓練支援，炭素価格引き上げにより打撃の大きい低所得者のための所得補償，およ

び脱炭素に関連する技術開発支援などに充てることができる。結果的に，炭素税による財政肩代わり分だけ，財政の持続可能性も高めることができる。対照的に，排出量取引制度では，EU や中国のように，しばらくは GHG の排出枠を無償配布することが多い。産業の国際競争力を維持するためであるが，無償で排出枠を確保できる限り，カーボンニュートラルに向けた企業による脱炭素努力や必要な投資は十分増えない可能性がある。また，オークションをしても歳入増は，炭素税ほど期待できないことが多い。EU では，今後，現行のEU ETS 制度の改革を行い，2025 年から段階的に企業への無料配分枠を減らすほか，制度の対象部門（国際航空，同船舶，道路輸送，建物など）にも排出量取引制度を拡大していく計画を公表している。同時に，「炭素国境調整メカニズム」（CBAM）を導入し，同制度が適用される排出量の多い部門（セメント，鉄・鉄鋼，アルミニウム，肥料，電力）については，域外からの同等な輸入財に対して，炭素価格差に相当する輸入関税率を適用することで，産業競争力の低下や空洞化を防ぐ構えである。

　なお EU に加盟するアイルランド，スウェーデン，デンマーク，ポルトガルなどは，EU ETS 制度の対象となっていない産業部門や企業などに対して，独自の炭素税などを適用している。また EU 自体も気候政策パッケージ「Fit for 55」の下でエネルギー課税指令改正により，域内の環境性能に応じた最低課税水準を見直すことで排出の多い燃料価格を事実上引き上げて再生可能エネルギー需要を高めていく予定である（第4章を参照）。つまり EU は，排出量取引と炭素税をうまく組み合わせたカーボンプライシングを実践することで大幅な排出量削減を実現する戦略を採っている。

　排出量取引制度の大きな利点としては，排出許可書（排出枠）の取引を可能にするカーボンクレジット市場の育成につながっていくことが挙げられる。公的なマンデートリーなカーボンクレジット市場の創設により，排出枠が取引され市場価格が成立する。また，同制度に参加する企業の排出削減の一部を外部のカーボンクレジットの買い入れでオフセットすることを認めることで，民間の自主的なカーボンクレジット市場を間接的に奨励し信頼できる市場の整備がなされていく可能性がある。排出削減を目指す企業の選択肢も広がると思われる（第6章を参照）。

アジアでの人気が高まる排出量取引制度

　炭素税による炭素価格の引き上げが理にかなっていても，多くの国・地域が採用に踏み切らないのは自国の産業空洞化を恐れているからである。また増税がもつ消費者の負のイメージや経済全体への直接的な影響が広範囲に及ぶことも，排出量取引制度の方が好まれている理由だと考えられる。カーボン・リーケージや産業空洞化の懸念は，すでに電力料金が相対的に高いと感じている日本企業からもしばしば耳にする。アジア全体を見ても，シンガポールが2019年に導入した以外では炭素税の導入の機運は高まっていないようにみえる。アジアでは中国，韓国，オーストラリア，ニュージーランドが既に排出量取引制度を導入しており，インドネシアも導入の準備を進めており，排出量取引制度への関心の方が強まっているように思われる。

経済発展段階に即した複数の炭素価格の仕組み

　中国では2021年7月に始まった中国全土を対象とする排出量取引制度の下での炭素価格が現在10ドル前後と低い水準であることから，制度改革を進めていく必要性を多くの中国の有識者が認識している。しかし，EU並みの高い炭素価格まで引き上げるのは不可能だというのが中国のコンセンサスである。その理由は，中国経済はまだ1人当たり生活水準が先進国よりもかなり低いため，さらなる経済成長と工業化が必要であることと，現在の中国のGHG排出量が非常に多いことから炭素価格が大幅に上昇すると経済成長を大きく損なう恐れを懸念しているからである。またカーボンプライシングの引き上げで脱炭素を実現しようとする先進国・地域の言い分は，これからも経済成長を続けていかねばならない中国にとっては不公平だとの主張である。

　インドなどの1人当たり所得が低い国の多くではカーボンプライシングの導入はさらに難しいであろう。そこで，IMFが2021年に提案した経済発展段階に応じて世界で異なる炭素価格の下限（フロア）を導入する案について紹介する（IMF 2021a）。現在，カーボンニュートラルを掲げている多くの国・地域では，まだ信頼できる長期的な気候政策を提示できていないため，世界平均気温を今世紀末までに1.5℃の上昇あるいは2℃を十分下回る水準に抑えるのはかなりチャレンジングなのが実情である。また現在のEUの炭素価格のような

高い水準を，途上国で実現できないことは目に見えている。

　排出量の多い国・地域の今後の趨勢を見てみると，2030年までに中国，米国，インドの3カ国だけで世界の6割程度となり，EUを含むG20諸国・地域を合わせると85%程度を占めると予想されている。そうであるならば，まずはこうした主要な国・地域だけで炭素価格の下限について協議を開始することから始め，合意・導入した後に，段階的に対象国を増やしていくべきというのがIMFの提案である。

　その際，生活水準が高く工業化を成し遂げている先進国と，開発途上で石炭火力発電への依存度が高く，資金も乏しい途上国との間で，地球温暖化に対する「責任の違い」を十分考慮する必要がある。そこで，たとえば，経済発展段階に応じて炭素価格下限を，先進国は75ドル程度（9,600円程度），中国などの高位中所得国は50ドル程度（6,400円程度），そしてインドなどの低所得国は25ドル程度（3,200円程度）を適用するというのが提案である。この炭素価格の実現を，炭素税にするのか，排出量取引制度にするのか，あるいは，それらの組み合わせにするのかといった選択は，各国・地域に任せる。こうした炭素価格の適用に取り組む途上国に対しては，先進国から別途，資金援助を拡充する。IMFの試算では，こうした仕組みを導入することで，先進国だけでなく途上国でも，かなりのGHG排出削減が期待できるという。

　こうした国際的な仕組みであればカーボン・リーケージの懸念が和らぎ，多くの日本企業もカーボンプライシングの引き上げに納得できるのではないだろうか。ただし，新たな仕組みの実現は交渉に時間がかかるほか，制度の技術的な詳細を詰めていく必要がある。適正な炭素価格を把握する仕組みの実現に向け，日本は，中国やオーストラリアやシンガポールと協力しながらアジアでリーダーシップを発揮していくことも期待できる。

第5節　カーボンプライシングとインフレの関係

　前述したNGFSによる3つの気候シナリオでは，気候変動のインフレへの影響も試算している点が興味深い。「ネットゼロ2050」シナリオでは今から炭

図表 1-7　気候変動によるインフレ率の見通し：欧州とラテンアメリカ

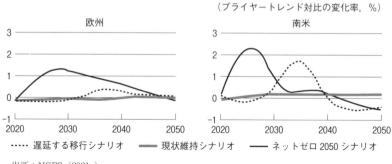

出所：NGFS（2021a）

素価格を段階的に引き上げていくので，インフレ率は2030年頃までに大きく
上昇する。しかしその後は，物価の押し上げ圧力は次第に弱まるのでインフレ
率は低下していくと予想されている。図表1-7は，欧州とラテンアメリカに
ついての見通しを示しており，これによればインフレ率は（プライヤートレン
ド対比で）1〜2％ポイント程度押し上げられると予想されている（図表
1-7）。もしプライヤートレンドのインフレ率が2％であれば，「ネットゼロ
2050」シナリオでは3〜4％のインフレ率となる。この結果，多くの先進国・
地域の中央銀行が掲げる2％目標を大きく上回る可能性がある。とくに最初の
10年程度の間にインフレ率が大きく上昇することになる。「遅延する移行」シ
ナリオでは，2030年頃から遅れて炭素価格を引き上げていくのでそこから10
年程度インフレ率が大きく上昇してからその後は次第に低下していくと見込ま
れる。こうしたインフレは「グリーンインフレ」と呼ばれている。「現状維持」
シナリオでは，炭素税の引き上げが実施されないので，インフレ率の上昇は起
きないと予想されている。

　欧州がラテンアメリカと比べて炭素税率の引き上げによるインフレ率が低く
留まるのは，すでに排出量取引制度の導入により炭素価格が上昇していること
が反映されていると思われる。また，「遅延する移行」シナリオの方が，ネッ
トゼロ2050シナリオよりもインフレ率が低くなるのは，10年後には脱炭素・
低炭素の技術開発が進んでいる可能性などが反映していると考えられる。ただ
しこの気候マクロ経済モデルでは，物理的リスクの顕在化によって予想される

世界の食料生産の減少や労働生産性の低下がインフレ率を押し上げる可能性については織り込まれていない。「現状維持」シナリオの下でのインフレ率への影響は過小評価されていると考えた方がよいであろう。

気候シナリオ分析から示唆されること

　最後に，気候シナリオ分析から示唆されることをまとめる。第1に，カーボンニュートラルの実現にはカーボンプライシングを含む包括的な気候政策が必須になる。また，炭素税のほうが排出量取引制度よりも財政の持続性を高めることができる。排出量取引制度もオークションにより歳入を得ることはできるが，オークション収入は限定されることが多く，炭素税と比べて歳入の予測は難しくなる。その一方で，排出量取引制度は，カーボンクレジット市場の発展に寄与する面もある。産業の特性に応じて，炭素税と排出量取引制度およびその他のエネルギー税を組み合わせていくのが望ましい。

　第2に，気候政策を実践していくと移行リスクが高まっていくが，低炭素・脱炭素関連の公共投資や歳出，企業の設備投資や研究開発が増えていくためGDPを押し上げる効果がある。そのため，炭素税の引き上げが物価を押し上げることでGDPを下押しする影響をかなりの程度和らげることが可能である。第3に，炭素税の税収の一部を低所得者の所得支援や産業構造の転換を円滑にするための職業訓練・企業支援策に配分することは気候政策の一環として欠かせない。こうした政策は公正な移行と呼ばれており，EUが重視して実践している。公正な移行への財政措置がなされることで，カーボンニュートラルに向けた経済の円滑な移行を促すことが可能になる。最後に，たとえ世界が今からパリ協定目標と整合的な気候政策を実施し始めたとしても温暖化は現在よりも進行し続けるため，どの気候シナリオであっても物理的リスクは次第に顕在化していき，経済活動の下押しは避けられない。それでも気候政策に早くから取り組むほど，経済を下押しする圧力を和らげることができる。このため各国政府は政策を先送りせず，将来を見据えて対策を共に取っていくことが望ましいということが示唆されている。

第2章

カーボンニュートラルを支える
サステナブルファイナンス

　近年，気候変動を含む環境的課題への対応を支援するグリーンファイナンス，幅広い環境・社会的観点を含むサステナブルファイナンスが世界の注目を集めている。2050年までにカーボンニュートラルを達成するには多額の資金が必要なため，こうした資金への期待が高まっている。IEAによれば世界の年間投資額は平均して2030年までに630兆円程度，その後の20年間も同程度が必要と試算する（IEA 2021a）。この金額は2016年から2020年までの年間平均投資額の実績値290兆円超の2倍以上に相当する。この内，電力部門は2030年までの投資額の半分程度を占めることになるが，次の2040年までの10年間は46％程度，2050年までの10年間は36％へと次第に低下していく見込みである。代わってEVの普及もあって，運輸・交通部門の割合が徐々に増えていく。地域別で見ると，2050年までの期間を通じて必要な投資総額の4割強を高い成長が見込まれるアジアが占めるとみられる。カーボンニュートラルに向けて世界経済が移行する過程では，ESG投資家などサステナビリティに関心のある投資家が，企業の行動変容を促すために株主総会で議決権を行使しながら投資判断を行う傾向が強まっていくと予想されている。サステナブルファイナンス市場が発展し，カーボンニュートラルの実現に本当に必要な分野に資金が集まるようにするには企業の情報開示を始め制度・法規制的な基盤整備がなされることが不可欠である。第2章ではグリーンファイナンスを中心にサステナブル投資現状を展望し，さらなる市場の発展に向けた課題についても触れていくことにする。

第1節　気候変動がもたらすグリーン・スワン型の金融危機

　国際決済銀行（BIS）とフランス中央銀行は，2020年に「グリーン・スワン」と題する報告書を発表し，気候変動による金融危機を始めて取り上げ，世界で話題になった（Bolton et al. 2020）。金融業界では「ブラック・スワン」現象と呼ばれる，発生する可能性が低いが発生すれば大きな損失を金融システムに及ぼすような危機について，以前から注目している。2008年のリーマンショックによる金融危機がこれに相当すると考えられている。それとの対比で，同報告書では気候変動がもたらす金融危機のことを「グリーン・スワン」危機と呼んでいる。グリーン・スワンがブラック・スワンと異なる点として，気候変動が経済に及ぼす打撃は予見されていること，しかもその打撃は通常の金融危機よりも甚大になり気候危機はかなり複雑なメカニズムで発生する可能性を挙げており，政府や中央銀行に対して金融機関に積極的に働きかけて備えるよう促している。グリーン・スワン危機を回避するためには，世界は第1章で示した気候シナリオの内，「現状維持」シナリオは何としても回避しなければならない。またできる限り「遅延する移行」シナリオよりも，「ネットゼロ2050」シナリオを実現する努力が必要である。

金融市場のミスプライシング

　地球温暖化への懸念が高まっているにもかかわらず，現在の世界の金融市場では気候変動リスクが十分市場価格に織り込まれていない。このことは，化石燃料関連への投融資が大きくなっており，脱炭素・低炭素に向けた資金が不足していることからも明らかである。最大の原因は，第1章で指摘したように，世界の気候変動への取り組みがまだ不十分であり，世界的に炭素価格が低い水準に留まっていることにある（白井 2021b）。

　気候シナリオの「現状維持」シナリオでは，地球温暖化が急ピッチで進み，物理的リスクが顕在化していくと見込まれている。大規模なハリケーンや台風，集中豪雨，大洪水などによってインフラや生産設備・家屋などの固定資産が破損し経済活動が阻害される頻度や規模が大きくなると，そうした地域・企

業・個人に投融資している金融機関などの資産価値が低下し，損害保険会社で
あれば保険金の支払額が増加し利益を下押しされると考えられる。銀行や投資
家にとっては投融資が不良債権化するリスクが高まる。また自然災害に脆弱な
地域ほど固定資産価値が毀損する確率が高まるため，借り入れ金利や保険料が
引き上げられるか，あるいは保険でカバーされる対象範囲が狭まることも想定
される。「現状維持」シナリオの場合，物理的リスクが顕在化するにつれて地
球温暖化やそれに伴う大自然災害に脆弱な国・地方・企業ほど発行体の債券価
格あるいは株価や不動産価格等が下落していくと予想される。ただし，そのプ
ロセスは今すぐ起きるというよりも今後何十年もかけて徐々に反映されていく
と予想される。

　一方，気候シナリオの「ネットゼロ2050」シナリオと「遅延する移行」シ
ナリオでは，各国が気候政策に取り組む移行過程で企業・産業の新陳代謝が進
むことになる。化石燃料を多く使う生産設備では，資金が回収できずに座礁資
産化するリスクが予想される。そうした生産設備を多く保有する企業に対する
投融資の不良債権化が進み証券価格が下落する可能性が高まる。移行リスクが
金融市場に及ぼす影響がいつ顕在化するかは，各国・地域の政府が抜本的な気
候政策を開始する時期やそうした政策への予想が形成される時期にも依存する
が，排出の多い業種の発行体企業の証券価格や固定資産価値が下落し，脱炭
素・低炭素関連業種の発行体企業の証券価格や資産価値が上昇していくと予想
される。また「ネットゼロ2050」シナリオの方が，「遅延する移行」シナリオ
よりも，金融市場の劇的な変化は避けられる。

　以上が，気候変動リスクが顕在化していく，あるいはそうした予想が形成さ
れていくと起こりうる金融市場の変化である。現時点では金融市場はこうした
気候変動リスクを十分価格に織り込めていないため，市場では「ミスプライシ
ング」が起きている。つまり，現在の金融市場では，大量なGHG排出量を伴
う経済活動に対して，気候政策によって座礁資産化するリスクを考慮していな
い。だからこそ，多額の資金が集まっており，地球温暖化に拍車をかけている
状態にある。排出量の多い産業・企業が地球温暖化がもたらす損害（マイナス
の外部性）を考慮せずに経済活動を行っており，炭素価格や証券価格がマイナ
スの外部性を織りこんでいないことから，「市場の失敗」が起きていると言え

る。ミスプライシングには，気候科学における予測手法やデータの不足によっ
て予測に高い不確実性が伴うことも影響していると見られるが，推計手法は気
候科学者たちによって日々開発・進化が続けられている。

　より重要なミスプライシングの原因は，今後予想される GHG 排出量の経路，
つまり気候シナリオが，たとえば第1章で示した3つの気候シナリオの内，ど
のシナリオの方向に向かっていくのかをまだ多くの市場参加者が見極めきれな
いことにあると考えられる。この背景には，カーボンニュートラル宣言をした
多くの国・地域がそれと整合的な戦略を策定し必要な気候政策の実践にまだほ
とんど着手できていないこと，工業化を遂げた先進国には途上国よりも GHG
排出削減により積極的に取り組むべき義務があるのに十分な取り組みを始めて
いないことが影響している。

　また，途上国は低いエネルギーコストで経済成長を実現し生活水準を高めて
いきたいと考えており，カーボンニュートラル宣言をしても実際には GHG 排
出量の削減にあまり取り組めていない。途上国の脱炭素・低炭素化には，先
進国の金融支援や直接投資，そして技術的支援が欠かせないが，現時点では
十分な支援が提供されていないことも途上国の対応を遅らせている。2009 年
のデンマークのコペンハーゲンで開催された UNFCCC 第 15 回締約国会議
（COP15）において，先進国は 2020 年までに途上国の気候変動の適応と緩和
のために年間 1,000 億ドルの官民資金を動員すると約束したが，2021 年になっ
ても実現できていないことが大きく影を落としている。

　金融市場における気候変動のミスプライシングを低減していくためには，序
章と第1章で示した一連の各国政府による気候政策が実施されていくことと，
脱炭素・低炭素を実現するためのマネーを提供する金融機関や投資家および市
民社会の働きかけが不可欠である。とくにマネーを拡充していくためには，後
述するように企業の情報開示や政府による開示情報の義務化および ESG 業界
への規制の導入など幅広い対応を検討していく必要がある。各国政府がリー
ダーシップを発揮し，国際協調で対応していくことが期待されている。

第2節　サステナブルファイナンスを主導する投資家

　投資家には，短期的に企業利益や株価の引き上げを志向して企業に働きかけるアクティビスト的な投資家もいれば，インデックスに投資するパッシブ投資家などさまざまなタイプがある。ESG投資の主な担い手は，年金基金や保険会社などの長期資産を保有して運用リターンを稼ぐ資産保有者（アセットオーナー）とそれらの資産を運用する資産運用会社（アセットマネージャー）である。これら機関投資家が，投資判断する際に，中長期的に安定した投資リターンを確保するために，従来の財務諸表だけではなく，ESG要素などの非財務情報も含めて判断する行為が広がっている。

　ESG投資という言葉は，国連環境計画・金融イニシアチブ（UNEP FI）と国連グローバル・コンパクトが連携して投資家イニシアチブを立ち上げ，2006年に6つの責任投資原則（PRI）を公表し，その中で用いたことで広く知られるようになっている。原則では保険会社や年金基金などの資産保有者と資産運用会社を主な対象として，投資判断プロセスにESG要素を組み入れること，資産保有者に対しては保有資産に積極的にESG要素を取り入れること，資産運用会社に対しては投資先企業にESGに関する情報開示を要請すること，そ

図表2-1　PRI署名機関と運用資産の推移

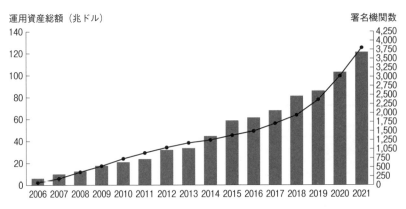

出所：PRI（2022）

して ESG 投資の機運を高めるために協働しつつ ESG 投資の実践や進捗状況を PRI のフォーマットに沿って開示することを促している。日本では，2015 年に年金積立金管理運用独立行政法人（GPIF）が PRI に署名したことがきっかけで，日本の機関投資家の間で ESG 投資が浸透しつつある。PRI の署名機関は，2022 年 3 月現在 4,902 機関になり，それらの運用資産の合計は 121 兆ドル（約 1.5 京円）に達している（図表 2－1）。欧米の署名機関が多く，欧州全体で 2,608 機関，米国が 1,023 機関となっている。日本では 108 機関，中国では 96 機関が署名している。

ESG 投資の中心は「株主のエンゲージメント」と「議決権行使」

　最近では ESG 投資という言葉をよく耳にするが，古くからは「社会的責任投資」（SRI）という言葉が，欧米を中心にして浸透していた。SRI の起源は，キリスト教などの宗教団体による資産運用で，倫理的に不適切とみなされるアルコール，たばこ，賭博などを扱う企業を投資対象から除外したことに遡る。このように投資対象について予め明確な基準を設定しておき，それを満たさない企業を機械的に投資対象からはずす投資手法は，「ネガティブ・スクリーニング」と呼ばれている。最近のネガティブ・スクリーニングの対象としては，制裁対象国の企業，あるいは特定の産業（武器製造，たばこ，賭博など），動物実験，人権侵害，児童労働，汚職などに関与する企業などを投資対象から除外するケースが見られる。ただし投資対象を除外し過ぎてしまうと投資範囲が狭まってしまうので，除外する項目はできるだけ限定しておき，むしろ「エンゲージメント」（目的を持った対話）などを通じて企業行動の改善を促すことが ESG 業界では重視されている。

　つまり，ESG 投資家の最大の特徴は，企業に対してビジネスが環境・社会的観点から整合性がとれているのかを考えてもらい，ビジネスの在り方について改革を促し，企業利益が中長期的に安定して実現できるようにすることを目的とする。主に上場企業に対して，株主として ESG 観点からエンゲージメントを定期的に実施し，必要に応じて株主総会で議決権を行使することで企業行動の段階的な改善を求める投資手法が一般的である。ESG 観点でエンゲージメントをしても改善に後ろ向きな企業に対しては，株主総会で経営陣の人事案

に反対票を投じたり，ESG観点から企業に大幅な改善を求める他の株主提案
に賛同したり，自ら株主提案を提出するといった行為が欧米を中心に頻繁に見
られている（白井 2021a）。

　これまでは比較的短期志向のアクティビストなどが企業の短期的な業績改善
や自社株買いと配当支払いの増加など株主還元をもとめて経営側に株主提案を
行うケースが多くみられてきたが，最近では環境・社会的課題についての株主
提案も増えている。その結果，ほかの株主の賛同を得て提案を成立させたい株
主側とそれを阻止したい経営側の間で，ほかの議決権を持つ株主から賛同を得
るための働きかけや，当日出席できない株主の委任状をめぐって争奪戦（プロ
キシーファイト）に発展することがよく見られるようになっている。

　近年では，環境・社会的課題についての株主提案が多く見られるようになっ
ている。NGOやNPOなどが少額の株式を保有して少数株主となって単独ま
たは他の株主などと共同提案をするか，他の株主提案に賛同するよう働きかけ
ることが多く，株主提案が成立することも多い。株主提案が成立することは，
多くの株主が経営陣にNOをつきつけたことになる。このため株主提案の提
出と成立を阻止したい経営側がエンゲージメントを通じて率先して株主総会よ
り前に環境・社会的観点で改善を公表していくことも多い。

　有名な例が，2021年にイギリスの金融大手HSBCホールディングスに対し
て，同社の化石燃料事業に対する融資方針の厳格化を義務づける株主提案を，
サステナブル投資推進組織シェアアクションが，100以上の機関投資家や株主
とともに共同で行ったケースがある。シェアアクションはイギリスで登録され
た慈善団体かつ有限責任会社で，WWFやグリーンピースなど多様な評議員か
らなる理事会で統治されている。賛同した機関投資家の中にはフランスの資産
運用大手アムンディのように数年にわたりHSBCとエンゲージメントを実践
してきているが，経営側の対応が遅いと判断して株主提案への賛同に踏みきっ
た投資家も多い。HSBCは同年4月の株主総会での株主提案の成立を阻止する
ため，同年3月に石炭業界向けの融資について先進国では2030年までに，途
上国では2040年までに段階的に廃止する計画を発表した。これを受けて，株
主たちは株主提案の撤回を決断している。HSBCは2020年に融資業務につい
てパリ協定目標と整合的な短期・中期の削減目標を設定しているが，依然とし

て化石燃料業界への投融資が多いことから，それを一段と削減し投融資先企業のGHG排出削減にもっと働きかけるべきだと指摘された。株主提案ではパリ協定目標と整合的に化石燃料資産を削減していくための短期・中期・長期目標を設定し，まずは石炭関連資産から削減を始めること，2022年からは，毎年，戦略とともにプロジェクトファイナンス，融資と引き受け，ファイナンスのアドバイス業務などの情報開示を要請した。日本でも大手ファイナンシャルグループや商社に対して環境関連の株主提案が見られるようになっている。

　日本では，イギリスを参考にして，2014年に「スチュワードシップ・コード」を導入し3年毎に改訂している。アセットオーナーとアセットマネージャーなどの機関投資家を対象にした原則で，エンゲージメントを通じてESG観点での経営改善による中長期的な企業価値の向上を促し，それにより，機関投資家も中長期的な金銭的リターンの拡大を図ることを目指している。

　機関投資家が取るべき行動を詳細に規定せずに，機関投資家が各々の状況に応じて自らのスチュワードシップ責任を果たすべきとする原則主義で，「コンプライ・オア・エクスプレイン」（原則を実施するか，実施しない場合にはその理由を説明）をベースにしている。スチュワードシップ・コードを受入れた機関投資家は，ウェブサイトで受入れ表明を示すとともに，各原則（指針を含む）において公表が求められている具体的項目や実施しない原則がある場合の理由を説明し，ウェブサイトのアドレス（URL）を金融庁に通知することが期待されている。

7つのタイプのサステナブル投資

　ESG業界では，ESG投資や社会的責任投資とともに，「サステナブル投資」という言葉もほぼ同じ意味に使われている。ただし，主要国の資産運用会社のサステナブル運用資産残高を集計するグローバルサステナブル投資アライアンス（GSIA）は，サステナブル投資をESG投資よりも広く定義し，次の7つの手法に分類している。前述した① ネガティブ・スクリーニングと② エンゲージメント・議決権行使に加え，③ ESGインテグレーション，④ 規範にもとづくスクリーニング，⑤ ポジティブ・スクリーニング，⑥ サステナビリティ・テーマ投資，⑦ インパクト投資に分類している。

　この内，③ESG インテグレーションとは，ESG 要素を従来の財務分析に体系的かつ明示的に含める手法のことである。④ 規範にもとづくスクリーニングは，ESG 関連の国際的な原則などをもとにして，それに逸脱する企業を投資対象から除外する手法である。国際的な原則とは，たとえば，2011 年に採択された「国連のビジネスと人権の指導原則」や「労働における基本的原則及び権利に関する ILO 宣言（1998 年）とそのフォローアップ」などがある。⑤ ポジティブ・スクリーニングは，同じ業界のピアグループと比べて ESG パフォーマンスが優れた企業に投資する手法である。⑥ サステナビリティ・テーマ投資とは，特定の環境・社会的課題のソリューションに貢献するテーマのファンドや資産などに投資する手法である。たとえば，サステナブルな農業，低炭素型の建物やジェンダーやダイバーシティに焦点を当てたファンドなどへの投資が考えられる。⑦ インパクト投資は，よりミクロレベルでの特定の環境・社会的課題についてプラスのインパクトと金銭的リターンを実現することを目指す投資手法である。インパクトを測定し開示することが義務づけられている。

　これらの 7 つのタイプの投資手法はそれぞれ独立しているというよりも，これらの手法の幾つかを組み合わせて投資されることが多い。ESG 投資は，② エンゲージメント・議決権行使と ③ESG インテグレーションおよび ⑤ ポジティブ・スクリーニングなどを組み合わせて行われることが多い。① ネガティブ・スクリーニングと ④ 規範にもとづくスクリーニングは一定の基準や規範に満たない企業は最初から投資対象にはならないため，ESG 投資のように企業行動の改善を目指してエンゲージメントを実践したり，投資のウエイトを調整する投資手法とは異なっている。また ⑥ サステナビリティ・テーマ投資や ⑦ インパクト投資は環境・社会的課題の特定のテーマに焦点を当てているため，総合的に ESG の改善をめざす投資とは性質が異なっている。このため，ESG 投資はサステナブル投資の大きな比重を占めているが，サステナブル投資のサブセットとみなせる。本書ではサステナブル投資，社会的責任投資，ESG 投資を同じ意味で扱うことにする。

拡大するサステナブル投資

　GSIA は，欧州，米国，カナダ，オーストラリア，ニュージーランド，日本などの大手資産運用会社などによるサステナブル投資額を2年ごとにアンケート調査して公表している。2020年に発表した投資総額は約4,000兆円に達し，サステナブル投資以外も含む運用資産総額の少なくとも4割弱を占めている。前回調査（2017年末）から投資総額は15%増加している。第1位が米国で全体の46%を占めており，第2位は欧州で36%となっているが，2018年発表の調査では欧州が第1位であった。欧米の順位が逆転したのは，この間に欧州の投資総額が減少したことが原因だが，それは欧州のサステナブル投資額が後退したのではなく，第4章で説明するように，欧州がサステナブル投資についての開示基準を厳格に設けるようになったことが反映していると理解されている。

　GSIA の調査では資産運用会社がサステナブル投資として自己報告しているが，どの投資がサステナブルなのか明確な世界基準が確立しているわけではない。このため，本当にサステナブルな課題の改善に資金が配分されているのかは明確ではない。主要国の資産運用会社の多くは PRI 原則に証明しサステナブル投資への積極性を表明するようになっているが，企業の行動を変えていくには信頼できるサステナブルファイナンス規制の枠組みが必要になる。この点，EU が世界で最も先行した取り組みをしているため参考になる（第4章を参照）。また，GSIA のデータには，サステナブル市場が拡大している中国，香港，シンガポールなどを始め他の国・地域が調査対象に含まれていないことには留意が必要である。

　これとは別に，IMF は2021年の「国際金融安定性報告書」において，世界で54,000社を超える総額5兆ドル弱相当（2020年末時点）の（いつでも換金可能な）オープンエンド型ファンドについて分析している（IMF 2021b）。報告書では，サステナビリティを重視した投資ファンドの運用資産は拡大しているものの，まだ全体のわずか7%に過ぎないこと，そしてこのサステナブルなファンドの中で気候変動に焦点を当てたファンドは4%程度に過ぎないことを明らかにしている。こうしたファンドも投資先企業にエンゲージメントの実施や議決権を行使している。IMF は，サステナビリティを重視するファンドの

方が，従来型の投資ファンドよりも，気候関連の株主提案により積極的に賛同する傾向があるとも指摘している。たとえば，2020 年の株主総会において従来型のファンドは気候変動関連の株主提案の約 5 割に賛成しており，2015 年の約 2 割と比べると増加している。しかし，サステナビリティを重視するファンドはそうした株主提案の約 6 割で賛成票を投じており，とくに環境がテーマのファンドの場合は 7 割近くも賛同しているといった違いがある。

　少しずつ存在感を高める投資会社もある。たとえば，2021 年にエネルギー業界で注目された株主提案が成立している。米国の大手石油会社であるエクソンモービルの株主総会で，気候変動対応の強化を要請する投資会社エンジン・ナンバーワンが，同社の株式のわずか 0.2 ％を保有する少数株主であったが，エクソンモービルの気候変動対策が不十分だとして取締役会の取締役として 4 名を推薦する人事案を提出した。経営側による同株主提案への不支持を呼び掛けるキャンペーンが展開されたにもかかわらず，株主提案が多くの投資家の支持を受けて成立したのである（第 6 章を参照）。その後，エクソンモービルは投票の結果，推薦者 4 名のうちの 3 名が取締役に選任されたと発表している。こうした投資家は，現在では，「環境アクティビスト」とも呼ばれている。

　世界の債券・ローンについては，WWF が 2020 年末現在の世界のローン・債券市場規模が 124 兆ドル（1.5 京円程度）にもなり，世界の株式市場規模よりも 3 割ほど大きいことを明らかにしている（WWF 2021）。ただしこのローン・債券市場の内，グリーンボンド・グリーンローンやサステナビリティボンド・サステナビリティローンなどの合計は 3.4 兆ドル（430 兆円程度）で全体のわずか 3 ％程度を占めているに過ぎないと指摘している。しかも，化石燃料関連への債券・ローンの市場規模 8 兆ドル（約 1,000 兆円）の方がこれらの総額を大きく上回っている。このことから，WWF は現在の金融市場は世界に害を与える影響の方が，恩恵をもたらす影響よりも大きいと警告している。WWF の報告書ではそうした害の方が恩恵よりも大きいとみなす大手金融機関をリストアップしており，ここには日米欧の大手金融機関が名を連ねている。対照的に，化石燃料向けの債券・ローンが確認されないネットゼロ・バンクもあり，オランダのラボバンクとスウェーデンのスベンスカ・ハンデルスバンケンの 2 行を取り上げている。また報告書では，現在の債券・ローン総額の大

半は使途を限定しない一般的な債券・ローンで構成されていることも示している。このことは，こうした資金がサステナビリティ投資へとさらに転換されていく必要があること，株式市場だけでなくグリーンやサステナビリティに関する債券やローンの発行がさらに拡大していく余地があることを示唆している。

カーボンニュートラルを約束する金融機関グループ：GFANZ（ジーファンズ）

　2021年11月のグラスゴーで開催されたUNFCCC第26回締約国会議（COP26）で目立ったのが，国連気候変動枠組条約事務局が2020年6月の世界環境デーに開始した脱炭素キャンペーン「Race to Zero」（ゼロへ向けたレース）に呼応した金融機関による活発な動きであった。サステナブルファイナンスの中でも気候変動に焦点を当てたグリーンファイナンスを加速する動きである。本書の序でもふれたマーク・カーニー氏が主導し，「ネットゼロに向けたグラスゴー金融連合」（GFANZ，ジーファンズ）が組織され，45カ国から450以上の金融機関が参加している。これらが扱う資産規模は130兆ドル（約1.6京円）以上にもなり，世界の資産規模の4割も占めている。金融システムの各セグメントを代表するアセットオーナー，アセットマネージャー，銀行，保険，金融サービスプロバイダーおよび金融コンサルタントなどの各業界団体ではカーボンニュートラルを目指すと公約する団体がある。GFANZは，こうしたカーボンニュートラルを宣言する団体を結び付けて，協働で投融資や金融サービスからのGHG排出量を2050年までにゼロにすると宣言したのである。欧州の金融機関が圧倒的に多く，次いで米国の金融機関が多く，日本では3大ファイナンシャルグループや一部の大手保険会社も名を連ねているが全体としてアジアの金融機関は少ない。各金融機関は科学的根拠にもとづき，2050年カーボンニュートラルと整合的な2030年頃の中間目標を設定し，その実現のための計画と進捗情報を開示する義務がある。世界の金融システムを改革する狙いがある。GFANZはWWFを始め沢山のNGOも関与しておりカーボンニュートラルを目指して協働している。世界の金融機関とNGOが，国境を越えて協力し合い，政府や企業に働きかけをしていくことが新しい国際金融のトレンドとなっている。

　金融機関のカーボンニュートラルの実現には，投融資先のGHG排出量の削

減を進めなければならない。金融機関が野心的な削減目標を宣言しても，投融資先の企業行動が変わらない限り実現はできない。このことは金融機関もカーボンニュートラルに向けて企業に行動変容を求めて影響力を強めていかなければならないことを意味している。資産保有者や資産運用会社だけでなく，銀行も与信先にエンゲージメントを通じてカーボンニュートラルの実現に向けた具体的な移行計画の策定と実施を促し，進捗状況をみながら，場合によっては与信の条件を調整していくことが期待されている。

　投資家に対する行動をウオッチする市民組織も増えている。たとえば，世界の主なファンドの投資行動を調査してランキングを公表しているリアルインパクト・トラッカーなどの市民組織もある。この組織は米国イエール大学の教授や学生主導の環境団体代表や学生主導のサステナブル投資ファンドの運営者などによって創設されている。多くの ESG 関連の投資ファンドや資産運用会社が ESG 戦略を発表して ESG ラベルで金融商品を開発・販売しているが，実際，ESG 対応にどれだけ真摯に向き合っているかは定かではない。資産運用会社やファンドの対応にはばらつきがあり，そうした投資家のサステナビリティへのインパクトはまだ限定的である。そこでリアルインパクト・トラッカーは，米国，欧州，カナダ，アジアの運用資産会社やファンドによって公表されている情報をもとに，各運用担当者ともコンタクトをとって得られた情報も加えて，資産運用会社やファンドが何を宣伝しているかではなく，何を運用しているかをもとにインパクトを計測してランキングを公表している。たとえば，ESG インテグレーションをしているのか，効果的なエンゲージメントを実践しているのか，環境・社会的課題で公共政策の観点から政府へ働きかけをしているのかなどの観点から評価を実施している。

銀行に期待されるサステナブルローン

　サステナブルファイナンスにおいて銀行に大きな期待が寄せられているのは，比較的大手企業を投資先とする機関投資家と比べて，与信先として上場企業だけでなく，多くの中堅・中小企業とも金融取引をしているため，企業全体の行動変容を促せる可能性が高いからである。もっとも，中堅・中小企業の脱炭素に向けた対応を迫るのは容易ではないため，銀行は新しいビジネスとして

こうした企業のために，GHG排出量の多い業界を手始めに，排出目標の設定，実現にむけた戦略と進展を促すためのコンサルティングサービスを提供することも期待されている。銀行業界もESGの観点からビジネスの転換を進め，自行の投融資ポートフォリオのGHG排出量を算出・開示して，削減目標に向けた進展があるのかを示していかなければならない。大手銀行は，第3章で説明するTCFDの枠組みで気候のリスクと機会とともに，金融機関の与信先のGHG排出量の算出や気候シナリオ分析をもとに長期的な銀行の財務への影響についての試算も行っており，そのための世界共通スタンダードが開発されつつある。また，大企業が取引先の中堅・中小企業に脱炭素に向けたビジネスへの転換を促す機会も増えていくので（第3章のGHG排出量のスコープ3を参照），社会全体としてカーボンニュートラルに向けた機運が高まっていくであろう。

第3節　機関投資家の受託者責任と環境・社会的インパクトの両立

　企業は，株式会社である以上，株主に対して長期的に十分な配当の支払いを続けられる経営をしていくことが期待されている。そのためには，適切な設備投資や研究開発ならびに業務の徹底的な見直しにより収益を持続的に上げて，適度に自社株買いも行いながら株価を上げて配当性向を高めて株主還元をしていくことが期待されている。株式市場では短期的な金銭的リターンに注目する投資家も多い。年金基金なども長期志向といっても受託者責任の観点から数年程度の平均で金銭的リターンを追求する機関投資家も多い。だからこそ，第4章で取り上げるEUのサステナブルファイナンス行動計画は，短期志向になりがちな資本市場に対して，環境・社会的な観点からのサステナビリティファイナンス市場を整備していくことで，より長期志向の投資を醸成することを目的としている。

　つまり，ESG投資家は，受託者責任が許す限りの範囲で環境・社会的な課題への貢献を追求しているのである。少数ではあるがESG投資家の中には，サステナブル投資をより重視して，環境・社会的課題への貢献を金銭的なリ

ターンより優先するところもある。北欧系の機関投資家のなかにはそうした志向の投資家もみられる。

受託者責任とESG投資

　EUでは，2016年に職域年金基金指令を改正し，年金基金はESGリスクを投資判断において考慮し定期的に内部評価を実施することが義務づけられている。こうした規制により企業年金によるESG投資が促されている。これに沿って，EUの保険や年金基金をマクロ・ミクロの観点から監督する欧州保険・職域年金監督局（European Insurance and Occupatoinal Authority）は，2022～24年期間の計画に，保険会社と年金基金に対するリスク管理に関する監督上の枠組みの中にESGリスクも含めること，情報開示の促進，EU関連規制当局間でESGリスクの監督上の枠組みの収斂を図ることなどを，業務目標として掲げている。イギリスでは，2019年から職域年金スキーム規則を改正し，運用などでESG要素への考慮について開示を求めており，2022年からは段階的に気候変動関連の国際的なTCFDガイドラインにもとづく開示が義務づけられている。米国では，第6章で見るように，欧州ほど機関投資家に対するESG投資の働きかけや法制化は進んでいないが，カリフォルニア州職員退職年金基金（CalPERS）やカリフォルニア州教職員退職年金（CalSTRS）などが同州の法的枠組みの下でESG投資を活発化させている。投資先の企業に対してエンゲージメントなどを通じてカーボンニュートラルを目指した働きかけが広がっている。企業の対応が鈍ければ株主総会で取締役選任などに反対票を投じる動きも活発になっている。

　世界を見回すと，現時点では，サステナブル投資によるリターンは概ね確保されており，ESG投資による環境・社会的リターンと金銭的リターンの整合性がとれていると見る向きも多い。たとえば，日本の公的年金の積立金を運用するGPIFの場合，運用方針は厚生労働大臣が定めた中期目標になり，長期的に実質的な運用利回り（すなわち運用利回りと名目賃金上昇率との差）として1.7％を最低限のリスクで確保することが義務づけられている。GPIFはESG関連の株式インデックスを含め国内外の債券・株式や資産運用会社への委託を通じて運用しているが，将来の年金給付の一部になるため中長期的なリターン

の確保は重要である。2020年度までの20年間の実質運用利回りは変動が大きいものの平均して3.8％を維持しており，目標を超えるリターンを実現していることを示している。

　もっとも，ESG投資の世界では規制がほとんどないため，後述するように投資先の企業の情報開示や規制・監督体制がこれから徐々に整備されていく段階にある。本当に環境・社会的課題にインパクトのある投資市場を育成していくには，かなり時間を要すると思われる。EUではESG投資関連の規制・法制化で世界に先行しているが，ESG投資が金銭的リターンと本当に整合的か，どうバランスを取るかで決めかねている欧州の機関投資家もまだ相応におり，こうした投資方法が欧州で浸透してコンセンサスが形成されていくにはもう少し時間がかかると思われる。仮に資金運用会社が積極的にサステナブル投資を実施した結果，金銭的リターンがたとえば市場のベンチマークを下回ることが続くような場合には，受託者責任から金銭的リターンの向上を優先させるような投資判断が将来的には起こるかもしれない。ただしEUでは情報開示が進められているので，その場合も投資の説明責任を果たしていく必要がある。このためESG投資家は収益を上げていく観点からも企業に対して積極的にエンゲージメントを通じて働きかけつつ金銭的リターンと環境・社会的なインパクトの両方を両立するよう行動することが期待されている。

　また，同時に，各国政府によるカーボンプライシングを含む気候政策が積極的に実施に移され企業のカーボンニュートラルに向けた移行を誘導していくことが，ESG投資家を増やしていくうえで基本的条件となる（第1章を参照）。そうした気候政策により脱炭素・低炭素のビジネスモデルの優位性がGHG排出量の多いビジネスモデルよりも着実に高まっていけば，機関投資家にとっても平均した金銭的リターンが高まっていく見通しを立てやすくなる。本書の序でもふれたが，「政策」と「マネー」はカーボンニュートラルに向けた車の両輪であり，一方が欠けても実現はできないのである。

機関投資家の受託者責任についての法的解釈

　年金基金などの資産所有者がESG要素に注目することで短期的に投資の金銭的なリターンが低下する場合，受託者責任としての法的な問題があるのかが

話題になることがある。これに関して，国連環境計画・金融イニシアチブ（UNEP FI），PRI，およびイギリスの慈善団体 Generation Foundation の3機関が，イギリスの国際法律事務所とともに，2021年に共同研究プロジェクトの成果を発表している。UNEP FI は UNEP と 200 以上の世界の金融機関や規制当局などと ESG を考慮した金融システムの育成を目的としてパートナーシップを結ぶイニシアチブである。

　報告書では，サステナブル投資は財務的リターンの達成に効果がある限り，法的問題はないと結論づけている（UNEP FI et al. 2021）。この解釈は米国，中国，日本，イギリス，EU，オーストラリアなどの 11 の法域に適用されると指摘している。ESG 重視と受託者責任の関係について，法的な検討がこれまでされたことがなく，この報告書が，史上初の包括的な見解を示すレポートとなっている。同報告書では，法域や投資家のタイプによって違いはあるが，全体としては，投資家の財務目標の達成に有効である場合には，ESG などのインパクトを追求していく投資行動が求められる可能性が高いと結論づけている。

　つまりサステナブル投資は，世界が気候変動などに取り組まなければならないことが明らかな以上，資産保有者が掲げる中長期のリターンの数値目標に沿っていると考えられている。ただし中長期の時間軸といってもどの程度の期間でのリターンの実現を目指しているのかは機関投資家によって異なっており，2〜3年という短い期間を視野に入れている投資家もいれば，もう少し長めの期間でみる投資家もいる。投資期間を問わず，とくに PRI 署名機関であれば，毎年の投資活動について開示する必要があり，掲げた投資方針と実際の投資活動について投資の説明責任は問われつつある。

機関投資家の受託者責任とブレンデッド・ファイナンス

　前述した GFANZ に参加するアセットオーナーのイニシアチブ「Net-Zero Asset Owner Alliance」は 2021 年に資産運用会社に対して，途上国の気候課題の解決に向けた投資を大きく拡大するために，「ブレンデッド・ファイナンス」推進で協働するよう提案を発表している。ブレンデッド・ファイナンスとは，開発金融の世界ではよく知られている言葉であるが，投資法人を設立し

て，複数のトランシェを用意して証券化することである。さまざまなリスク選好の金融資金提供者，たとえば，国際開発金融機関，政府系金融機関，慈善団体・財団，機関投資家の資金を合わせることで，本来なら投資を躊躇する民間投資家を呼び込みやすいファンドを組成することを目指している。対象とするプロジェクトに対し，リスクの高いところから低いところまで複数のトランシェを構成し，ハイリスクの証券の部分を国際開発金融機関や政府系金融機関あるいは慈善団体が保有し，リスクが比較的低い証券の部分を民間投資家が投資するスキームである。同イニシアチブに参加するアセットオーナーは，資産運用会社を選定して投資法人の設計を開始している。このようなスキームであればアセットオーナーが受託者責任を果たせるようリスク調整後リターンのトランシェを実現することで投資しやすくなる。

　アセットオーナーがこのような新たな行動に乗り出した背景には，途上国で地球温暖化対応を進めていくには，先進国から毎年1,000億ドル（128兆円程度）の支援が必要だと見込まれているにもかかわらず，資金が十分集まっていないことへの危機感がある。前述しているように，コペンハーゲンで2009年に開催したUNFCCC第15回締約国会議（COP15）合意では，途上国の温暖化対策を支援するために2020年までに年間1,000億ドルの資金動員目標を約束したが果たされていない。このため資金ギャップを埋めるためには公的資金だけでなく民間資金の活用が重要だとの認識をもとに，機関投資家が公的金融機関ほど高いリスクをとることができないため，民間投資家が投資によってとるリスクを軽減して投資を促すメカニズムとしてブレンデッド・ファイナンスを提唱したのである。官民パートナーシップにより途上国のプロジェクト（たとえば，低炭素の電力プロジェクト）へ共同投資し，公的資金や慈善団体による譲許的な資金と，相応のリスク調整後のリターンが必要な民間投資家の資金をブレンドした金融構造を通じて結び付けるというものである。この結果，途上国向けの資金が拡充するだけでなく，より長期の資金を用意することができる。今後，先進国の政府は，投資家や国際機関と協働しつつ，ブレンデッド・ファイナンスへの取り組みを強化していくことが期待されている。

第4節　非財務情報開示の標準化の促進

　サステナブルファイナンス資金を拡充していくためには，ESG 投資家など
の信頼を高めることが重要である。とくに欧米の規制当局や ESG 業界では，
「グリーン・ウオッシング」（環境に配慮していると虚偽の主張や誇張をするこ
と）という言葉をよく耳にする。グリーン・ウオッシングを防止し真に必要な
分野に資金が配分されるようにするためには，金融当局による規制・監督体制
の導入が必要だとの見方がコンセンサスになりつつある。

グリーン・ウオッシングと EU タクソノミー

　金融機関は，投資家向けにグリーンやカーボンニュートラルあるいはより広
義のサステナブルといったラベルを付けた投資信託などを販売している。しか
し，本当にそのラベル通りの目的をそうした金融商品が果たしているのかは投
資家には分かりにくい。このため投資家が理解できるように信頼あるグリーン
の定義がなされ，規制当局がそれにもとづいてラベルの利用を認めるルールづ
くりが重要になっている。

　現在，国際資本市場協会（ICMA）などの自主的な国際的なグリーンボンド
原則やさまざまな環境評価会社による企業の ESG 格付け（スコア）などがあ
るが，企業あるいはグリーンボンドプロジェクトの GHG 排出量についてカー
ボンニュートラル目標との対比でのインパクト（貢献度）の大きさが明確では
ないという課題がある。また，国際的な原則に沿った債券を発行したとして
も，その使途に「追加性」があるのかも分からないし，その債券の使途は脱炭
素・低炭素活動に関連しているとしても，企業の全体の活動が脱炭素・低炭素
の方向にあるのかは分からない。グリーンのラベルの名の下でさほど環境改善
にプラスのインパクトが大きくないプロジェクトに資金が多く回ってしまう可
能性さえある。そうなると，脱炭素・低炭素に向けた本当に必要な投資が進ま
ない恐れがある。

　この点について気候変動に関する中央銀行などのネットワークの NGFS は，
2020 年 5 月に欧州（イギリス，ドイツ，フランス，ベルギー，デンマーク，

フィンランド，ギリシャ，オランダ，ポルトガル，スペイン，スウェーデン，スイス），アジア（日本，中国，タイ，マレーシア），ブラジル，モロッコの銀行49行とマレーシアの5つの保険会社に調査をした結果，低炭素なグリーンな資産とGHG排出量の多いブラウン資産との間で信用リスクの違いがほとんどなかったことを明らかにしている（NGFS 2020a）。そして，グリーンとブラウン資産（環境的に著しく害のある資産）のいずれも明確な経済活動の定義・分類がないため，金融機関がそうした分析に必要なデータを十分に得られていないこと，従来の金融機関が用いるリスク管理のための計測手法では必ずしも気候変動リスクを把握するのに適していないため新たなアプローチが必要なことを指摘している（第7章を参照）。

　ファンドについても同様な結果が得られている。たとえば，シンクタンクのInfluenceMapは723種類の株式ファンド（運用純資産3,300億ドル程度）について幅広いESGテーマのファンド（593種類）と気候テーマに特化したファンド（130種類）に分類し，パリ協定目標との整合性があるかを分析している（InfluenceMap 2021）。結果は，ESGテーマのファンドの7割程度が，気候テーマのファンドでも過半数が，パリ協定目標と整合的でないことを明らかにしている。とくに気候ファンドは，低炭素や化石燃料フリーのラベルを付けたファンドが多いが，そうしたファンドの中で化石燃料生産に関与する企業への投資も含むファンドがあること，カーボンニュートラルに向けた貢献が限定的なファンドもあることを明らかにしている。こうした問題が生じる原因として，インデックスに連動するパッシブ運用が多く，ネガティブ・スクリーニングで最初から特定の産業や企業を除外する以外は，投資の比重で環境貢献の高い企業と低い企業を調整するファンドが多いためと説明している。こうした分析結果は，さまざまなサステナブル金融商品に一貫性や透明性が不足しており，気候変動に本当に寄与したい投資家のために適切な開示規制を導入していく必要があることを示唆している。サステナブル市場への信頼感が高まれば，そうしたファンドへの資金流入をさらに後押しすることにつながる。

　こうしたグリーン・ウオッシングへの懸念から，環境的に持続可能な活動に関する分類の必要性を早くから認識していたEUは，タクソノミー規則の策定を含むサステナブルファイナンス行動計画を策定し，段階的に仕組みづくりを

進めている（第4章を参照）。任意ではあるが，グリーンボンドの発行では，使途はEUタクソノミーと整合的であり，そのことについて外部のチェックを受けることなど，厳しい条件を付けている。EUは，環境的に持続可能な活動の中に，「低炭素な活動」（グリーンな活動）だけでなく，そうしたグリーンな活動などを「可能にする活動」，および「トランジションな活動」を明確化している。さらに，環境的に持続可能な活動の定義には，人権や労働管理など社会的な規範もミニマムスタンダードとして含めている。グリーンタクソノミーの社会版として，社会的に大きな寄与をする活動を分類するソシアル・タクソノミーの検討も進めている。環境，とくに気候変動課題についてはある程度世界で共通の理解が進みつつあるため，GHG排出量などの実績や目標などをもとに分類はしやすくなっている。気候変動以外の環境目標のタクソノミーについても，EUが作業を進めており世界の参考になる。社会的観点についてはジェンダー，労務管理，人権など一部の項目ではある程度コンセンサスが形成されているが，環境と比べて基準づくりには時間がかかると予想される。

　サステナブルな観点からの活動分類には，国・地域の特有な状況もあるため完全に標準化することは難しいが，まずは各国・地域がEUの手法を参考にしつつ，自国の分類をつくっていくことが最初のステップとなりつつある。同時に，各国との議論を進めて，相互互換性などを確認しつつ，世界で合意形成を急ぐ必要がある。いずれにしてもまずは政府公認のグリーンな活動などの明確な基準の設定があれば，ESG投資家が環境インパクトを理解しやすくなる。それによりグリーンファイナンス市場への信頼性を高めることができれば，さらに多くの資金を呼び込むインセンティブを高め，ESG投資家の投資目線を，短期志向からより長期志向へ促すことができる可能性もある。また，グリーンな活動の定義をカーボンニュートラル目標に関連したインパクトの観点からより明確にできれば，脱炭素に向けたトランジションなどのそれ以外の活動の定義も明確化が進むと思われる。EUのようにトランジションな活動について，カーボンニュートラル目標との関係で明確な閾値や容認する期限を明確にすることで，脱炭素に向けた経路に対する説得力を高め，より多くのESG投資資金を呼び込むことにつながると考えられている。

乱立する任意の情報開示基準

　ESG 重視の経営を推し進めようという気運は世界で高まっているが，情報開示には大きな課題があるとみなされてきた。企業がサステナビリティに関する実績を評価・報告するための統一的な基準が存在していないことにある。さまざまな情報開示の基準やガイドラインが複数の民間組織によって策定され乱立してきたことも原因である。

　気候変動については，TCFD ガイドラインに沿って開示していくことがある程度世界のコンセンサスとなりつつあるが，それ以外の開示基準機関として気候変動，水，森林についてはグローバル NGO の CDP による質問表にもとづく開示手法がある。また，環境・気候変動に関する企業情報開示の標準化を目指し，水や生物多様性などの自然資本と財務資本を同等に扱う企業の開示フレームワークを策定する国際的な環境 NGO の気候変動開示基準委員会（CDSB）もよく知られている。

　ESG など幅広い項目に焦点をあてた基準としては GRI，国際統合報告評議会（IIRC），サステナビリティ会計基準審議会（SASB）などがある。GRI は企業のサステナビリティ開示スタンダードを策定する一方で，SASB は財務へのインパクトが高いとみられるサステナビリティ情報について投資家向けに有用と思われるスタンダードを策定しており，11 部門・77 業種について個別のサステナビリティ関連指標を用意している。規制当局，会計専門家，投資家，企業，基準設定組織，学会，NGO が参加する世界的な組織の IIRC は国際統合報告の枠組みを策定している。

　上場企業の場合，これらの中からひとつか複数の開示基準を選んで自主的に公表するところも増えているが，自社が得意とする分野を強調して記述するケースや図表や数値目標などについて企業が独自の算出方法や掲載方法で開示をするケースも多く，投資家にとって企業間の比較が難しい状態が続いている。

　そこで，ESG など非財務情報の開示の標準化を図るべきだとの機運が高まり，2020 年 9 月に GRI，SASB，IIRC，CDP，CDSB の 5 団体が主要な情報開示基準の設定機関として協調していくことを発表している。2021 年 6 月にはこの内の IIRC と SASB が合併して新しい組織バリューリポーティング財団

（VRF）を設立している。2020年12月には前述の5団体がTCFDガイドラインをベースにした気候変動開示基準のプロトタイプを公表した。

IFRS財団による情報開示基準の標準化

　このように任意の基準策定機関が乱立する中で，国際会計基準（IFRS）財団が重要なイニシアチブを示したことで，標準化の動きは加速している。2020年9月にIFRS財団は国際的なサステナビリティ基準の必要性や財団の役割に関して，「サステナビリティ報告に関するコンサルテーションペーパー」を公表した。そしてG20などからの要請もあり，ESG開示基準の標準化を図るために，「国際サステナビリティ基準審議会」（ISSB）を新たに創設することを決めている。IFRS財団は，IFRSを策定する国際会計基準審議会（IASB）の上位組織であるが，IFRSは日本を含めて国際的に認知されている団体である。そのIFRS財団の傘下に，IFRS会計基準を作成するISABと，IFRSサステナビリティ開示基準を作成するISSBを並列させるガバナンス構造に改めて，ISSBがESGに関する非財務情報の開示基準を策定していく体制を発表したのである。こうしたIFRS財団のイニシアチブは，企業にとっては財務と非財務の情報開示について同一組織が策定するので整合性がとれるため，世界で歓迎する声が広がっている。世界の多くの金融当局も賛同を表明している。

　ISSBによる開示情報の標準化について，IFRS財団は，幾つかの方針を示している。それらは，① さまざまなステークホルダーが要求する情報開示よりも，ESG投資家が投資判断で必要な企業価値にかかわる情報に焦点を当てること，② さまざまな環境に関する開示が求められる中で，まずは喫緊の課題である気候関連の情報開示に優先的に取り組み，その後それ以外のESG関連情報の開示も検討していくこと，そして，③ 2020年に前述した5団体によるTCFDガイドラインをベースにしたプロトタイプがあるのでそれをベースにして基準策定を実施していくなどである。なおこの内の①③については，TCFDガイドラインにもとづいてISSBが情報開示の標準化を進めていくことにし，気候変動が企業の財務に及ぼす重大な影響を中心に開示基準の策定を進める方向性を示したことになる。こうしたアプローチは環境が企業に及ぼす重大な影響にフォーカスする「シングルマテリアリティ」と呼ばれている。一

方，第4章でもふれるが，EUやイギリスは，ISSBの進める標準化に賛同しておりその開示基準を取り入れていくものの，危機変動が企業に及ぼす重大な影響と企業が気候変動に及ぼす重大な影響（マイナスの外部性）の両方にフォーカスする「ダブルマテリアリティ」を重視している。このため，欧州ではより幅広い情報開示の基準づくりが進められている。②については，環境課題には気候変動以外にも生物多様性，水資源や水ストレス，サーキュラーエコノミー，汚染など幅広い分野を含むが，最初に気候変動における情報開示を優先させ，段階的に他の環境問題への取り組みを進めていくとの世界のコンセンサスを反映している。またISSBが一貫した共通の開示基準を策定していくが，参加国はその基準をもとに各国の固有な状況に応じて開示項目などを追加していくことができるといった原則も示している。

　これらの方針にもとづいてISSB設立に向けた基準策定を準備するために，2021年春にIFRS財団の下にTechnical Readiness Working Group（TRWG）が設立された。ISSBの設立前に，既存の開示基準などをもとにステナビリティ開示基準の策定作業が進められることになり，ここにはCDSB，TCFD，IASB，バリューレポーティング財団，そして世界経済フォーラム（WEF）が参加し，証券監督者国際機構（IOSCO）や国際公会計基準審議会（IPSASB）もオブザーバーとして参加している。GRIやCDPとも連携している。その後，2021年6月にバリューリポーティング財団とCDSBがIFRS財団へ統合することを発表している。こうして基準策定機関の統合が進められている。

　2021年11月のUNFCCC第26回締約国会議（COP26）開催時に，ISSBは設立されている。その際に，TRWGが検討してきた「気候関連開示」と「サステナビリティ関連の財務情報開示に係る一般的な要求事項」に関するプロトタイプが発表されている。ISSBはこのプロトタイプにもとづき気候変動に関する基準策定の検討を行い，2022年3月に国際的な基準案を公表している。

　ISSBの基準案は，TCFDガイドラインを，すでに公表しているプロトタイプ，およびそれに対する市場参加者からのコメントをもとにして作成されており，一般的な開示内容とSASBスタンダードをもとにした産業別の詳細な開示要件を含めた内容となっている。カーボンニュートラルの実現のためには，排出量データの開示をスコープ1とスコープ2に限定すべきではなく，スコー

プ3の開示も必要だとして開示を求めていくことになる。各国はこの開示基準をもとに自国の優先課題に沿って開示項目を拡充することができるとしている。また，開示負担が重い中小企業に対しては排出量の算出について簡素化も別途検討すると指摘している。同提案へのコメントは2022年7月末までとしており，企業への開示の実施は2023年頃を目指している。

第5節　ESG評価機関による評価のばらつき

　ESG投資が世界で注目されるようになり，前述したようにESG開示基準の策定機関の他に，主として上場企業を対象にESG評価（スコア）サービスを提供する評価会社やデータプロバイダーが増えている。こうした情報は，資産保有者やそれらの委託を受けた資産運用会社が株主として企業とエンゲージメントを行い，必要に応じて議決権を行使する際に有用な情報となっている。もっとも，こうした評価会社の情報源は，企業のウェブサイト，有価証券報告書，サステナビリティ報告書，コーポレートガバナンス報告書などで公開している情報が中心である。それに加えて，NGOやシンクタンクなどが公開している個別の産業や企業の分析，メディア報道，訴訟の情報などが利用されるケースが多い。評価会社の中にはCDPのように企業に気候変動，森林，水といった項目でそれぞれ上場企業に同一形式の質問票を送りその回答内容をもとに回答内容の詳細さや包括性，および気候変動課題への理解や管理・対応などの説明にもとづき評価付けを実施しているところもある。ただし全体として利用可能な情報源がさほど変わらないのに，企業に対するESG評価について評価会社の間で大きなばらつきがあることが以前から問題視されている。

評価のばらつきが相対的に少ない項目はコーポレートガバナンス

　評価会社によって，各情報に付与するウエイトの違いや算出方法の違いなどが大きいことがばらつきの原因である。評価のばらつきは，ESG要素の中では，Gのコーポレートガバナンスがもっとも少ない。投資家がESGの柱として重視する項目なのである程度コンセンサスが形成されているためである。た

とえば，取締役会の女性・外国人の割合，独立社外取締役の割合，取締役会の議長に社外取締役が就任，報酬・指名委員会の議長に社外取締役が就任，報酬・指名委員会の委員の過半数を社外取締役で構成，執行役員の報酬がサステナビリティ関連の中期目標と連動，あるいは女性の管理職の割合といった指標が重視されている。これに加えて，日本の場合は，後述するが，株式持ち合いの純資産に占める割合といった指標が注目されている。Eの環境についてはパリ協定目標と整合的なGHG排出削減目標の設定，スコープ3を含む排出量データの開示，科学的根拠にもとづく削減目標の設定などが望ましいというコンセンサスはあるが，カーボンニュートラルやそれに向けた移行戦略に対する評価，気候変動以外の環境項目での重点の置き方とそれに対する判断基準などで，評価会社の評価手法に大きな違いがあるため，ばらつきの原因となりやすい。Sの社会的要素は，ジェンダーは共通して重点項目とされているが，それ以外の項目についてはかなり幅広い項目を含み，企業が開示する情報や指標も多種多様なため評価が収斂しにくい分野である。

多様な環境・社会的課題をどのように評価すべきか

　もうひとつ評価会社のスコアでばらつきが生じる背景には，環境・社会的課題では多種多様な項目が含まれているため，改善の余地が尽きないことも関係していると思われる。企業がここまで改善したから合格ということには決してならないからである。たとえば，ある企業が排出削減やリサイクルに積極的で，経営陣にも女性が多く従業員のワークライフバランスで優れた取り組みをしているとしても，サステナブル調達では対応が遅れていて間接的に森林破壊や児童労働の搾取につながっているかもしれない（第3章を参照）。個人データを扱うテクノロジー企業が積極的にカーボンニュートラルに取り組み，女性の活躍が進んでいても，間接的な差別につながるAIバイアスへの取り組みの遅れや，企業買収によって市場支配力を高めて中小企業や自営業者に排他的な契約や高い手数料を課して競争を阻害しているかもない。このためひとつの評価会社が最高評価を付与したとしても，他の評価会社が別の項目を重視していればその評価は高すぎると判断することもあり得る。

　また，評価会社の中には同じ業界のピアグループとの対比で評価をするポジ

ティブ・スクリーニング的な手法でスコアを付与しているところもあるが，ピアグループに含める企業の選定によって評価が大きく異なる可能性がある。企業の業態が多岐にわたっている場合，比較対象とする企業の選定が適切ではない可能性もある。業種によってはピアグループに含める企業の数が少な過ぎることもある。また業界全体の取り組みが進んでいないのにピアグループと比べて相対的にパフォーマンスが良いからとの理由で高いスコアが付与されている場合もあり，業種にもよるがその場合は高い評価を得てもあまり意味がないであろう。

　評価会社から最高スコアを得ている企業がそのスコアを掲げて環境・社会的に革新的な取り組みをしているとサステナビリティ報告書などでPRするケースが多く見られているが，最高評価を得たとしても，そのことがサステナビリティの観点で「合格」を意味しているわけではないことは留意すべきである。しかし評価会社が最高評価を与えるということは，企業にそのような意識を醸成してしまい，同時にそのようなイメージを投資家や消費者に与えているかもしれない。ESGスコアがカーボンニュートラルの実現にどう貢献するのか，今のところ必ずしも明確ではない。

人権問題のある国での企業行動をどう評価すべきか

　評価会社による企業評価は，急に変わることもあり得る。たとえば，ミャンマーのように民主化が進展していた国で2021年2月に突然国軍がクーデターを起こしアウン・サン・スー・チー国家顧問らを拘束し民主化排除の動きが見られている。それまで同国の軍関係企業に多額の投資をしていた企業が民主化支援に貢献すると宣伝しかつ評価会社から高く評価されていたとしても，クーデター後は評価会社の見方が一気に変わることもありうる。ミャンマーほど明確な政変でなくても，Our World in Dataのウェブサイトによれば，世界では民主制は比較的最近の現象であり，その中でも個人やマイノリティの権利を尊重するリベラルな民主主義を採用している国は，2021年現在，179カ国の中でわずか34カ国に過ぎないと指摘する（人権については第3章を参照）。世界では企業の国際化が進みつつあり，人権・社会的観点から課題のある国で業務展開をする企業も増えている。このため評価会社によって人権についての見方や

企業の対応に対する重点の置き方や評価にばらつきが生じていても不思議ではない。

ESG スコアに対する証券監督者国際機構（IOSCO）の厳しい批判

　企業に対する情報開示基準が世界で標準化されていないことは既に指摘したが，明確に開示すべき指標や数値などのガイドラインがないために，企業が任意に好みの基準を使って開示をしていることが多い。企業によっては開示内容の誇張や誤解を招きやすい表示の仕方をしているケースもあれば，開示に積極的でない企業も多い。そうしたばらばらの整合性がない開示情報をもとにした評価会社のスコアがどれだけ信憑性があるのかという問題が根底にはある。また評価機関はスコアを算出する手法を明確に示していないことが多く，なぜそのような判断をしたのか，ばらつきの原因が分かりにくい。もっとも，評価会社が評価に活用した情報や手法を完全に公開すると，他社が模倣してビジネスが成り立たなくなるというリスクも意識していると見られる。IOSCO は，2021 年に評価会社のスコアやデータの定義が不明確で一貫性がないことを警告している。ESG 評価会社とデータプロバイダーの ESG スコアやデータ商品の手法の透明性が欠如しており，また業界や地域によっても評価や商品のカバーする範囲が均一でないため，投資戦略で不整合もたらす恐れを指摘している（IOSCO 2021）。さらに，評価会社が，評価をした対象企業と対話を実施し，スコアやデータが健全な情報にもとづいて付与されているのか確認するよう各国の金融規制当局に対して，規制強化を呼び掛けている。

　国連責任投資原則（PRI）に署名する資産運用会社にとって，ESG 評価会社による ESG スコアは調査にかかる費用を節約できる反面，資産運用会社の掲げるサステナブル投資方針と外部の ESG スコアにもとづいて実施される投資方針が本当に整合的なのかを確認することができないという問題が起きている。そこで，大手資産運用会社は自ら情報収集と調査を実施して独自の ESG の内部格付けを行い，自らの運用方針に活用する機関も増えている。また ESG 評価会社の中にはデータ購入者に対して ESG データの詳細を公開しており，投資家が投資方針に沿ってデータを取捨選択しウェイトを変えて ESG スコアをテーラーメイドにつくりかえることを可能にしているところもある。

議決権行使助言会社のサービスと利害相反

ESG業界には，機関投資家のために「議決権行使助言会社」と呼ばれるサービスを提供する企業がある。株主総会で提出される人事案を含む経営側の提案や株主提案について調査・分析を行い，それぞれについて賛否を推奨するサービスである。自ら調査する時間がない，あるいは追加情報として参考にしたい機関投資家がしばしばこうした会社のレポートを購入していることが多い。議決権行使助言会社は，会社としての議決件行使方針を公表している。ただし議決権行使会社も人的・時間的資源には限界があると見られ，議案によっては推奨内容が適切だとは思われない判断や複数の企業の株主総会に提出された似たような株主提案に対して一貫性がない判断がなされることもある。このため，機関投資家は機械的に推奨に沿って議決権を行使するのではなく，人事や重要な議案については，ある程度時間をかけて議決権行使の判断していくことが望ましいと考えられている。

そうした意見も反映して，日本のスチュワードシップ・コードでは，議決権行使助言会社のサービスを利用する場合でも，助言に機械的に依拠せずに，投資先企業の状況や当該企業とのエンゲージメントの内容などを踏まえて，自らの責任と判断の下で議決権を行使すべきである，と注意を喚起している。また議決権行使結果の公表に合わせて，利用した議決権行使助言会社の名称やサービスの具体的な活用方法についても公表すべきである，と明記している。

より大きな問題とみなされているのは，ESG業界の寡占化と利害相反にある。ESG業界ではESG評価会社，データプロバイダー，議決権行使助言会社，信用格付け会社などの間で合併買収（M&A）が進んでいる。この結果，データプロバイダー，信用格付け会社，助言会社が企業のESGスコア付けもしながら，同じ企業に対するコンサルティング業務もしている事例が増えており，利害相反の可能性が指摘されている（IOSCO 2021）。またサービスの利用には高額な料金がかかるが，なぜそのような料金体系なのか十分な説明がなされていないとの不満もくすぶっている。データプロバイダーに対してスコアの算出手法，具体的に使用したデータ・情報源，企業の開示データが欠如しているときの対応方法，料金体系について開示を促すこと，および利害相反を防止するようなガバナンスに関する規制の導入が必要になっている。こうした懸念

を，EU の欧州証券市場監督局（ESMA）や米国証券取引委員会（SEC）の
トップは明確に公言している。ESG 業界は現時点ではほとんど規制がない。
EU が少しずつ取り組み始めているが，規制の在り方について国際的な協議が
進んでいくことが期待される。

第3章

環境的課題が変える企業経営

　世界では2000年頃からさまざまなタイプの危機に直面するようになっている。経済・金融危機としては2001年のインターネットバブル崩壊と2008年のリーマン・ショックとそれによる国際的な金融危機を経験し，2020年からは新型コロナ感染症危機に直面し，まだ完全に立ち直っていない中で世界的なコモディティ価格の高騰が起きている。その一方で，忘れられがちだが気候危機が着実に進みつつある。それは2000年頃から，世界の自然災害発生頻度が増えていること，そしてそれによる損失も大きくなっていることからもうかがえる。

　こうした中で，企業の経営目的についても従来は，米国を中心に株主利益の最大化であると考えられてきたが，この考え方に世界で変化が起きている。株主とステークホルダーの利益とのバランスをとって中長期的な企業価値を高める経営が望ましいとの考え方が広がっている。ステークホルダーとは企業活動によって影響を受けるような利害関係のある個人・集団で，主に，従業員，顧客，サプライヤー，コミュニティなどを指している。企業の稼ぐ力を高めるためには，短期的な利益改善だけでなく，さまざまな性質の危機に耐えられる強靭なビジネスを構築し，同時に環境・社会的課題へのソリューションとなるような商品・サービスを開発・提供していくことが企業価値の創造につながるという「ステークホルダー至上主義」への転換が起きつつある。世界の大手企業の経営者が毎年集まる世界経済フォーラム（WEF）ではステークホルダー資本主義を掲げ，企業行動の変革の機運を高めている。世界最大投資機関ブラックロックの最高経営責任者（CEO）のラリー・フィンク氏は2022年初めに資

本主義の地球への弊害を強調し，投資先企業の社長・CEOに対して企業の発展のためにステークホルダーのニーズをもっと汲み取って行動するよう呼びかけている。カーボンニュートラルに向けて企業が競争力の源泉であるイノベーションを生み出していくには，サステナブルな企業経営へと見直しを進めること，そしてそうした企業を支えるESG投資が不可欠になっている。第3章では，企業のESG経営で土台となるコーポレートガバナンス（企業統治）で期待される変革，そして環境に配慮した経営を中心に最近の動向を見ていくことにする。社会的課題を重視した企業経営についても触れる。

第1節　ESG経営の土台はコーポレートガバナンス

　企業が世界で競争力を高めて企業価値を向上させていくには，自社の存在が不可欠となるような製品・サービスを提供し，他社との差別化ができることが重要だと考えられている。日本では長く米国企業と比べて稼ぐ力が低い状態が続いてきており，不祥事や不正も多く発覚しており，日本的な企業経営の在り方に問題があるとみなされきた。海外投資家による日本企業の株式保有も増えており，経営改革を求める声は強まっている。さらに近年は世界的なESG投資の拡大により日本企業に対して環境・社会的な要素を取り込んだ経営を構築するよう期待が高まっている。ここでは話を分かりやすくするために，日本に焦点をあてつつ，グローバル経済において企業に求められるコーポレートガバナンスについての考え方と課題について考察する。2015年にコーポレートガバナンス・コードを導入するに至った背景と，稼ぐ力を高めていくうえでサステナビリティの要素が次第に重視されるようになっている現状について見ていくことにする。

株式市場の短期主義を是正するためのコーポレートガバナンス・コード
　コーポレートガバナンス（企業統治）とは，企業が中長期的価値を高めるために適切な経営判断や運営ができるように企業経営を監視する仕組みのことを指している。主として取締役会の構造が第3者（社外取締役，社外監査役）の

視点で適切に経営を監視できる構造になっていることが不可欠となる。企業が，株主とステークホルダーの利益を高め，企業の不祥事や不正を減らしていくためには，大株主だけではなく少数株主の権利や意見も尊重し，その他のステークホルダーの関心や権利にも配慮した経営が必要になる。社外取締役は少数株主やステークホルダーの代表として，さまざまな観点から経営を監視していく義務があり，環境・社会的な視点で経営改革を進めていくには，コーポレートガバナンスがしっかりしていることが大前提となる。

　日本では，イギリスを参考にして，2015 年に金融庁と東京証券取引所によって上場企業を対象にコーポレートガバナンス・コードを導入した。上場企業は，コンプライ・オア・エクスプレインをベースに原則を順守することが要請されている。法的拘束力はないが，上場規則であるため上場企業は説明する義務がある。国内外の経済環境は大きく変化しているため，変化を恐れずに時代に合った経営革新を続けるべきであり，その際に稼ぐ力の指標として「自己資本利益率」（ROE）を高めていくべきという見解がコードに反映されている。その際のベースとなったのが，経済産業省が 2014 年に発表した通称「伊藤レポート」である。そこでは投資家が必要とする最低利益率（すなわち資本コスト）を軸にして，企業は資本コストを十分上回るように利益を上げなければならないと指摘している（経済産業省 2014）。ROE は，税引き後当期純利益を自己資本で割って 100 を掛けた指標であるが，株主などの資金をもとにどのように利益を高めていくかを判断するときに有用な指標であり，株主が注目する指標でもある。企業は利益率が資本コストを上回るように経営判断をしていくべきであり，資本コストを下回る場合は不採算事業の見直しや，子会社・関連会社の保有継続の正当性を検討していかなければならない。ROE 対比で用いる資本コストは，正確には株主資本コストのことであり，株主が企業に求める期待収益率である。コードでは，企業が資本コストや ROE を意識して投資家とエンゲージメントを実施すべきだと明記されている。

　図表 3 - 1 は，日本の TOPIX500 社のうちの 404 社と米国の S&P500 の内の 368 社の平均 ROE を示している。TOPIX500 とは，東京証券取引所第 1 部銘柄の中で時価総額や流動性の高さから選定された 500 銘柄で構成される指数である。これによると，2012 年までは 6％を下回る低い水準が多く，しかも資本

図表 3 - 1　日本と米国の自己資本利益率（ROE）

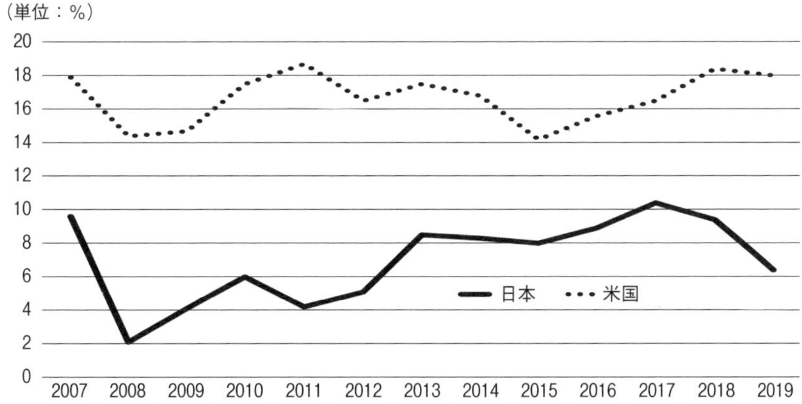

(単位：%)

注：TOPIX500 の内の 404 社，S&P500 の内の 368 社。
出所：経済産業省（2021）より筆者作成

コスト（6～8％程度）を下回っている企業が多く見られていた。ROE が 10％
以上の米国との稼ぐ力の差は歴然としている。日本企業は特許数も多く，潜在
的なイノベーション力があるのに，収益を高めることにつながっていない。こ
うして長く利益が低水準にあることが，株式市場の短期主義を助長してしま
い，それにより企業の設備投資や研究開発が低迷することでさらに収益が低迷
する悪循環に陥っているというのが伊藤レポートの見解である。ROE は資本
コストを上回るために少なくとも 8％を超えるべきであり，企業の中長期的な
イノベーションを誘発するための投資の拡大が必要であり，それを支えるのが
長期志向の投資家である。そうした投資家を増やすために株主のエンゲージメ
ントを積極化すべきであると結論づけている。

　もっとも，近年は，ROE だけでなく，投下資本利益率（ROIC）も注目すべ
きだと考えられている。ROIC は税引き後営業利益を自己資本と有利子負債の
合計で割って 100 を掛けた指標である。ROIC が ROE と違う点は，自己資本
だけでなく負債を含めている点にある。このため資本全体をみて最適な資本政
策を検討しつつ，資本全体に対して企業がどう利益を高めていくかを検討する
際に有用な指標である。ROE 指標で用いる利益は株主への配当の原資となる
純利益であるが，ROIC では営業利益に注目する。ROIC を用いる場合の資本

コストは，（ローンや社債などの）有利子負債コストと株主資本コストの加重平均したものとなる。負債コストは金利に相当する。ROIC を事業ごとに分析し，ある事業が黒字を計上していても，その事業の ROIC が資本コストを下回っているのであれば不採算とみなされ，事業を続けて改善を目指していくのか，売却すべきかなどの検討が必要になる。

日本企業のコーポレートガバナンスは何が問題なのか

　日本企業の稼ぐ力が低いのは，企業を取り巻く環境が大きく変化しているのにそれに対する経営陣による危機意識や改革意識が薄く，内向な姿勢にあると投資家の間では広く理解されている。資本コストの意識が薄く，現預金をためこみ有効につかっていないとの批判も根強い。日本企業では，取締役会を構成する大半の取締役は，執行役員つまり内部昇進者が多く，多様性に欠けている企業が多い。また社外取締役がいたとしても，取引関係があり株式持ち合いをしている企業からの出身者や，メインバンクやその他の取引関係のある企業・組織の出身者が多い。しかも，経営陣が社外取締役を選任することが多いため取締役会の独立性が低いことについて，海外投資家からの批判が根強い。また，後継者については社長・CEO が後任を選定する慣習が敷かれているため，社長・CEO の権限が強い。このため社内取締役による取締役会および内部監査部門における監視機能は働きにくく，社外監査役は十分な情報と人材が配分されていないといった問題がある。こうした企業風土もあり，不正疑惑や不正が発覚する際の経営者の対応が遅れたり，看過したり隠蔽するなどの行為が目に付いてきた。とくに海外の投資家が強く批判しているのが，日本企業特有の慣行である取引先企業の間で株式を持ち合う慣習で，他の株主に対する自己防衛的な行為とみなされている。こうした相互に企業が持ち合う株式は「政策保有株」と呼ばれている。

　こうした問題や批判を受けて，2015 年に最初に導入されたコーポレートガバナンス・コードでは，大株主や取引先の株主だけでなく，少数株主や外国人投資家に対しても平等性を確保すること，株主や株主以外のステークホルダーともエンゲージメントなどを通じてさまざまな意見にも耳を傾けること，そしてエンゲージメントを実施するのに有用な非財務情報の開示も促している。た

だし，この時点では，非財務情報との言及にとどまり ESG など幅広いサステ
ナビリティの観点はあまり強調されていなかった。また，取締役会は，収益力
や資本効率を高め，適切なリスクテークが行える経営体制に変革し，取締役会
における独立社外取締役の数を増やすことで経営側に対して独立した実効性の
ある監督を行うべきと指摘している。また，株式持ち合いや政策保有株の縮減
も促している。

コーポレートガバナンス・コード改訂で強化されたガバナンス項目

　コーポレートガバナンス・コードの改善は 3 年毎に実施されており，改訂の
度に企業に求める内容は厳しくなっている。2018 年の改訂では独立社外取締
役数を少なくとも 2 名以上，政策保有株の情報開示の強化，役員報酬の明確
化，取締役会メンバーのダイバーシティ（女性・外国人など）の改善などを要
請し，取締役会による社長・CEO の選任・解任の役割についても明記してい
る。政策保有株については，企業は縮減の方針を掲げること，保有が適切なの
か，資本コストに見合っているのかを精査し，適否の検証内容を開示するよう
促している。

　この内の政策保有株に関する開示については，2019 年の内閣府令により一
段と進展が見られている。内閣府令の下で，上場企業は有価証券報告書で，保
有目的が「純投資以外の目的」で保有する投資株式を「非上場株式」と「それ
以外」とに区分し，しかも ① 銘柄数，② 貸借対照表計上額の合計額，③ 直近
の事業年度における株式数が前事業年度の株式数から変動した銘柄について
(a) 増加（減少）した銘柄数，(b) 増加（減少）に係る取得（売却）価額の
合計額，(c) 増加の理由を明記することと定めている。さらに，政策保有額に
ついても，当該銘柄の貸借対照表計上額の大きい順に 60 銘柄を明記すること，
60 銘柄に満たない場合にのみ当該銘柄の貸借対照表計上額が提出会社の資本
金額の 1% を超える銘柄をリストすることと定めたことで，株式持ち合いの情
報開示はかなり改善している。現在では，投資家による企業とのエンゲージメ
ントで有用な情報源となっている。

　2021 年の 2 回目の改訂では，2022 年 4 月に東京証券取引所の 4 市場区分（1
部，2 部，マザーズ，ジャスダック）を 3 市場区分（プライム，スタンダード，

グロス）に再編する計画を念頭においた改訂を行っている。東京証券取引所の
代表的な市場であるプライム市場の上場企業に対しては，東証1部上場企業よ
りも厳しい基準を導入している。たとえば独立社外取締役数を少なくとも3分
の1以上，議決権電子行使プラットフォームを利用可能にすること，独立社外
取締役に他の企業での経営経験者を含めること，英語での情報開示などを求め
ている。また，執行役員の報酬を決める報酬委員会と社長・CEOや取締役の
選任・解任を決める指名委員会のメンバーについては，独立社外取締役を過半
数にすることとしている。ちなみにイギリスのコーポレートガバナンス・コー
ドでは，取締役会議長は独立社外取締役が就任し，取締役会の（議長除く）少
なくとも半数は社外取締役で構成されており，より厳しい規定を定めている。

日米企業の縮まらない収益力の差と残された経営体質の課題

　コーポレートガバナンス・コードの導入により，少しずつ日本の上場企業で
は資本コストを意識する経営者が増えている。図表3-1を見ると，2013年か
ら2018年まではROEが8〜10％で推移しており，稼ぐ力は改善していたが，
2019年には低下している。米国企業との差も，2015年から2017年までは幾分
縮小したが，2018年以降は再び拡大している。純利益の規模や時価総額の推
移を見ても日米の差は大きく，企業によってばらつきはあるものの，必ずしも
日本企業の中長期的な企業価値の向上が実現しているとまでは言えない。企業
の稼ぐ力を改善していくにはまだコーポレートガバナンスに課題があると広く
認識されている。ROEの低さは，売上高利益率（当期純利益を売上高で割っ
た比率）と総資産自己資本比率（総資産を自己資本で割った比率）が低いこと
にある。利益は2018年まで着実に改善していたものの，現預金を大量に保有
する状況は続いており，従業員の給与や設備投資への支出があまり増えていな
いことからも中長期的な稼ぐ力を高めているとまでは言えない企業が多いとみ
られる。

　より大きな問題とされているのが，株価純資産倍率（PBR）の低さである。
PBRは企業の時価総額を純資産で割った指標で，1株当たりの純資産に対して
株価がどの程度なのかを示している指標でもある。これが1倍を下回る場合に
は，企業の解散価値よりも時価総額が低く，株主から評価されていないという

ことになる。企業の解散価値は，企業が解散する際に資産から債務などを差し引いて株主に分配される資産である。日本では，PBR が 1 倍を下回る企業が多く，その割合はコーポレートガバナンス・コード導入後も変わっていない。経済産業省によれば東京証券取引所 1 部上場企業の 4 割程度の PBR が近年でも 1 倍を下回っており，2016 年と変化がないことを指摘している（経済産業省 2021）。

　株式持ち合いについては保有維持の根拠を開示することが求められるようになり縮減は進んでいる。ただし，保有数を減らしても解消せずに持合いを維持している企業も相応にみられる。理由は，取引相手の企業が株式持ち合いの解消に前向きではない，取引先が依然として株式持ち合いを要求する，いざというときの安心感からメインバンクとの関係を維持したいなどさまざまな理由があると見られ，依然として純資産対比で見て保有額が多い企業もある。

　海外投資家がしばしば問題にするのは，日本の取締役会は本来経営側を監視するための組織であるにもかかわらず，経営側も執行取締役（社内取締役）として取締役会に参加し議決権を行使できる「監査役会設置会社」が圧倒的に多く，経営と執行が分離していない点にある。このため日本では米国型のコーポレートガバナンスを強化した「指名委員会等設置会社」を 2003 年に，あるいはその中間的な形態の「監査等委員会設置会社」を 2015 年に新設しており，そうした会社形態に移行している企業もある。しかし，そうした企業でも不祥事や不正行為は起きているため形式的な改善になっている可能性もある。会社形態にかかわらず取締役会が十分機能を果たせていないことや，監査役制度も十分機能しておらず，不祥事や不正を防げていない点が依然として残る。未然に不正や問題行為を防止する社内の通告体制，発覚してからの迅速な対応と透明性のある情報開示や説明責任の強化，および監査部門の拡充などや取締役会での監視体制の強化に取り組む必要があると考えられている。

　独立社外取締役への期待は高まっているが，社外取締役は月にごくわずかな会議に参加するだけなので会社の事情に通じてないことや経営の専門性が少なく，経営側の監視機能を十分果たしていないとの見方も多い。また会社が不祥事を起こしても社外取締役が責任を問われることがない点も議論の余地があるところであろう（藤田 2022）。ただし海外の社外取締役も非常勤なので，企業

の稼ぐ力が低いのは別のところに問題があるかもしれない。指名・報酬委員会を設置して，委員長を独立社外取締役が担いメンバーの過半数が独立社外取締役で構成する企業も少しずつ増えているが，形式的で実際は社長・CEO が決定する内容を追認するだけの機能に過ぎないところもある。社外取締役の意識改革も必要になっているかもしれない。制度上のコーポレートガバナンスの強化は図られているが，形式的な制度変更にとどめず，企業の中長期的価値を高めていくには結局のところ経営陣と社外取締役による危機意識や改革意識にかかっているようにも見える。

コーポレートガバナンス・コード改訂で高まるサステナビリティの観点

　2018 年の改訂では初めて ESG 要素にも言及しており利用者にとって有益な情報開示の改善を求めている。2021 年改訂でさらに注目されたのは，環境・社会的などサステナビリティの観点がより重視されるようになったことにある。プライム市場の上場企業については，TCFD ガイドラインかそれに相当する枠組みでの開示を求めるようになった点は評価できる。ただしコーポレートガバナンス・コード自体はサステナビリティ経営の原則を示しているものに過ぎないので，ESG 経営に求められる詳細なアクションについては後述する。

　企業に対してサステナビリティの観点から ESG 経営を促す動きは，イギリスのコーポレートガバナンスで ESG 経営を重視していることが影響しているが，つきつめれば，国際的に共有されている原則や規範を反映している。ESG 経営重視の考え方は，たとえば，経済協力開発機構（OECD）が 1976 年に多国籍企業を対象に「OECD 多国籍企業行動指針」で提示された考え方が反映されているとも言える。この指針は，その後も何度か改訂を重ねているが，企業が，自主的に，環境，人権，雇用関係，汚職・贈賄防止，納税，競争，科学技術などの幅広い分野で適切な行動をとるよう勧告している。OECD 加盟国や賛同する非 OECD 加盟国はこの指針について自国内での普及に努め，連絡窓口を設置することになっている。

　さらに，国連が企業に向けて直接的に働きかけるイニシアチブとして，2000年に企業などと協力して健全なグローバル社会を築くための「国連グローバル・コンパクト」（UNGC）を発足している。第2章で紹介した国連の責任投

資原則（PRI）が機関投資家を対象に投資判断や金融取引で ESG 要素を反映させるよう促しているのに対して，UNGC は企業を対象に 10 原則を示し，法的拘束力はないものの ESG の観点からの経営の改善努力を促している。UNGC 原則では，企業が，人権の保護・尊重，不当な労働の排除（結社の自由や団体交渉の承認，強制労働の撤廃，差別の撤廃，児童労働の廃止），環境の保全，および腐敗の防止に努めることなどが明記されている。2022 年 5 月現在，世界で 2 万社近くの企業・団体などが署名している。この内，米国企業が 1,362 社，日本企業は 492 社，中国企業は 1,956 社が署名している。賛同する企業の社長・CEO は自らこれらの原則にコミットし，その実現に向けて社員やサプライヤーを通じて努力を継続していくことが期待されている。

第2節　企業に求められる ESG 経営

　コーポレートガバナンス・コードの浸透と，スチュワードシップ・コードの下での投資家によるエンゲージメントを通じた企業への働きかけもあって，世界的に ESG 要素を意識する企業が増えている。また，最近では，機関投資家だけでなく投融資ポートフォリオについてカーボンニュートラルを公約した銀行による企業へ脱炭素・低炭素に向けた働きかけも強まっている。もっとも日本企業の間では，以前から環境や社会を考慮したサステナブル経営をしているといった見方も聞かれる。たとえば，江戸時代の近江商人の「三方よし」，すなわち「売り手よし」「買い手よし」「世間よし」の精神は，多くの日本企業の間で長く定着している。このため，たとえ，法律上では，株式会社は株主が所有すると定めていたとしても，実際には，日本の企業は，従業員，顧客，社会のためのものとみなす傾向があるとされている。しかし日本企業では年功序列で内部昇進者が社員・CEO になるケースが多く，企業内には上下関係があり昇進のチャンスもかかっていることから，社員から見ると，企業は経営人のものと考えている可能性もある。従業員を人的資本として育てる発想はようやく見られるようになったばかりで，ライフ・ワークバランスにも課題は多く，ジェンダーへの対応も遅れている。

企業の社会的責任（CSR）と ESG 経営の違い

　三方よしの精神は，ステークホルダーを重視している点で ESG 経営の考え方と共通しているが，どちらかといえば日本に浸透している企業の「社会的責任」（CSR）の発想に近い。CSR については明確な定義はないが，企業が法令を遵守し利益を追求しつつも，企業のブランドイメージの向上や地域社会の一因としての奉仕活動および利益の一部を倫理的・コミュニティ活動に支出することととらえている企業が多い。この点，ISO が 2010 年に社会的責任に関する国際規格 ISO26000 を発行しており，「企業のモノやサービスの提供にかかる決定や活動が，環境・社会に及ぼす影響について透明かつ倫理的な行動を通じて企業が負う責任」と明確に定義している。その際，企業は健康・社会の繁栄を含む持続可能な発展への貢献，ステークホルダーの期待への配慮，関連法令の遵守および国際行動規範の尊重，そして企業全体に統合されその中で実践される行動を求めている。

　ISO の定義は ESG の発想にかなり近いが，ESG 投資家が期待する企業経営とは，投資家の目線から見た企業の持続的な稼ぐ力とそれによる投資家のリターンをあげていくことに焦点が当てられており，少し意味合いが違うと思われる。ESG 投資家が期待するのは，企業が数十年先の中長期的な観点から気候変動などが自社の財務に及ぼす影響についての見通しをしっかり立て，世界の気候政策や投資家・市民社会の動向もしっかり見据えつつ，現在のビジネスモデルのままで企業経営が成り立っていくのかを冷静・客観的に分析し，対応していくことである。もし，気候変動がもたらすリスクと機会を検討した結果，現在のビジネスモデルでは GHG 排出量が多すぎる，生物多様性の喪失や公害につながっているなどと判断されるのであれば，今から GHG の削減や自然資本の保全をするためにどうビジネスの在り方やビジネスモデルを変えていくべきかを，従業員と一緒になって，かつ資本コストを意識しながら検討し実行に移していくことが ESG 経営の基本である。それが中長期的な企業の稼ぐ力を高め，投資家の中長期的なリターンも確保され，市民社会の利益にもつながっていくと考えられている。

脱炭素の推進にはコーポレートガバナンスが鍵を握る

　カーボンニュートラルの実現のためには，企業が大きくビジネスモデルを変えなければならないことが多い。環境負荷の多いビジネスは持続ができなくなるリスクが高いためそうしたリスクを軽減するためには，今から環境負荷の少ないビジネスに段階的に転換していけば，需要が開拓でき新たなビジネスの機会も生まれると考えられている。そうした企業は，国際競争力を高めて中長期的な企業価値を持続的に高めていくことが可能になるかもしれない。これまでのビジネスの在り方を変えていくには，とくに過去に収益を生み出してきた事業を見直す場合はレガシーもあり転換コストもかかることから大きな経営判断を伴う。取締役会が責任をもって企業を取り巻く国内外の変化を捉えて経営判断をしていき，そうした経営を促すよう取締役会の監視機能が機能する必要がある。つまり，ESG 経営をするには，その土台である取締役会を中心にコーポレートガバナンスがしっかり機能していなければならない。

　気候変動課題への対応については，とくに GHG 排出量の多い大手企業については，できる限り 2050 年までにカーボンニュートラルの実現を掲げること，その上でカーボンニュートラルと整合的な 2030 年などの排出削減目標を掲げることが期待されている。その際に，企業のビジネスモデルが，後述するように，生産過程の上流から下流までの間のどの段階で GHG 排出量を多く発生させているのかをまず把握したうえで，どのようにして排出量を削減していくのか長期的な移行計画が求められている。3〜4 年程度の中期経営計画の策定の際には，そうした排出削減目標と整合的な短期の目標を定めて，どのような具体的な戦略で向こう 3〜4 年内に実現していくのか詳細な計画を定めることが期待されている。その際に，GHG 排出削減が企業の業績見通しや投資計画にどのように影響を及ぼすかという視点も重要になる。気候変動課題への対応は，企業にとってこれまでの生産のやり方を改めることにもなり，その分負担が大きいため「コスト」としてネガティブに捉えがちであるが，企業の中長期的な稼ぐ力を高めるための「機会」と前向きに捉えていくことが重要なポイントである。企業が脱炭素・低炭素の商品・サービスが提供できるようになれば，それを企業の強みとして新たなマーケティング戦略で世界の顧客獲得を目指していくことができる。

　取締役会では，執行側で策定されたカーボンニュートラルに向けた移行計画をそうした視点でしっかり審査した上で承認し，また計画の進展度を定期的にチェックしていかなければならない。企業の気候変動に関する戦略が企業の通常の経営戦略の一部として定着させること，社長・CEOのリーダーシップのもとで社内教育を通じて理解を浸透させていくこと，日々の業務において各社員がカーボンニュートラルへの移行計画をいかにして実践していくかについて意見交換やアイデアを出し合うなどの企業文化を作っていくような不断の改善姿勢が期待されている。

　また，企業が掲げたGHG排出削減目標を実現していくために，執行役員の報酬の一部について，中期的な観点から排出削減目標を含むサステナビリティの進展度に連動させることが望ましいと考えられている。役員報酬は，固定給，賞与，株式報酬から構成される企業が多いが，賞与または株式報酬を，利益や売上高などの財務データだけでなく，サステナビリティに関する数量的な目標対比での進展度に連動させることが求められている。また，企業は「サステナビリティ報告書」または「統合報告書」において，あるいはウェブサイトでサステナビリティに関する時系列データや詳細な情報を開示していくことが望ましいと考えられている。

　さらに，環境方針などを掲げ，GHG排出削減目標を含めて，TCFDガイドラインなどの情報開示基準をベースにした開示を進めていくことが世界のコンセンサスとなりつつある。環境方針のほかに，企業の業態に応じて，サステナブルな原材料の調達方針，生物多様性の方針，廃棄物削減の方針，有害物質・化学物質の管理に関する方針などを掲げることも検討する必要があろう。こうした方針は取締役会の承認を経て公表し，定期的に進展を確認するプロセスが必要になる。データの信頼性を高めるために，第3者の専門家による検証・認証を受けることも重視されている。

第3節　気候変動に関する情報開示の枠組み： TCFDガイドライン

　G7財務相・中央銀行総裁会議では，2021年6月に，世界の金融システムか

らの GHG 排出量を大幅に削減する必要があり，そのためには金融機関や投資家が投融資先の企業の排出削減を促していくべきであること，それには信頼できる企業の情報開示が必要になると強調した。また G7 は TCFD ガイドラインにもとづく気候関連財務開示の支持を表明している。日本では，前述しているように，2021 年 6 月のコーポレートガバナンス・コード改訂においてプライム市場の上場会社を対象に，気候変動のリスクや機会が自社の事業活動や収益など財務に与える影響についてデータの収集と分析を行い，TCFD ガイドラインなどにもとづく開示の質と量の充実を進めるべきであるという表現を新たに追加している。TCFD ガイドラインに沿った開示は G20 も重視しており，イギリス，EU，カナダ，ニュージーランド，シンガポール，スイス，ブラジル，香港などでも開示を進めている。米国でも，米国証券取引委員会（SEC）が上場企業に対して，TCFD ガイドラインを踏まえた詳細な情報開示を義務づけることを提案している。

TCFD ガイドラインとは

　それでは TCFD ガイドラインとはどのような内容なのだろうか。TCFD ガイドラインは，2017 年に民間主導のタスクフォースによって，ESG 投資家などが，適切に投資判断ができるようにするために，一貫性，比較可能性，信頼性，明確性をもつ効率的な情報開示を目的として策定されている。開示内容は，「ガバナンス」，「戦略」，「リスク管理」，「指標と目標」の 4 つの項目から構成されている。

　「ガバナンス」では，気候変動のリスクと機会に関する企業のガバナンスを改善するために，取締役会による監視体制やリスクと機会の評価・管理を実施して，経営者の役割を説明することを要請している。企業内でのサステナビリティに関する専門委員会の設置や担当取締役・執行役員の任命，取締役会での定期的な報告と監視の責務などの説明が必要になる。「戦略」では，気候変動のリスクと機会が企業のビジネス・戦略・財務諸表への及ぼす影響（実際と潜在的な影響）について，それが企業にとって重要（マテリアル）な場合には開示すべきであるとしている。また，短期・中期・長期の気候変動のリスクと機会を説明しなくてはならない。

　さらに，世界平均気温の上昇が（工業化以前に比べて）今世紀末までに 2℃ 以下に抑制されるシナリオを含む「気候シナリオ」分析を実施し，各シナリオがどのように企業の財務に影響するかを数量化し，企業の戦略の強靱性について説明することが期待されている。多くの企業は，2℃ を十分下回る移行シナリオとともに，IPCC の物理的リスクが高まるシナリオのもとで世界平均気温が大きく上昇するシナリオの両方を用意することが多い。そして，それぞれのシナリオの下での財務への影響を試算し，自社のビジネスモデルの強靱性を確認し可能な範囲で開示している。移行シナリオについては，多くの海外の ESG 投資家は 2℃ 以下のシナリオだけでなく，1.5℃ シナリオの下での財務の影響を試算するよう要請を強めている（第 1 章を参照）。

　「リスク管理」については，気候変動リスクについて企業がどのように識別・評価・管理しているのかそのプロセスと，そうしたプロセスが企業の総合的なリスク管理の中にどのように統合されているのかを説明することになる。「指標と目標」については，気候変動のリスクと機会を評価・管理する際に用いる指標と目標を掲げ，それに対する実績について開示することになる。とくに，GHG 排出量の開示が重要とされており，下記で説明するように，スコープ 1，スコープ 2，できればスコープ 3 の排出量とそれに関連するデータを開示することを明記している。

　TCFD ガイドラインは，開示に関する大枠の原則であるために，企業によって開示内容がまちまちになりがちで，企業間の比較が難しいという批判がある。そうした批判を受けて，2021 年 10 月の改訂では，開示内容について具体例をふんだんに取り入れることで，企業が自主的に開示内容を改善していくことを促している。改訂によって明確に厳格化した点は，「戦略」項目で，すべての企業に対して，気候変動の実際の財務への影響や低炭素経済への移行計画について重要な情報をもっと明確に記述するよう要請している。また「指標と目標」項目でも，すべての企業に対してスコープ 1 とスコープ 2 の GHG 排出量を開示すべきであること，スコープ 3 についても開示が望ましいと開示内容を明確化している。

　また改訂では，開示例として，GHG 排出量の絶対量と原単位（たとえば GHG 排出量を生産量や売上高で割った比率）の開示のほか，移行リスクと物

理的リスクそれぞれについて脆弱な企業活動の金額と割合，気候変動の機会に関連する売上高の割合，気候変動のリスクと機会に関連した設備投資額などを挙げており，企業がより積極的に開示を進める際の参考にできるよう工夫している。金融機関の場合は，移行リスクと物理的リスクに脆弱な資産の金額と割合，気候変動の機会に関する資産，あるいは気候変動のリスクと機会に関連した投融資額などの指標が開示例として示されている。

　また企業に脱炭素・低炭素を促すための開示方法として，移行リスクについては石炭採掘からの売上高の割合，金融機関の場合は移行リスクの高い不動産を担保とした貸付額や GHG 排出の多い資産へ貸付の集中度などが，開示例として示されている。物理的リスクについて，金融機関に対する具体例としては，洪水が多い地域の住宅ローン件数と貸付額，気候関連被害のリスクが高い不動産の割合などが指摘されている。気候変動の機会に関する指標としては，たとえば EV を含むゼロエミッション車などの販売台数や低炭素への移行を可能にする商品の売上高などが，開示例として示されている。

　このほか，インターナルカーボンプライシングについては，企業が社内の分析で使う GHG 排出量 1 トン当たりの炭素価格の表示，および執行役員報酬のうち気候関連にリンクしている割合などを，開示例として示している。インターナルカーボンプライシングについては後述する。

重視されるサプライチェーンからの GHG 排出量

　カーボンニュートラルを実現するためには，前述しているように，企業は GHG 排出量データを算出して開示することが求められている。GHG プロトコルは，GHG 排出量の算定・開示基準として世界的に推奨されている。排出量をスコープ 1，スコープ 2，スコープ 3 に分類している。スコープ 1 は直接的な排出量のことで，自社の工場やオフィスにおけるエネルギーの消費や車両の利用などで化石燃料の利用により排出された量を指している。排出量は，絶対量と原単位（単位当たりの排出量）の両方で示すことが望ましい。スコープ 2 は間接的な排出量を指しており，自社で使用するために購入され消費した電力などからの排出量である。

　スコープ 3 は，企業の川上から川下までのサプライチェーンや顧客を通じて

発生する排出量のことであり，調達先の排出量を川上と川下に区分し，全部で
15カテゴリーに分類している。川上については8分類あり，① 購入した製品・
サービス，② 資本財，③ スコープ1とスコープ2に含まれない燃料・エネル
ギー関連活動，④ 輸送・流通，⑤ 事業において排出した廃棄物，⑥ 出張，⑦
従業員の通勤，⑧ 上流のリース資産から構成される。川下については7分類
されており，⑨ 下流の輸送・流通，⑩ 販売した製品の加工，⑪ 販売した製品
の使用，⑫ 販売した製品の使用後処理，⑬ 下流のリース資産，⑭ フランチャ
イズ，⑮ 投資から構成されている。排出量の計算方法については，環境省の
ウェブサイトで詳細が説明されている。

　電力会社はスコープ1が中心なケースが多いが，スコープ3⑪ の企業・家
計の利用者による排出も大きい。金融機関などの排出量はスコープ3に集中し
ており，主に⑮ 投融資ポートフォリオからの排出量が中心になる（第2章を
参照）。自動車産業の場合もエンジン車の排出量はスコープ3に集中しており，
⑪ ユーザーの走行時の排出量が最も多い。反対に，食品産業の場合は，原材
料として調達する小麦，大豆，パーム油，コーヒーなどの生産からの排出が多
く，排出量はスコープ3の① に集中している。建設産業の場合も，スコープ
1の建物の建設よりも，スコープ3の① 建材・部材の調達や④ それらの輸送
にかかる排出が多い。このように企業の排出量がどこに集中しているかを把握
し，対策を立てていく必要がある。

　排出削減目標設定については，少なくともスコープ1とスコープ2の排出量
の合計などについて2050年までにカーボンニュートラル目標を設定し，それ
と整合的な2030年目標を示すことが望ましいとされている。もっとも電力・
自動車・重化学産業など排出量の多い産業は2050年の長期目標を設定するこ
とを要請する投資家は多いが，それ以外の企業については，2050年というか
なり長期の目標設定をする企業は少ない。まずはパリ協定目標と整合的な
2030年の排出量削減目標を公表する企業が多い。排出量削減目標として，ス
コープ1とスコープ2の設定は当然であり，投資家やNGOなどの市民社会の
焦点はスコープ3へ移っている。CDPは，グローバルサプライチェーン報告
書において，CDPの質問票に回答した企業のうちの7割程度がスコープ1と
スコープ2の排出量について情報開示をしているが，スコープ3も開示してい

るのは全体のわずか2割に過ぎないと指摘している。このため企業がもっとサプライチェーンを通じた排出削減の取り組みを加速していくべきであると警告している（CDP 2022）。

　国際標準化機構（ISO）14040シリーズでは，企業が生産する製品ライフサイクルアセスメントを通じて，原材料の調達から，加工，製造，流通，使用，メンテナンスを経て，最終的に廃棄またはリサイクルされるまでの製品のライフサイクルを通じた環境への負荷を定量的に評価する手法が規格化されている。これはライフサイクルベースで発生するGHG排出量をCO_2に換算したライフサイクルCO_2排出量で「カーボンフットプリント」とも呼ばれている。基本的にはスコープ1，2，3にもとづくGHG排出量に近い概念である。いずれにしても企業が自社の製品・サービスからの環境負荷がどの程度かかっているかを数量的に把握していくことが，カーボンニュートラルに向けた企業行動の変容を促していくうえで重要である。

第4節　気候変動対応に関連したイニシアチブと訴訟リスク

　ESG投資が活発になり機関投資家や銀行によるエンゲージメントを通じた企業への働きかけが活発になる一方で，気候変動で積極的にリーダーシップを発揮する組織や市民社会の活動も目立っている。とくに有名なのが科学的根拠にもとづくGHG排出削減目標を認定するScience-Based Targetsイニシアチブと再生可能エネルギー100%を目指すRE100イニシアチブである。このほか，企業の気候変動対応としてインターナルカーボンプライシングとサステナブル調達も重要になっているため，ここで紹介することにする。

科学的根拠にもとづく排出目標：SBTi
　気候変動課題について意識の高い世界の大手企業は，自ら掲げるGHG排出削減目標が科学的根拠にもとづく信頼できるものであることを示すために，企業のGHG排出削減目標についてScience-Based Targetsイニシアチブ（SBTi）による認定を受けるようになっている。SBTiは国連グローバル・コンパクト，

CDP，世界資源研究所，WWF の4つの機関が運営する気候変動に関する科学的根拠にもとづく削減目標イニシアチブで，世界で広く認知されている。世界資源研究所は気候変動，エネルギー，食糧，森林，水を含む自然資源のサステナビリティについて研究する国際的なシンクタンクで，前述した GHG プロトコルの共催団体のひとつである。

　SBTi は，IPCC の科学的分析にもとづき企業の掲げる目標がパリ協定目標と整合的であるかを確認して認定する。産業ごとに GHG 排出量をどのくらい減らすべきかその程度を決める枠組みを開発している。ESG 投資家が大手企業とエンゲージメントをする際には，こうした認定をうけているかが有用な情報として用いられている。とくに 1.5℃の SBT を掲げる企業は，気候変動におけるリーダー的存在として，高い評価を受ける傾向がある。

　SBTi では，GHG プロトコル基準にもとづき，すべての GHG をカバーする排出量の削減目標について，提出日から最低5年，最長15年の目標の設定を義務づけている。基準年の設定は，2015年より前の設定は認めていない。長期目標は提出日から10年より先の目標とされており，1.5℃以内の目標と整合的であることや最長2050年の設定が期待されている。提出日より10年以内は，SBTi の枠組みでは短期目標と呼ばれている。こうした短期・長期目標は，科学にもとづく目標（SBT）と呼ばれている。

　SBTi は排出削減目標の承認基準を，段階的に厳しくしている。当初はスコープ1とスコープ2の目標について，企業の目標が「2℃シナリオ」の枠組みと整合的かを認定していたが，2019年の基準改訂により，より意欲的な「1.5℃シナリオ」または「2℃を十分下回るシナリオ」の目標を設定するよう基準を厳格化している。それにより，2℃シナリオでの目標設定を受け付けないことにし，既に2℃シナリオでの承認を受けている企業も2025年までに再び新しい規準での承認が必要になると定めた。

　その後，世界の多くの国が 1.5℃と整合的なカーボンニュートラルを掲げたこともあり，2021年10月にバージョン5.0を発表し承認基準を一段と厳しくし，1.5℃シナリオの目標のみを認証すると定めている。これにより2℃を十分下回るシナリオの枠組みで既に承認を受けている企業は，2025年までに 1.5℃目標を再提出し認定を受けなくてならず，この期限を逃すと SBTi の認証が取

り消されることになる。古い基準での認定を受けるための提出期限は 2021 年
7 月 15 日までとされたが，2℃を十分下回る目標として認定を受けても，承認
から 5 年後を期限として 1.5℃目標の再提出をして再認定を受ける必要がある。

　バージョン 5.0 では，少なくともスコープ 1 とスコープ 2 の目標については
1.5℃以内に抑える排出量であること，総量削減目標は少なくとも 1.5℃目標に
もとづくこととされている。スコープ 3 の目標については 2℃より十分低く抑
える目標が必要になる。スコープ 3 の排出量が全体の 4 割を占める企業は，ス
コープ 3 の目標設定も義務づけられている。認定を受ける企業は，GHG 排出
量の達成度についての公表することも求められている。

　企業の中には自社の排出削減目標の実現のために，外部からカーボンクレ
ジットを購入して排出量をオフセットして目標実現を目指す行動も見られてい
るが，SBTi では短期目標の達成へのカーボンクレジットのカウントは認めて
いない。まずは自社でビジネスのあり方を見直して削減努力をすべきであり，
第 3 者が削減した GHG をクレジットとして移転を受けて目標を達成するので
は，本来の努力とは言えないとの認識がある（カーボンクレジットについては
第 6 章を参照）。SBTi でオフセットとして認めているのは，長期 SBT 目標を
達成する際に，そしてそれ以降に残る未削減の排出量について，大気中から炭
素を除去し永続的に貯蔵する場合のみと定めている。

　SBTi のように，世界平均気温の上昇見通しにもとづいて企業の排出削減目
標がパリ協定目標と整合的かを評価するアプローチは「温度レーティング」手
法とも呼ばれている。多くの金融機関も独自の温度レーティング手法を採用し
て投資先企業の評価判断に使うところが増えている（SBTi 2021a 2021b）。こ
うしたイニシアチブが生まれた背景として，排出削減目標の企業間の比較が難
しいことにある。企業はさまざまな原単位や時間軸を選択して，スコープ 1〜
3 の選択も自由に選んで排出削減目標を設定することが多い。SBTi はこれら
の企業目標を，パリ協定目標と整合的に今世紀末に予想される世界平均気温の
上昇経路とリンクさせることで，単一で共通の直感的に分かりやすい評価基準
に置き換えたところが革新的である。金融機関に対しては別途ガイドラインを
発表している。2022 年 5 月現在世界では 2,940 社（内，日本企業は 237 社）が
このイニシアチブに参加している。このうちより厳しいカーボンニュートラル

シナリオを掲げている企業は 1,032 社（内，米国企業は 136 社，日本企業は 36社，中国企業は 23 社）である。

気候変動に取り組む企業による RE100 への加盟

　国際的な NGO の Climate Group と CDP が 2014 年に開始した RE100 イニシアチブに参加する世界の大手企業が増えている。RE100 では世界の有力企業がメンバーになって，企業が自社で使用する電力，たとえばオフィスや工場や店舗などで使用する電力を再生可能エネルギーに 2050 年までに 100％転換することにコミットする協働イニシアチブである。対象にはすべての企業活動に関連するスコープ 2 の排出量と，スコープ 1 については企業の電力発電に関連する排出量としているため輸送や暖房は含まない。また企業グループの中では，50％以上の資本参加をしている子会社なども対象になる。どの企業でも参加できるわけではなく，たとえば年間電力消費が 0.1TWh 以上や業界大手など幾つかの条件を満たす必要がある。開示については CDP が管理しており，CDP の質問票に回答する形式または RE100 の開示スプレッドシートが用いられている。世界では 2022 年 5 月現在 340 社の企業が参加しており，欧米の企業が多いが日本などアジアの企業も増えている。日本企業は 69 社参加している。

インターナルカーボンプライシングの採用

　インターナルカーボンプライシングについては，気候変動への対応を進める大手企業が採用を始めている。とくに企業が事業活動の見直しや新規投資案件の採用を決定する際に，事業や新規投資案件から排出される GHG 排出量を算出し，その排出量に価格づけを行って金銭価値に換算してキャッシュフローへの影響を測るのが一般的である。

　その際，企業はどのような炭素価格を設定するのかを決めなければならない。既存の国内で成立している低い炭素価格ではなく，将来予想される炭素価格を適用するのが適切である。自国の現在の炭素価格としては，たとえば，図表 1-2 を参照できる。長期的な炭素価格の予想を反映させるのがよいが，その際に使われる価格は第 1 章で紹介した NGFS や IEA などの国際組織が示す

気候シナリオで将来想定される炭素価格を用いることが多い。単一の炭素価格あるいは変動幅を適用することも，炭素価格をしだいに引き上げていく経路を想定することもできる。

　第 4 章でもふれる EU の排出量取引制度（EU ETS）のような排出枠を取引する市場があり，現在の価格は相対的に高くなっているのでそこで成立する価格を炭素価格として手始めに用いることもできる。このように，社内での事業の見直しや新規投資案件の判断で適用する高めの炭素価格を採用することをインターナルカーボンプライシングという。これにより，たとえば化石燃料を多く使用する事業については将来的に採算がとれなくなると判断して事業継続を見直すきっかけにしたり，別の排出の少ない投資案件に切り替える，あるいは GHG 排出量を減らすための追加対策（たとえば，自社工場の屋上に太陽光パネルの設置）を講じるといった検討をしていくことになる。

原材料のサステナブル調達の重要性

　製造業で用いる原材料は，多くの場合，途上国で生産されたものを調達することが多い。大手企業は安く原材料を調達することよりも，持続可能な原材料を優先して使用することが求められるようになっている。たとえば，GHG 排出量の吸収・貯留源である森林の保全が地球温暖化を抑制するために重要になっている。森林伐採や森林破壊は CO_2 排出量の増加につながっており，コーヒー，カカオ，砂糖，パーム油，たばこ，綿，畜産，紙・パルプなどの生産がそうした問題に大きく関わっているとされている。こうした原材料を調達する企業は，後述する社会的観点も含めて，できる限りサステナブルな調達先を確保し，生産地から加工段階を含むトレーサビリティを確立していくことが求められるようになっている。企業のサステナブル調達を支援するために，森林管理や人権・労働者の管理などが行き届いたところで生産されていることを認証する動きやサプライヤーへの教育支援が広がっている。世界の多くの NGO が関与しており，さまざまな認証制度がつくられている。大手の多国籍企業はこうした認証を受けた原材料の調達を増やしており，そうした調達が全体に占める割合などを開示しかつ中期目標を設定することが期待されている。

　一例として，パーム油業界でよく知られるようになっているのが，「パーム

油のための円卓会議」（RSPO）認証である。RSPOは2002年にWWFが，パーム油産業に関わるイギリスの英油脂企業，スイスのパーム油小売企業，マレーシアパーム油協会，ユニリーバと，持続可能なパーム油に関する議論を開始し，2004年に持続可能なパーム油のための基準作りのために設立されている。ユニリーバはサプライチェーン上の「ネットゼロ森林伐採」を掲げ，パーム油，紙・ボードなど12の主要原材料のほぼすべてをサステナブル調達にする方針のもとでビジネスを展開しており，プラスチック・水利用を減らした商品開発などで世界的に高い評価を受けている。RSPOの本部はマレーシアのクアラルンプールにある。サプライチェーン全体を通した持続可能なパーム油の国際的標準を策定し，認証を付与している。RSPOの原則の中には，持続可能なパーム油の生産に関連する法制度の遵守，経済的な存続可能性，環境・社会的に有益などが含まれており，認証を受けるためにはRSPOの原則と基準に従う必要がある。原則と基準の内容は5年毎に見直しされている。RSPO認証は，アブラヤシ農園から最終製品ができるまでの各工程について認証を行っており，すべての工程を通じた追跡ができることが重要である。各工程の認証制度として2種類あり，生産段階で持続可能な生産が行われていることへの認証（P&C認証）と，認証パーム油がサプライチェーンのすべての工程を通じて間違いなく受け渡されるシステムが確立されていることへ認証（SC認証）がある。パーム油をつかって食品や化粧品などを製造する企業は，SC認証を受けることが多い。RSPOの審査や認証の業務は，独立した第3者の国際認定組織が実施し，審査結果がRSPO事務局に伝えられる仕組みとなっている。認証の有効期間は5年間で，毎年遵守状況がチェックされており，問題が発覚すると認証期間内でも取り消されることがある。企業がこうした認証を得るように，ESG投資家がエンゲージメントの際に促すことが多くなっている。

森林保全を目指す株主提案への賛同

　企業活動が森林破壊につながっているとの懸念から環境団体が少数株主になったり，ESG投資家と協働して活発に活動するようになっている。たとえば，消費財世界大手の米国企業プロクター・アンド・ギャンブル（P&G）は，2020年10月の株主総会においてサステナブル投資ファンドのグリーンセン

チュリー・キャピタルマネジメントによってサプライチェーンを通じた森林破壊の撲滅に努めるよう株主提案がなされている。この株主提案には地球の友（FOE）やレインフォレスト・アクション・ネットワーク（RAN）など多くの環境 NGO による積極的な働きかけがあったことで，ブラックロックを含む多くの投資家も賛同し，7 割弱の支持率が得られて成立している。この株主は化石燃料フリーのサステナブル投資を実施する投資信託グリーンセンチュリーファンドで，米国で環境・公共衛生 NPO が完全所有する唯一の投資信託で，投資による収益はすべて同団体の活動支援に使われている。

　株主提案では P&G が十分サプライチェーン上での森林破壊の緩和に対応していないため同社の財務と株主に重大な影響を与えており，他の同業他社のように，持続可能でない森林製品（トイレットペーパー，ティッシュ，パーム油に言及）を減らすためにもっと強力な環境方針を掲げて行動すべきだと主張したのである。P&G の経営側は，既に森林破壊防止対策と情報開示も実施しているとして，この株主提案には反対票を投じるようキャンペーンを展開した。しかし，2019 年に P&G の 1 次サプライヤーによる違法伐採が発覚したことへの指摘や，森林破壊の撲滅のための行動について同社の規模，速度，熱心さの観点からもっと改善したときのインパクトについて，株主に報告を義務付けるべきとするグリーンセンチュリーファンドの株主提案には説得力があると多くの株主によって判断されたとみられる。

　グリーンセンチュリーファンドの株主提案では，模範的な同業他社として，キンバリークラーク（Kimberly-Clark）やユニリーバの名前が挙げられている。キンバリークラークは米国の紙消費財製品メーカーでクリネックスなどの製品で有名だが，森林からの原料を半減させて代替材や環境的に良いファイバーの使用を大きく増加させる目標を掲げて情報開示を行っており，目標に向けた進展があるとみなされている。ちなみに，FOE は，米国の環境運動家のデビッド・ブラウアー氏が主導して創設した国際 NGO で事務局はオランダにあり，気候変動・森林破壊・エネルギー課題に取り組んでいる。RAN は米国サンフランシスコに本部をかまえる知名度の高い環境 NGO で，環境に配慮した消費行動を促すことで，森林保護，先住民族や地域住民の権利擁護，環境保護活動など幅広い活動を行っている。紙・パルプ，パーム油，化石燃料開発と

それをサポートする金融などの調査活動も行っている。

気候変動に関する企業訴訟

　近年，気候変動関連の訴訟が世界的に増えており，市民社会は訴訟を通じて
も企業行動に影響を与えつつある。世界に衝撃を与えた有名な市民による訴訟
が，地球の友（FOE）オランダ支部（Milieudefensie）などを含むオランダの
7 つの環境団体と 1 万 7 千人以上のオランダ市民が原告となって，英蘭石油大
手ロイヤル・ダッチ・シェルを相手取って行われ，オランダのハーグ地方裁判
所で勝訴した事例である。同社はオランダが本拠地で，世界第 9 番目に GHG
排出が多い企業である。パリ協定合意後に，同社の排出量を 2016 年対比で
2035 年までに 30％削減し，2050 年までに 65％削減する計画を既に発表してい
る。しかしこの削減目標ではパリ協定目標の達成に必要な水準には不十分だと
市民の反発が高まり，訴訟に至ったのである。

　2021 年 5 月にハーグ地方裁判所は，オランダ民法と人権に関する欧州条約
への違反を根拠に，ロイヤル・ダッチ・シェルに対して GHG 排出量を 2030
年までに（2019 年対比で）45％削減しなければならないと命じたのである。
また，スコープ 3 の顧客とサプライヤーからの排出についても責任を負うべき
だと明確にした。さらに，判決では，「生きる権利」と「平穏な家庭生活」に
対する人権侵害の脅威があるにもかかわらず，同社の気候変動対応策は十分具
体的ではないとの判断が下されたのである。同社は判決を不服として控訴して
いる。この判決の興味深いところは，環境問題と人権を結びつけている点にあ
り，ESG 経営の E と S は一体として考えるべきということを改めて認識させ
た訴訟事例でもある。

　この訴訟では，GHG 排出量の多い企業の削減目標の妥当性が問われたもの
で，気候変動の移行リスクに関連する訴訟事例とみなすことができる（第 1 章
を参照）。また，今後は，物理的リスクの顕在化によっても訴訟が増えていく
ことが予想される。とくに気候関連の極端な事象や影響について企業に直接責
任がある場合，その責任を企業に問うような訴訟が今後増えていくと見込まれ
ている。一見すると企業行動と直接的に関係ないように見える気候変動問題で
も，訴訟が起きる可能性は高まっている（NGFS 2021c）。たとえば，ドイツの

民事裁判所において，ペルーの農家で山岳ガイドをしているサウル・ルシア
ノ・リユヤ氏が，ドイツの大手電力会社 RWE を相手取って，ドイツの環境団
体の支援を受けて，ドイツで訴訟を起した事例がある。訴訟の理由は，同社の
GHG 排出による地球温暖化が原因で，ペルーにおいてリユヤ氏の自宅と農地
がある付近の氷河が溶けて水量が増加したことで被害を受けたことから，同氏
が支出した防止措置の負担の一部について企業が負担すべきであるというもの
である。この損害賠償請求に対する判決は第一審では棄却されたが，リユヤ氏
は控訴している。2017 年にドイツの高等裁判所では審理の開始に十分な理由
が認められると判断しており，現在も裁判が続いているという。

　ドイツの訴訟事例は，これまでは企業の行動を気候変動の原因とするのには
難しいと考えられてきた案件について，気候科学の発達により関連性を明らか
にできるようになってきていることから，訴訟が可能になった事例である。た
とえば，IPCC の報告書では，極端な気候事象など観察される気候変動の変化
について，それが人間による人為的な活動によるものだとする因果関係につい
ての証拠を示している。こうした気候科学の発達により，地球温暖化を抑える
ために地球が排出できる GHG の残された排出量（カーボンバジェットともい
う）がどの程度なのかを特定化できるようにもなっている。

第5節　社会的課題を重視した企業経営

　以上みてきたように，地球温暖化や環境破壊は，地域やコミュニティの人々
の居住や経済活動を営む権利と収入を奪ってしまうこともある。劣悪な労働状
況で働くことを余儀なくされている人々も多くいる。つまり，環境と社会に関
する課題は密接に関係していることが多いため，企業は自社が関連する環境・
社会的課題について，サステナビリティを高める経営の一環として総合的にビ
ジネスの在り方を改善していかなければならない。

国連ビジネスと人権に関する指導原則

　人権については，世界で地政学リスクが高まっている中で，ESG 投資家や

市民社会の関心が高まっている。人権について重要な国際原則としては，2011
年に国連で採択された「国連ビジネスと人権に関する指導原則」が有名であ
る。すべての国家と企業に適用されるガイドラインを示している。国家には人
権を保護する義務があるが，企業が多くの国でビジネスを展開するようにな
り，国家の枠組みだけでは人権問題への対応が十分ではないことが明らかに
なっている。そこで，企業に対して人権侵害のリスクを減らすために人権方針
を掲げ，自社およびサプライヤーなどの取引先企業に対して「人権デューデリ
ジェンス」を定期的に実施し，具体的なアクションについて開示することが求
められている。人権デューデリジェンスとは，企業活動が人権への悪影響を惹
起または助長することを回避・軽減し，問題が発覚した際の対処方法（人権へ
の影響の調査・評価，対応，対応の追跡調査，対処方法の周知）を明確にする
ことや，人権専門家の知見を活用することなどを指している。直接的に人権侵
害を引き起こしていなくても，世界のサプライヤーを通じた間接的な人権侵害
も対象になる。

イギリスの現代奴隷法

　人権に関して企業行動を促していくには国内法の整備も重要である。この
点，国内法を早くから整備し世界でリーダーシップを発揮しているのがイギリ
スで，2015 年に「現代奴隷法」を制定したことで知られている。現代の奴隷
について奴隷・強制労働，人身取引，搾取（性的搾取，臓器提供の強制など）
と定義し，一定以上の売上高をもつイギリスで営業展開する国内企業と外国企
業に対して「奴隷と人身取引に関する声明」の策定・開示を要請している。単
なる方針についてのガイドラインではなく，罰則を伴う法律を制定し，人権
デューデリジェンスを企業に義務化した点で，高く評価されている。その後，
フランス，オーストラリア，オランダ，ドイツなどでも，イギリスの現代奴隷
法を参考にして，法制化されている。EU でも長くこうした法制化が議論され
てきており，欧州委員会が 2022 年 2 月に「企業サステナビリティ・デューデ
リジェンス指令案」を公表し，一定以上の従業員と売上高をもつ EU 域内の企
業と EU で営業展開する外国企業に対して，人権（児童労働や労働者の搾取な
ど）と環境（汚染，生物多様性の喪失など）へのマイナスの影響について

デューデリジェンスを義務づける提案をしている。EU 加盟国の中には，独仏などすでに国内法を制定している国もあるが，EU 域内で法制化し域内全体で一段と改善を図っていくことにしたのである。欧州議会と EU 理事会（閣僚理事会）で承認後，2 年以内に各加盟国は国内法を準備する必要がある。

　米国では，かねてより人権侵害があると思われる外国に対して制裁措置が可能な法律があり，人権侵害に関与しているとされる新疆ウイグル自治区，ミャンマー，バングラデシュ，北朝鮮などの個人や組織に対して制裁対象にしている。2016 年には「1930 年関税法」改正により，強制労働に関与した製品の輸入差し止めができるような対応をしている。2021 年 12 月には「ウイグル強制労働防止法」を制定し，中国新疆ウイグル自治区からの輸入を原則禁止している。強制労働がなされたとの前提に立ち，反証が提示されない場合には輸入を差し止めることができる内容で，2022 年 6 月に施行されている。また既に 2021 年初めから新疆ウイグル自治区で生産される綿やトマトの輸入を差し止めており，商務省の貿易取引制限リストに人権侵害関連の中国企業も明記している。人権侵害に関与するとみなされる中国企業を制裁対象にする投資規制もある。第 6 章でふれているように，米国では気候政策については議会で賛同が得られない状況であるが，人権に関しては超党派での政策が進展している。

　日本では，2020 年に政府が「国連ビジネスと人権に関する指導原則」にもとづき行動計画を策定し，企業による人権方針の策定や人権デューデリジェンスの実践を促している。2021 年のコーポレートガバナンス・コード改訂でも，社会・環境などサステナビリティの課題のところで，初めて「人権の尊重」を明記しており，地球環境問題への配慮，労働環境への配慮，取引先との公正な取引などが，リスクの減少と収益機会につながる経営課題の一部であるため，取締役会は，中長期的な企業価値の向上の観点から対処すべきであると明記している。欧米諸国に比べると日本企業の人権尊重への意識は最近高まってきたばかりである。さらに幅広い企業の対応を進めるためには，将来的には日本でもより踏み込んだ政策対応や法制化の検討が期待されている。

　海外展開をする日本の大手企業の中には人権方針を掲げて人権デューデリジェンスを実践し開示するところも増えている。しかし，地政学リスクが高まるなかで対応に苦慮する企業も見られている。人権侵害に意図せず間接的に関

与していることが判明すると，企業の評判を落とし顧客を失いかねないことを認識しておくことが重要である。世界では個人やマイノリティの権利を尊重するリベラルな民主主義を有する国は多くはない。したがって，国際的なビジネス展開では国・地域の多様化を進めておくこと，対象国の政治・社会情勢だけでなく欧米主要国による制裁の動きと世界の市民団体の動きや彼らの発表する調査報告書について常に情報収集を図っておくこと，直接投資先の国における企業間ネットワークを構築しお互いに情報収集をしておくことが重要である。また社内では業務展開する国での政変や何か問題が発覚した場合に，企業が掲げている人権などの方針との整合性を確認し，必要に応じてすぐ対応できるリスク管理体制を整備しておくことが望ましい。

電気機器業界が推進する世界的な責任鉱物イニシアチブ

　社会的側面に配慮した世界が注目する動きとして，世界の大手電機機器メーカーが参加する電子機器業界の「責任ある企業同盟」（RBA）がある。RBAは2004年に設立されており，電気機器，小売，自動車，玩具といった業界が参加しており，労働者の権利と労働環境の改善を目指して，メンバー企業はRBAが掲げる共通の行動規範を遵守する責任がある。RBAはメンバー企業に対して，トレーニングや評価手法を提示しており，サプライチェーンに対する企業の環境・社会・および倫理的な責任の改善を支援している。

　また，RBAは，2008年に国際的に紛争鉱物フリーを推進する「責任ある鉱物イニシアチブ」（RMI）を立ち上げている。アフリカのコンゴ民主共和国と隣接諸国などの紛争地域において，電気機器などの生産に欠かせないスズ，タンタル，タングステン，金（これらは合わせて3TGと呼ばれている）とコバルトなどが採掘されており，世界の多くの製造業メーカーが調達している。しかし，その取引の資金が武装勢力・反政府勢力の資金源となっていることや，労働者の人権や環境保全への配慮が乏しい状態で採掘・生産がなされていることへの国際的な懸念が高まっている。また，前述した森林伐採に関連するコモディティとともに，こうした生産地域では，児童労働（15歳未満または義務教育修了年齢などを満たさない労働者），強制労働，不適切な労務環境・低賃金，差別，コミュニティへの被害が指摘されている。

　そこでRMIでは鉱物資源についてサステナブルなサプライチェーンの構築を目指してスタンダードを設定して，企業活動が人権に負の影響を及ぼしていないか把握するためのデューデリジェンスを促進している。各企業が個別に調達先を確認するのはコストがかかり実用的ではないため，RMIがメンバー企業に代わって調査を実施している。日本を含め世界の10以上の業界から400以上の企業が参加している。日本の大手電気機器メーカーでは，責任ある鉱物調達方針を掲げてRMIを通じて対応を進める企業が増えている。

　米国でもこうした問題意識を共有しており，2010年に金融規制改革法（ドッド・フランク法）において，3TGを紛争鉱物（コンフリクトミネラル）と呼び，米国の上場企業に対して自社製品にこうした鉱物資源が使用されているかを確認し，リスクがあると発覚した場合には適切な対応をとって，毎年SECに届け出ることを義務づけている。EUでも2017年に紛争鉱物に対する企業のデューデリジェンスを義務づけている。紛争地域などの鉱物資源の責任ある調達については，OECDが2011年に「紛争地域および高リスク地域からの鉱物の責任あるサプライチェーンのためのデューデリジェンス・ガイダンス」を発表しており，企業による管理システムの構築，リスク評価，対処方法，独立した第3者によるデューデリジェンスと監査，および年次報告などの具体的な取り組みを促している。RMIの活動は，現在ではコンゴ民主共和国と周辺諸国などの紛争地域だけに限定せずに，世界で責任ある鉱物資源の調査を目指したプログラムとして拡張している。実際，児童労働，強制労働，人権，テロ活動などの高リスク地域はアフリカの他の地域や，メキシコ，ラテンアメリカ，ロシア，中国を含むアジアでも指摘されている。

日本企業に求められる管理職におけるダイバーシティの改善

　世界のESG投資家がエンゲージメントや投資判断で重視する項目は，気候変動を含む環境や人権への対応のほか，日本企業に対しては，超過労働や賃金の未払いを含む不当な労働の排除のほか，管理職などでのダイバーシティ（女性や外国人の尊重），仕事と家庭の両立を可能にする柔軟な働き方，さらには従業員の研修や従業員のストレス・精神面でのケアを含む人的資本の観点が重視されており，大幅な改善が必要だとみなすESG投資家も多い。世界経済

フォーラムのジェンダー・ギャップ指数において日本の順位が常に低く（2021年は156カ国中120位），女性の管理職や社長・CEOの比率の低さや男女の賃金格差にほとんど改善がみられないことが問題視されている（WEF 2021）。日本の企業に対しては，これらの項目の情報開示や数値目標の設定を求め，対応の大幅な改善を促す投資家が多い。

第4章

カーボンニュートラルで世界をリードする
EUとイギリス

　欧州連合（EU）は，2019年に新しい成長戦略「欧州グリーンディール」を提唱し，2021年には2050年までにカーボンニュートラルを実現する目標を掲げ，それと整合的に2030年までにGHG排出量を1990年と比べて少なくとも55％削減するという野心的な「気候法」を施行している。新型コロナ感染症危機以降は，経済回復のための復興基金を創設しグリーンディールの柱として位置づけている。EUは早くから環境問題に焦点を当て，その改善のための資金を動員するためにサステナブルファイナンス市場の整備に取り組んでいる。2021年には55％削減目標を実現するための気候政策パッケージ「Fit for 55」を発表し，カーボンプライシングの強化や炭素国境調整メカニズムを含む一連の気候政策に取り組もうとしている。世界第2位の経済規模という強みを生かしつつ，「政策」と「マネー」という2つの柱とそれを後押しする熱心で環境意識の高い「市民社会」に支えられて，カーボンニュートラルの実現に向けて世界で最も包括的な制度・法規制の基盤を構築しつつある。世界のルールメーカーとして圧倒的な存在感を持ち，大きな影響力を発揮している。一方，そのEUから2021年1月末に離脱したイギリスでも，成熟したESG投資家と市民社会，並びにESG経営を推進する企業が多く存在する。米国と並ぶ世界トッププレベルの金融センターをさらに発展させるべく「ネットゼロ金融センター」を掲げて次々と手を打っている。第4章では，世界をリードするEUのカーボンニュートラルに向けた気候政策やサステナブルファイナンスに関連する規制の枠組みを中心に見ていくことにする。イギリスについても主要な最近の動きを紹介する。

第1節　EUグリーンディールと再生可能エネルギーへの転換

　EUでは，化石燃料から再生可能エネルギーへの転換が進みつつある。電力供給に占める風力・太陽光などの再生可能エネルギーの割合は2000年の16%から2021年には40%弱へと着実に上昇している。一方，化石燃料の割合は2000年の52%から，2021年には37%まで低下している（図表4-1）。化石燃料では，GHG排出量が最も多い石炭の減少が大きい。この結果，GHG排出量は新型コロナ危機前の2019年までは1990年対比で26%も減っており，世界ではイギリスの次に排出削減が進んでいる。とはいえカーボンニュートラルを実現するにはこのペースでの削減では十分ではない（Ember 2021, Climate Action Trucker 2021）。このため，EUは，Fit for 55に代表される野心的で包括的な気候政策を計画しており，そのための民間資金を動員するためにサステナブルファイナンス市場の育成に2016年から取り組んでいる。そうしたEUの世界的なリーダーシップと一連のルール形成プロセスに対する世界の評価は非常に高く，多くの国が自国の計画を立てる際の参考にされている。

図表4-1　EUの電力発電に占める構成

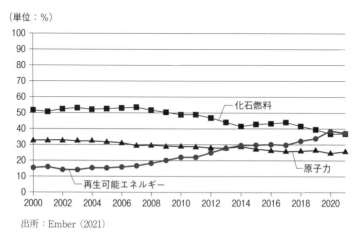

出所：Ember（2021）

グリーンディール行動計画と投資計画

　EU 執行機関である欧州委員会は，かねてより気候変動への取り組みを進めてきたが，2015 年の SDGs 採択とパリ協定合意を受けて一段と対応を強化している。2019 年 12 月には欧州を 2050 年までに「世界発のカーボンニュートラル大陸」にすることを掲げて，新経済成長戦略として欧州グリーンディールを発表している。欧州グリーンディールの行動計画では，クリーンで安価なエネルギーの供給，クリーンなリサイクルを含むサーキュラーエコノミー，建築と補修によるエネルギー利用の効率化，汚染ゼロ，生物多様性の保全・再生，農場から食卓まで健康で環境にやさしい食料システム，運輸・交通の脱炭素・低炭素化などの包括的な政策が含まれている。また，EU 排出量取引制度やエネルギー税などを含むカーボンプライシングの見直しや炭素国境調整メカニズム（CBAM）の導入なども明記している。カーボンニュートラルの実現のための移行過程におけるファイナンスの重要性も示している。

　そしてグリーンディールの一環として 2020 年 1 月には欧州グリーンディール投資計画を公表している。これは，カーボンニュートラルとグリーンで高い競争力がありインクルーシブな（あらゆる人々が恩恵を受けられる）経済へと移行するのに必要な官民資金を，2021 年から 2030 年までの 10 年間に少なくとも 1 兆ユーロ（約 128 兆円）を動員する計画を発表している。このために，EU の 2021〜27 年中期予算期間については 3,620 億ユーロ以上の官民投資を行う中期投資戦略「インベスト EU」を発表し，EU 予算による保証や EU 融資機関の欧州投資銀行（EIB）などを通じて効果的なインセンティブを付与しつつ官民プロジェクトを実施していく計画も示している（インベスト EU は，後述するサステナブルファイナンス行動計画に含まれている）。同時に，グリーンディール投資計画の一環として，インクルーシブ経済の実現のための「公正な移行」基金を設立することも公表している。公正な移行とは化石燃料関連産業から低炭素なエネルギーなど新産業への円滑な転換を促す政策のことで，すべての EU 加盟国と化石燃料への依存度が高い地域が取り残されることのないように，そして気候政策によって負の影響を受ける低所得者などへの支援のための枠組みである。

　欧州委員会はカーボンニュートラルとの整合性を図るために，2020 年 9 月

に GHG 排出量を（1990 年対比で）2030 年までに 55％削減すると宣言し，それまでの 40％削減から大きく目標を引き上げている（後に，気候法として法制化）。また 55％の削減目標は社会・経済・環境のインパクト評価を実施した結果，十分実現可能であると主張している。欧州委員会は，EU の各加盟国に対して 2030 年の排出削減目標の設定を既に定めているが，これを受けて 55％削減目標に合わせたより野心的な排出削減目標に変更する必要があり，各加盟国は一段とエネルギー効率の改善と再生可能エネルギーを増やす必要があると指摘した。後述する Fit for 55 のところで各国の削減目標を紹介する。

新型コロナ感染症危機への対応策：復興基金の創設

　2020 年に新型コロナ感染症危機により悪化した経済の回復を促すために，欧州委員会は「復興基金」を創設している。2020 年 12 月には 2021〜27 年 EU 中期予算と合わせて，総額 1 兆 8,243 億ユーロ（約 250 兆円）の大規模予算を採択している。これにより，既に公表していた投資額や公正な移行基金の規模も拡大している。前回の EU 中期予算（2014〜20 年）からほぼ倍増した金額である。また，1.8 兆ユーロ予算全体の 30％以上を気候変動対策に充てることと定めている。

　復興基金は 7,500 億ユーロ（約 102 兆円）相当の「Next Generation EU」と呼ばれている臨時措置である。復興基金の予算の大半は，「復興レジリアンス・ファシリティ」と呼ばれる各加盟国の経済構造改革やグリーンやデジタルの分野への投資などへ配分されている。このファシリティによる支援を受けるには，各加盟国は公共投資・改革計画を策定し欧州委員会から承認を受けなくてはならない。その際，同ファシリティ予算の 37％以上を気候対策に割り当てることが義務づけられており，承認を受けるとその申請金額に対して欧州委員会からグラント（補助金）または融資が実施される。この復興資金の財源として，EU は共同債を発行して資金調達を行うことにしている。7,500 億ユーロの内，52％がグラント，残りが加盟国への貸付になる。グラントは所得の低い国や新型コロナ危機で失業者が多い国などに相対的に多く配分されている。

　このように EU 予算が，気候変動対策に明確に関連づけられたのは初めての試みであり，グリーンディールの実現に向けた政府資金の確保に道筋をつけた

ことになる。こうしたEUによる明確なビジョンや具体的な多年度予算編成と執行プロセスは，ESG投資家にとっても分かりやすい。後述するサステナブルファイナンス市場の育成に向けた包括的な基盤づくりとともに，EUが世界でもっとも信頼できる投資先とみなされることに大きく貢献している。

EUグリーンボンド市場の発展

　EUでは幾つかの加盟国が，以前から自国の気候変動対策のためにグリーンボンドを発行している。ポーランドが2016年12月に再生エネルギー供給の拡大を目指して世界に先駆けてグリーン国債を発行したのが最初である。その後，2017年にはフランスによる発行が続いている。今では他の欧州諸国も発行するようになっている。グリーンボンドの発行によって，再生エネルギーへの転換を図る気候変動の「緩和」策とともに，EU域内でも大自然災害による被害が増えていることから，公共投資でも気候変動の「適応」という観点から被害を少なくし災害に対する強靭性を高める投資も重要になっている。またEUが発行するグリーン共同債が，満期の異なるグリーン国債を発行していくことで，EU域内でグリーン利回り曲線（グリーンイールドカーブ）を形成することができるため，EU域内の民間が発行するグリーンボンドや銀行によるグリーンローンの価格設定の際のベンチマークともなりうる。

　EUは，国際的なグリーンボンド原則や後述するEUタクソノミーにもとづいた「グリーンボンドスタンダード」を策定しているため，今後はEU域内で共通の枠組みの下でグリーンボンドの発行が増えていくと見込まれている。タクソノミーは環境的に持続可能な活動に関する分類なので，データの標準化にも寄与するため，グリーンボンドに対する投資家の信頼が高まる効果が期待されている。復興基金の3割を占める最大2,500億ユーロについては，初めてEU共同のグリーンボンドを発行することで調達することにしている。2021年10月から最初のグリーンボンドの発行に着手している。

　EUや各加盟国が発行するグリーンボンドに対する，ESG投資家の需要は非常に大きい。通常の国債と比べて，同じ年限であってもグリーンボンドの方が高い価格で購入される傾向がある。発行体から見れば，通常国債よりも安く調達ができることになる。ESG投資家からみればサステナブル投資の一環とし

て，リターンが幾分低くなってもグリーンボンドを購入したいインセンティブがある。このように通常債券よりもグリーンボンドの利回りが低い現象は，「グリーニアム」（Greenium）と呼ばれており，欧州や米国のグリーンボンドでよく見られている。ESG投資家の旺盛な需要に対して，発行体によるグリーンボンドの供給がまだ不足していることも背景にある。ただし，グリーンボンドは通常の国債よりも発行額がかなり少ないため，流動性が低くなりがちである。そこで，この流動性問題を改善すべく，ドイツ政府は同じ満期にそろえた普通国債とグリーン国債のツイン国債を発行しており，それらの間で取引できるように兌換性を確保している点は，非常に興味深い。

第2節　サステナブルファイナンス市場の発展のための基盤づくり

　EUはサステナブルファイナンスについて，「投資家が投資判断をする際にESG要素を考慮すること」，そしてそれにより「サステナブルな経済活動とプロジェクトへの長期投資の拡充につながること」と明確な定義づけをしている。そして，ESGのE（環境）については，気候変動の緩和と適応，生物多様性，汚染防止，サーキュラーエコノミーを含めるとしている。S（社会）については，格差，すべての人々が享受できる恩恵，労働関係，人的資本とコミュニティへの投資，および人権に言及している。G（コーポレートガバナンス）については，官民組織のガバナンスとして，管理・経営体制，労使関係と役員報酬などを含めており，環境・社会的観点を組織の意思決定プロセスに組み入れるうえでガバナンスは基本的な役割を果たすと説明している。サステナブルファイナンスは，EUにとって，カーボンニュートラルの実現とそのほかの環境課題の悪化を防止して座礁資産をできるだけ減らし，社会・コーポレートガバナンス的な観点も考慮しつつ経済成長をサポートするために不可欠とみなしている。サステナブルファイナンスを拡充するためには，金融システムに対するESG関連のリスクについて透明性を高め，そうしたリスクに対応すべく金融機関と企業が適切なコーポレートガバナンス体制を構築するべきであるとのコンセンサスがある。

2018 年のサステナブルファイナンス行動計画

　こうした問題意識から 2016 年末にサステナブルファイナンスを育成するために金融機関，市民社会，学識経験者などから構成されるサステナブルファイナンス・ハイレベルエキスパートグループ（HLEG）を立ち上げている。そして HLEG による報告をもとに，2018 年 3 月に「サステナブルファイナンス行動計画」の公表に至っている。同行動計画は，その後，欧州グリーンディールの枠組みの中に位置づけられている。非常に包括的・戦略的な内容で，他の国もサステナブルファイナンス市場を育成するうえで参考にできる。

　サステナブルファイナンス行動計画は 3 つの目的に分類されており，全部で 10 種類のアクションから構成されている（図表 4 - 2）。第 1 目的を「資金の流れをよりサステナブルな経済への投資に転換」，第 2 目的を「サステナビリティをリスク管理の主要な柱として設定」，そして第 3 目的として「透明性の改善と資本市場の長期的視点の育成」としている。

　このうちの第 1 目的「資金の流れをよりサステナブルな経済への投資に転換」については，5 つのアクションから構成されている。その中でもアクション ① はサステナブルな経済活動を分類するタクソノミーの策定であり，10 大アクションの中で最も重要な位置づけとなっている。EU のタクソノミーについては，後述する。アクション ② は，グリーンボンドスタンダードとグリーン金融商品のラベルの策定である。グリーンボンドスタンダードについても，

図表 4 - 2　サステナブルファイナンス行動計画：10 大アクション

資金をサステナブル投資に転換	① タクソノミーの策定 ② グリーンボンドスタンダードとグリーン金融商品のラベルの策定 ③ サステナブルプロジェクトへの投資の促進 ④ 金融のアドバイスでサステナビリティの組み入れ ⑤ サステナビリティベンチマークの開発
サステナビリティをリスク管理の柱に設定	⑥ 企業の格付けと市場調査でサステナビリティをより良く統合 ⑦ 機関投資家に対するサステナビリティ関連の義務を明確化 ⑧ 銀行・保険会社の健全性審査基準にサステナビリティを反映
透明性の改善と資本市場の長期的視点の育成	⑨ サステナビリティ情報の開示と会計基準ルール策定 ⑩ サステナブルなコーポレートガバナンスの促進による資本市場の短期志向の是正

出所：欧州委員会のウェブサイトをもとに筆者作成

後述するが，規則案として2021年に発表されている。そしてアクション③として，サステナブルプロジェクトへの投資の促進，アクション④として金融のアドバイスにおけるサステナビリティの組み入れを掲げている。

　アクション⑤としてはサステナビリティベンチマークの開発を挙げている。サステナビリティベンチマークについては，2020年に，投資インデックスについて「EUパリ協定適合ベンチマーク」と「EU気候移行ベンチマーク」を導入し，インデックス提供者にこうした商品の開発を求めている。前者は，ベンチマークを構成する原資産のGHG排出量がパリ協定目標達成と整合的な発行体の証券のみを選定する基準である。後者は，計測が可能であり原資産がパリ協定の長期目標（たとえば2050年）を考慮した脱炭素目標を掲げる発行体の債券を選定する基準である。これらのインデックス提供者は，各投資インデックスでESG要素をどのように反映させているのかを開示する義務がある。すでにこれらのインデックスは販売が始まっている。

　第2目的「サステナビリティをリスク管理の主要な柱として設定」については3つのアクションがあり，アクション⑥として企業に対するESG評価（スコア，格付け）と市場調査においてサステナビリティをより良く組み入れること，アクション⑦として資産保有者と資産運用会社に対してサステナビリティに関する義務の明確化，そしてアクション⑧として銀行・保険会社の健全性に関する金融当局による審査基準にサステナビリティの観点を反映させることなどを掲げている。

　この内のアクション⑥については，欧州証券市場監督局（ESMA）がESGスコアには一貫性や透明性が欠如しているとの認識をもとに規制対応の検討を始めている（第2章を参照）。2021年1月に欧州委員会に宛てた書簡のなかで，ESMAは，ESG評価会社の利害相反問題を取り上げて，評価方法を公表していないのに，同一企業に対する評価（スコア）とコンサルティング業務を同時に行っていることは問題であると指摘している。そして，ESG評価の定義を明確にする必要があること，ESG評価機関を規制・監督対象にすべきであるとの認識を書簡で伝えている。ただし，ESGスコアに関する将来の規制の枠組みは一筋縄ではいかないとして，ESGスコアについて共通の法的な定義の策定，ESG評価会社の登録・監督の義務づけ，大手評価会社に対する利害相

反を含むコーポレートガバナンス要件の設定などを，今後取り組むべき課題として列挙している。これとの関連で，2022年2月に，ESMAはESG評価会社，ESGスコアの利用者，ESG評価を受ける企業の3つのグループを対象に，ESG評価事業の妥当性を検証するコンサルテーションに着手している。これはEUにおける評価会社の市場構造（規模，構造，資源，売上高，提供するサービスなど）に関する情報を集めることが目的である。欧州委員会も，別途，市場参加者によるESGスコアの利用や市場の機能についての意見を収集するためのコンサルテーションを実施しており，ESMAの取り組みを補完する目的がある。アクション⑦については，資産運用会社や保険会社に対して投資判断でサステナビリティを考慮することやどのように考慮しているのかについて透明性を高めることを挙げている。⑧は第7章でもふれるが，環境要素をどのように金融規制に反映させるか議論が進められている。

　第3の目的「透明性の改善と資本市場の長期的視点の育成」については，⑨サステナビリティ情報の開示と会計基準ルール策定および⑩サステナブルなコーポレートガバナンスの促進による資本市場の短期志向の是正が掲げられている。サステナビリティ情報の開示については，後述するように，金融機関と企業に対する非財務情報の開示が進められている。

　欧州委員会はこれらの行動計画に沿って，現在着実に制度・法規制上の基盤整備を進めている。

　欧州委員会は，2021年7月にカーボンニュートラルや他の環境目標の実効性を高めるために，上記した既存の行動計画を維持しつつも，新たに「サステナブルな経済への移行ファイナンス戦略」を発表している。この新戦略でもっとも注目されたのは，GHG排出削減において，再生エネルギーなどのグリーンな経済活動だけでなく，ガス火力発電などの過渡期のエネルギーへの投資も促進していく必要があると認めたことにある。これにより，こうした過渡期のエネルギープロジェクトを促進する金融支援なども検討していく方針を定めたことになる。カーボンニュートラルに向けて直ちにすべてのエネルギーが脱炭素・低炭素に切り替えられるわけではないので，現実的な対応を示したと言える。タクソノミーについてはガス火力発電を，原子力発電とともに，環境的に持続可能な活動として含めるべきかで激しい議論が続いていた局面の中で，ガ

ス火力発電もサステナブルファイナンスの資金の一部として拡充できる見通しとなった。実際，後述するように，タクソノミーの中に含めることが決まっている。第2に，カーボンニュートラルへの移行ファイナンス戦略では，中小企業や消費者にもっと配慮して恩恵が行きわたるような資金調達支援や環境以外の社会的課題への配慮も重視すべきであると定めている。第3に，金融商品や企業の開示基準でサステナビリティの観点がより明確に反映されるように促していくことで，金融部門のサステナビリティ関連のリスクへの対応能力を高めることができると明記している。さらに，金融商品について国際的なサステナブルファイナンスのイニシアチブやスタンダードを開発し，EUのパートナー諸国に対しても支援していく計画も掲げている。

　こうした新戦略と同時に，もうひとつ重要なアクションとして，欧州委員会は欧州グリーンボンドスタンダード規則案を発表している。この規則は，発行体にとって拘束力はなく，任意ではあるが，サステナブル投資発展のためのグリーンボンドに高い水準の基準を設定することを決定したことに大きな意義がある。主に，4つの条件を課しており，（a）グリーンボンドはEU域内・域外の発行者が発行できるが，調達資金の使途は完全にEUタクソノミーと整合的なプロジェクトに配分すること，（b）使途の配分についてはEUの詳細な開示要件をもとに情報開示し透明性を保つこと，（c）すべてのEUで発行されるグリーンボンドについて，タクソノミー規則との整合性を第3者が検証すること，そして（d）整合性を検証する第3者機関は，ESMAに登録しESMAの監督対象となることなどを挙げている。

　EUでは復興基金の予算執行を2021年から開始しており，その財源の3割をEU共同グリーンボンドを発行することで調達を始めている。このEU共同グリーンボンドの枠組みは，証券業界の自主規制団体である国際資本市場協会（ICMA）のグリーンボンド原則に沿って策定されており，この枠組みに関するセカンド・パーティ・オピニオン（独立組織による外部評価）も得ている。EUはこうした国際的なグリーンボンド原則に依拠しつつ，EUのタクソノミー規則も反映させている。国際的なグリーンボンド原則はグリーン活動を規定しているが，カーボンニュートラルの達成に向けた関係が明確ではなく，経済活動のグリーンの度合いに関するガイドランでもない。このため，カーボン

ニュートラルの観点から，タクソノミーの下での技術スクリーニングクライテ
リア（閾値や年限など）でグリーンの度合いを明確にする枠組みを合わせた方
が，投資家の信頼性を高めることになる。カーボンニュートラルの実現可能性
を高めることにもつながり，投資家の資金を動員しやすくなる。2021年10月
に開始したEU共同グリーンボンドの発行は，世界で最も信頼できる枠組みで
発行されるグリーンボンドと位置づけられている。実際，EUの企業がグリー
ンボンドを発行する際にもICMAのグリーンボンド原則に加えて，EUタクソ
ノミーに合致するプロジェクトを対象とする場合に，環境意識の高い投資家の
需要を喚起するのに役立っているとの意見が，複数の発行体から挙がっている
（Climate Bonds initiative 2021）。

第3節　EUの3つの情報開示ルール

　EUでは，サステナブルファイナンス行動計画の一環として，3つのタイプ
の情報開示に関するルールがある。まずはサステナブルファイナンス市場の発
展のための土台となる環境的に持続可能な経済活動を分類するタクソノミー規
則がある。そのうえで，タクソノミー規則も含めたサステナビリティの観点か
ら金融機関と企業それぞれに対して情報開示を義務づけるルールとして，「サ
ステナブルファイナンス情報開示規則」と「企業サステナビリティ報告指令」
がある。以下でそれぞれについてポイントを解説する。

1. サステナブルファイナンス・タクソノミー規則

　EUのタクソノミー規制（Taxonomy Regulation）は，正確には「サステナ
ブル投資を促進するための枠組みの確立に関する規則」と呼ばれており，2020
年7月に施行されている。「環境的に持続的な活動」について分類するEU共
通のシステムである。グリーン・ウオッシングなどの懸念を減らして投資家の
資金を誘導するためのツールとみなされている。EUグリーンボンドスタン
ダードや後述する金融機関が提供するサステナブル金融商品や企業のサステナ

ブルな活動の定義としても，用いられている。

　環境的に持続可能な活動の定義として，（1）6つの環境目標の内ひとつ以上の環境目標の達成に貢献していること，（2）6つの環境目標のどれも著しく害するものではないこと（Do No Significant Harm 原則），そして（3）人権や労働基準などに関するミニマムセーフガードを充たしていることの3条件を充たした活動としている。6つの環境目的とは，「気候変動の緩和」，「気候変動の適応」，「水・海洋資源の持続可能な利用と保護」，「廃棄物の防止とサーキュラーエコノミー」，「汚染の防止・管理」，および「生物多様性の保全・回復」である。石炭・褐炭はタクソノミーから除外されている。6つの環境目標については，その後，各々について詳細な活動について容認される閾値や期限などを定めた「技術スクリーニングクライテリア」を含む「委任法」（Delegated Act）で明確化されている。このうち，気候変動の緩和と適応に関する委任法は2021年6月に「気候委任法」として採択されており，それ以外の環境目標の委任法は2022年に採択される予定である。（2）の Do No Significant Harm（DNSH）原則については，欧州委員会は前述している復興レジリアンス・ファシリティの下での投資プロジェクトにおいて，6つの環境目的のどれにも著しくマイナスの害を及ぼさない限り，承認する方針を示している。DNSH 原則は，中国版タクソノミーでも取り入れられており，国際的な評価が高い。（3）のミニマムセーフガードとは，第3章で指摘した「国連ビジネスと人権の指導原則」や「OECD多国籍企業行動指針」などを指している。

　なお EU タクソノミー規則の第8条では，環境的に持続可能な経済活動に関する非財務情報の開示について定めている。企業に対してはモノ・サービスの売上高と投資について，金融機関に対しては貸付について，それぞれ「環境的に持続可能な経済活動関連が占める割合」を開示することを義務づけている。この開示についての詳細な技術スクリーニングクライテリアが，2021年7月に委任法として発表されている。この委任法では，金融機関に対しては，主に大手の銀行，資産運用会社，投資会社，保険会社に対して，環境的に持続可能な経済活動が投融資資産に占める割合を開示するよう義務づけている。企業に対しては，売上高，設備投資，営業支出それぞれに占める環境的に持続可能な経済活動の占める割合を開示することが定められている。そして開示では，タク

ソノミー規則，並びにタクソノミーの気候委任法，および他の環境目的につい
ては今後採択される委任法の定義に沿って開示するよう規定している。

タクソノミー規則におけるトランジションな活動とは

　タクソノミー規則では，気候変動の緩和に関する活動として，3つのタイ
プを示している。それらは，①「既に低炭素な活動」（グリーンな活動），②
「トランジションな活動」，③「環境的に持続可能な活動を可能にする活動」
である（図表4-3）。いずれもEUの2050年カーボンニュートラル目標と
2030年の55％削減目標との整合性をとっている。この内，①低炭素な活動に
は，再生可能エネルギーの発電，EVによる輸送活動，クリーンで再生可能な
燃料，サステナブルに調達されかつ再生可能な原材料，森林の管理・再生，水
素の製造などが含まれている。グリーンまたはクリーンな低炭素活動である。
　②トランジションな活動については，「技術がなく経済的に可能な低炭素の
代替手段がなく，カーボンニュートラルへの移行をサポートし気候変動の緩和
に大きく寄与する経済活動」と定義されている。しかも，業界の中で最も低い

図表4-3　EUタクソノミー規則における気候変動緩和へ貢献する活動

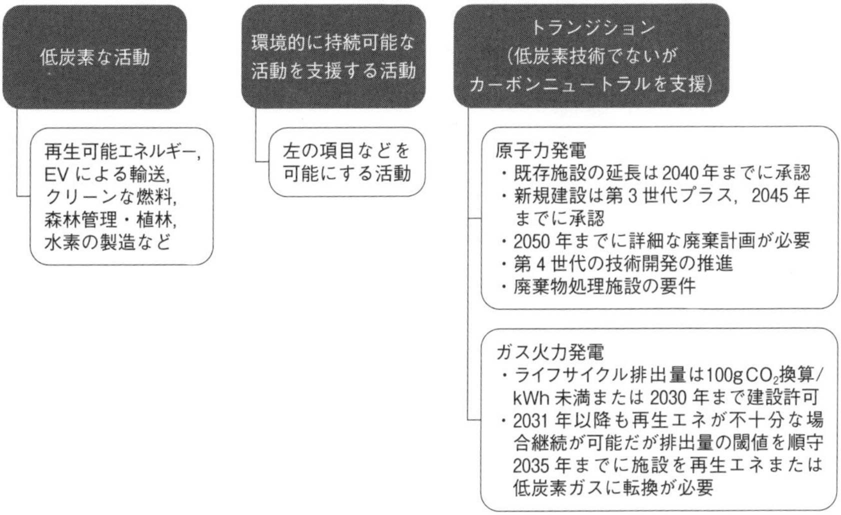

出所：タクソノミー規則をもとに筆者作成

排出水準を維持し，低炭素の代替手段の開発を阻害しないことといった条件が付いている。たとえば，特定の閾値を下回るような鉄鋼の製造や建物の改修やデータ処理，そして一定の排出量の閾値を下回る自動車（ただし2025年までの期限付き）などが含まれている。

　③の環境的に持続可能な活動を可能にするようなサポート活動については，「環境目標を損なう資産をロックインしないこと」および「ライフサイクルベースで環境に大きなプラスの貢献があること」と定義されている。たとえば，再生可能エネルギー供給を可能にする風車タービンの製造，蓄電池やその部品の製造とリサイクル，建物用の省エネに用いる機器の製造，低炭素自動車の製造などが含まれている。

ガス火力発電と原子力発電はトランジションな活動と認定

　ガス火力発電と原子力発電については，環境的に持続可能な活動として定義できるのかという点で激しい論争が続いてきた。このため，タクソノミー規則と気候変動の緩和と適応に関する気候委任法の中に，ガス火力発電と原子力発電を含めることができないでいた。その後も，これらをどう取り扱うかで議論が続いたが，2022年2月に欧州委員会は，ガス火力発電と原子力発電については明確な厳しい条件をつけてタクソノミーに追加し，前述の気候緩和策の「トランジションな活動」と位置づけると発表し，既存の気候委任法の補完委任法として提案するに至っている。

　そして補完委任法の下で，ガス火力発電については，技術スクリーニングクライテリアとして新しい発電所の建設ではライフサイクルベースで，CO_2換算/kWhで100gという閾値を設定している。この基準を下回るためにはCCS技術を適用しないと実現できないほどに厳しい規準である。新規ガス火力発電所の建設ではこの閾値を充たす場合には2030年以降も低炭素ガスとして建設が認められる。充たさない場合には2030年までの新規建設を認めると期限を設定した。ただし再生可能エネルギーがそれまでに十分供給できていない場合には，幾つか厳しい条件をつけて2035年まで新規建設を容認すると定めているが，2035年以降は，再生可能エネルギーあるいは低炭素ガスに完全に転換していること，定期的に第3者によって基準が遵守されているか検証を受ける

ことと規定している。つまり，EUは，ガス火力発電について，石炭から脱却し再生可能エネルギーへの移行に寄与するための「過渡期の技術」とみなしたことになる。

　原子力発電については，技術スクリーニングクライテリアとして，新規建設では現在存在するベストな技術とされる「第3世代プラス」を採用した発電所であれば2045年まで建設許可を認めること，既存の発電所の稼働期間の延長については2040年まで承認を得なければならないと定めている。さらに，低レベルの放射能廃棄施設については既に稼働させていること，および高レベルの放射能廃棄物については2050年までに詳細な処理施設を稼働させる計画を立てていることが条件となっている。しかもこうした廃棄物について第3国に輸出することを禁止している。安全性規準が高く廃棄物を最小限に抑える第4世代技術開発については，現在は世界に存在していないが，研究開発を進めて実現すれば2050年以降も使い続けることができるとしている。

　このように，ガス火力発電と原子力発電をタクソノミー規則で環境的に持続可能な活動として分類するために厳しい閾値や期限を設けており，できるだけ環境目標に害をもたらさないための厳しいルールも定めている。この判断について，欧州の環境団体から強い批判が寄せられ日本でもメディアで取り上げられたが，欧州委員会の意図については誤解もあったように思われる。とくにEUがタクソノミーによってEU加盟国政府が利用できる経済活動を規定し，環境基準を緩めてガスや原子力を容認したとの見方が広がり，環境的な観点からとんでもない対応だとする批判が巻き起こった。

　こうした批判に対して，欧州委員会は，タクソノミーは「投資家の投資判断の際に有用な分類ツールに過ぎず，この分類以外の経済活動を強制的に排除や制限するものではない。どのようにしてEUの各加盟国政府がカーボンニュートラルの実現に向けた政策判断をしていくのかについては，各国が決めることだ」と明快に説明している。つまり，ガスと原子力については，サステナブルファイナンスの分類にあたり，過渡期の技術として害を最小限にする条件を充たしたものをトランジションな活動とみなすことにしたに過ぎない。各国政府は，それ以外のエネルギーの選択も可能であり，自由にカーボンニュートラルに向けたエネルギー政策やエネルギーミックスを自国に適したやり方で選択し

ていくことになる。タクソノミー規則に含まれない活動はサステナブルファイナンスではないと位置づけているため，政府はそれ以外の使途の資金を調達してファイナンスしていくことができる。環境意識の高い投資家のために科学的見地から信頼できる分類を示すのが，タクソノミーの役割である。

　以上みてきた EU のタクソノミーは，非常に精緻で包括的であり，科学的見地も反映している。世界的にも大きな影響を与えている。中国，シンガポール，イギリス，インド，韓国，カザフスタン，ロシア，マレーシア，メキシコ，モンゴル，チリ，南アフリカ，東南アジア諸国連合（ASEAN）を含む多くの国が，EU のタクソノミーを参考にして独自のタクソノミーをつくる動きが見られている。

タクソノミーの拡張とソシアルタクソノミー

　タクソノミー規則の第 26 条では，欧州委員会に対して同規則のカバーする範囲を環境的に持続可能な活動を超えて拡張すること，そして環境的持続性に対して大きな影響をもたない活動と環境的持続性に著しい害をもたらす経済活動，ならびに社会的目的について検討することと明記している。

　そこで，欧州委員会は，タクソノミーについてさらに 2 つの観点から拡張することを検討しており，議論が行われている。ひとつは，環境的に持続的ではないものの大きな打撃を引き起こさないために移行に努めている活動をタクソノミーに含めるかどうかである。こうした活動を，カーボンニュートラルを実現していくうえで排除することは好ましくないとして，容認して ESG 投資が増えることを期待している。たとえば石油ガス産業の企業で化石燃料に依存したビジネスをしていても，GHG 排出量を全体的に減らそうと積極的に努める企業を念頭に置いている。環境的に打撃のある活動をしている企業を切り捨てるのではなく，移行に導くことを目的としている。タクソノミー規則の下で欧州委員会の常設専門家グループとして「サステナブルファイナンスに関するプラットフォーム（PSF）が設立されているが，PSF は 2022 年 3 月に，「拡張された環境タクソノミー」と題する最終報告書を発表している（PSF 2022b）。報告書では，世界で共通の信号機の 3 つの色（緑，黄，赤）を用いて，前述の環境的に持続可能な活動を分類するタクソノミーを緑色とする一方で，赤色に

分類し容認しない活動として，ひとつは著しい害をもたらすため停止すべき活動，もうひとつは環境に著しい害をもたらすのでより持続性を高めるように改善が必要な活動を取り上げている。そしてその中間的な活動として，環境に大きな影響を及ぼしているが著しく害をもたらしていない活動でかつ環境目的にさほど寄与しない活動を黄色（アンバー）として分類し，タクソノミーを拡張して容認することを提案している。この中間的な活動を以前はブラウンタクソノミーと呼んでいたが，世界で信号機の色をつかった活動分類が見られることから，改めて黄色として分類している。このほか，「分類されない活動」として環境的なインパクトが低い活動を挙げている。こうした分類されないグレーな領域を設けることで，ESG投資家が環境的なリスクが低い資産を含めることで投融資ポートフォリオを多様化することが可能になると評価する見方もある（Odell et al. 2022）。

　もうひとつが，「ソシアルタクソノミー」である。環境的な持続性の観点と社会的な持続性を同等の扱いにするために，既存の最低限のセーフガードについてさらに詳細な基準を設ける必要があると判断している。PSFは2022年2月にソシアルタクソノミーについての最終報告書を発表し，環境タクソノミーとソシアルタクソノミーの違いとして，前者の場合は大半の活動が環境にマイナスの害をもたらす活動が多いのに対して，ソシアルタクソノミーは良い活動（たとえば，雇用創出，納税，ヘルスケアの改善）と害をもたらす活動があると指摘したうえで，ソシアルタクソノミーは社会的に害のある活動のみに焦点を当てると説明している。さらに，ソシアルタクソノミーは環境タクソノミーを踏まえて，(1) 社会的目標の開発，(2) DNSH原則，(3) ミニマムセーフガードで構成することを提案している。この内の社会的目標については，自社とサプライチェーン関連の労働者に対して働きがいのある人間らしい仕事（decent work）があること，消費者・エンドユーザーの適切な生活水準とウェルビーイングの確保，および包摂的で持続可能なコミュニティ・社会の実現の3つを挙げている。この枠組みをもとに今後さらに議論が進められていく予定である。ウェルビーイングは，GDPでは測れない幸福感や健康のことを指している。

2. 金融機関のサステナブルファイナンス情報開示規則 (SFDR)

EU は，資産運用会社，保険会社，金融アドバイザーなどに対して，「サステナブルファイナンス情報開示規則」（SFDR）を適用している。ESG やサステナビリティのテーマで金融商品やサービスを提供する金融機関に対して情報開示が義務づけられている。この規則は，前述したサステナブルファイナンス行動計画に組み込まれているが，投資家が十分な情報を得て ESG 要素にもとづく投資判断ができるようにすることを目的としている。金融機関は組織全体としてサステナビリティリスクに対してどのように対処しているのか，金融商品・サービスのパフォーマンスがサステナビリティリスクによって受ける影響をどのように評価しているのかなどを開示しなくてはならない。また組織全体あるいは商品・サービスレベルで「マイナスのサステナビリティインパクト」を測定する必要がある。マイナスのインパクトを示す際に考慮すべき多数の指標が列挙されている。たとえば，化石燃料関連企業への投資比率，金融商品の投資先企業の時価持分の GHG 排出量（スコープ1〜スコープ3を含む），取締役会の女性取締役の比率，賃金のジェンダー格差などがある。また，そうした商品・サービスを販売していない金融機関も含めて，すべての金融機関に対して，サステナビリティを考慮しているのかどうか，まだどのように考慮しているのかを開示し，サステナビリティ関連リスクのデューデリジェンスについて説明しなくてはならない。気候変動については，TCFD ガイドラインやタクソノミーにもとづいた情報開示も義務化している。コンプライ・エンド・エクスプレインが可能な項目は少なく，義務化する開示内容が多い。

SFDR は，EU 共通の規則（Regulation）に相当する。EU 全体のサステナブルファイナンス市場を発展させ，域内・域外から資金を呼び込むためには ESG 投資家の信頼を高めるために EU 共通のスタンダードで情報開示を推進した方がよいとの判断から，厳しい法規制にしている。また SFDR 開示の特徴は，「ダブルマテリアリティ」の概念を用いている（第2章を参照）。これは金融機関に対して，環境・社会などのサステナビリティ課題が，自社の商品に対する金銭的リターンにどのようなマイナスの影響を及ぼしているかという観点だけでなく，自社の商品がサステナビリティ要素にどのように影響を及ぼし

ているのかというマイナスの外部性についても開示することを義務づけていることからも明らかである。

　SFDRの基本的な枠組みや原則を示す「レベル1段階」については，2021年3月に既に適用されている。レベル1段階では，金融機関は，金融商品（ファンド）を「サステナビリティ目標がない一般的な商品」，「サステナブル投資を目標としていないが，結果として環境またはサステナブルな特徴を促進する商品」（SFDR第8条にもとづくライトグリーン金融商品），あるいは「サステナブル投資を目標とする商品」（SFDR第9条にもとづくダークグリーン金融商品）の3つに分類し，その分類に合致していることを詳しく説明しなければならない。そして，それらの商品に関して重大なマイナスのインパクトを開示しているかどうかについても明らかにしなければならない。レベル1を補完する「レベル2段階」の詳細な技術スタンダードの最終案の公表は2022年4月に実施されており，欧州議会とEU理事会の承認を得て，金融機関に対して2023年1月から適用される。ここでは，ウェブサイトの開示義務や開示のテンプレート，およびライトグリーン商品として認められるアプローチの明確化やライトグリーンとダークグリーン金融商品がどのように第8条と第9条の目的と合致しているのかを報告する義務などを明記している。

3. 企業サステナビリティ報告指令（CSRD）

　EUは，企業に対する非財務情報の開示にかなり早くから取り組んでいる。2014年には「非財務情報開示指令」（NFRD）のもとで，大手企業（たとえば従業員500人以上など）に対して，毎年，環境的課題，社会的課題と従業員の取り扱い，人権の尊重，汚職・賄賂の撤廃，取締役会のダイバーシティ（年齢，性別，学歴，職歴など）といった非財務情報の開示を義務づけている。この指令は2018年に施行されている。NFDRは，SFDRのようなEU共通の規則ではなく，「指令」（Directive）の位置づけであるため，EUで採択されると各加盟国は一定期間内に国内法として制定することが義務づけられている。SFDRよりも法的扱いを柔軟にしているのは，企業の情報開示については国・産業など固有の事情があり，国によっては規模が小さい企業が多い場合もある

ため，ある程度各国の違いを容認しているからだと思われる。

　さらに開示を充実させるために，2017年には環境・社会的情報についてのガイドラインを発表し，任意ではあるが，大手企業が自社のビジネスの特性や状況に応じて，既存の国際的なガイドラインや欧州あるいは自国のガイドラインを用いて開示の参考にできると明記している。さらに，2019年には既存の非財務情報開示に関するガイドラインの補足として，新たに気候関連の情報開示に関するガイドラインを発表している。

　NFRDの開示方法の特徴は，SFDRと同じく，ダブルマテリアリティの概念を用いている。大手企業に対して，サステナビリティ課題がどのように企業のビジネスに影響しているのかという観点とともに，自社のビジネスが人々や環境にどのような影響を及ぼしているのかという両方向で開示することを求めている。ダブルマテリアリティを重視している理由として，金融機関がSFDRのもとで金融商品や金融取引についてインパクトに関する開示が義務づけられているため，投資先企業のビジネスがどのようにサステナビリティに影響があるかを知る必要があるからである。そうした情報がなければ，金融機関の投資資金が環境の改善をもたらす真の活動に十分配分されなくなる恐れがあり，資金が適切に配分されるよう対処するためである。

　NFRDの問題点としては，開示対象の企業が1万2,000社程度に限定されているうえに，各企業が重要と判断する指標を自由に選択して，企業のマネイジメント報告書においてコンプライ・オア・エクスプレインベースで開示していることにあると指摘されてきた。しかも開示内容が不十分で，情報の信頼性や企業間の比較も十分できないといった課題が投資家から寄せられていた。

　それを受けて，2021年4月に，欧州委員会はNFRDを改正して内容をより強化した法規制として，新たに「企業サステナビリティ報告指令」（CSRD）案を公表している。同指令は欧州議会の成立を受けた後，EU閣僚理事会において採択される見通しである。ESG関連の基準にもとづきデータ開示がこれまでの任意での開示から義務化へと大きく舵を切ることになる。投資家の信頼を高めるために，企業は開示する情報について監査（保証）を受けることを義務づけている。また開示内容はこれまでよりも詳細になり幾つかの開示を義務づける指標も設定し，委任法として策定される予定のEUのサステナビリティ

開示スタンダードに沿って報告しなければならない。サステナビリティ開示スタンダードの草案は，2022 年 4 月に欧州財務報告諮問グループが公表し，パブリックコメントは同年 8 月初めまでとなっている。このスタンダードは 2022 年 10 月までに欧州委員会によって採択される予定である。また情報をデジタル化し EU の資本市場アクション計画で想定する 1 カ所のアクセスポイントでこれらの情報にアクセスできるようにする。対象企業はすべての大手企業と上場するすべての企業（上昇している小企業は除く）を含めることにしており，これまでの 4 倍強の 4 万 9,000 社へと大幅に増えることになる。

第 4 節　EU 排出量取引制度と包括的な気候政策 Fit for 55

　EU は早くから気候変動対応にとりくんでおり，2005 年には早くも排出量取引制度（EU ETS）を創設している。現在，世界の取引の 9 割程度が同制度の下での取引が占めている。EU ETS は，EU の気候政策のなかの代表的な手段のひとつと見なされており，中国や韓国を始めほかの国・地域が国レベルの排出量取引制度を導入する際に参考にされている。ここでは同制度について簡単に振り返り，2021 年に EU ETS 制度の拡充と炭素国境調整メカニズム（CBAM）を含む包括的な新しい気候政策 Fit for 55 について見ていくことにする

2005 年に導入した排出量取引制度

　EU が 2005 年に導入した EU ETS は，域内の対象産業の GHG 排出量に上限を設け，その過不足分を取引する制度である。火力発電，鉄鋼，セメント，大型ボイラー，アルミニウム，石油精製，製紙，化学（アンモニアなど），域内発着の航空便など GHG 排出の多い産業を対象にして，業種ごとに排出総量に上限を設けたうえで，設備に対して排出枠を設定している。現在，EU の 27 の加盟国とノルウェー，アイスランド，リヒテンシュタインなどが参加しており，15,000 以上の熱入力 2 万 kW 超の燃焼設備をもつ発電所・産業施設（固定施設）と欧州の参加国域内の空港で発着する航空便を運行する 1,500 の航空事

業者が対象となっている。域内の GHG 排出量の 45％程度が，EU ETS でカバーされている。

　EU ETS は，キャップ・アンド・トレード（Cap and Trade）と呼ばれる仕組みを採用しており，排出総量の上限を定めて取引をしている。排出量のキャップとはこの制度全体の GHG 排出量の上限を指しており，この総排出量を段階的に削減していく仕組みである。対象とされる施設に割り当てられる EU 排出許可証（排出枠）は European Union Allowance（EUA），航空事業者に割当てられる排出枠は EUAA（EU Aviation Allowance）と呼ばれている。排出枠は CO_2 換算 1 トン当たりの排出権を示している。対象企業はビジネス活動によって排出するには，EU 排出許可証を所有しておく必要がある。排出削減が進んで許可証が余った対象企業は，将来利用するためにそのまま保有しておくか，あるいはカーボンクレジット市場で売却もできる。一方，排出枠よりも排出量が増えた対象企業は，排出許可証を市場で購入して GHG 削減をすることができる。排出削減が進む他企業から余った排出枠を購入することは，他企業の排出削減分をカーボンクレジットとして購入することと同じことである。EUA と EUAA は，いわゆる排出量を削減（オフセット）するためのカーボンクレジットともみなせる。排出量は，EU 規則に沿って算出されており，第 3 者機関による検証が義務づけられている。ルールを順守しない企業に対しては，100 ユーロ /t-CO_2 のペナルティ適用などの規定がある。カーボンクレジット市場では，対象企業だけでなく，投資家も排出許可証の取引に参加している。インサイダー取引や市場操作を禁止する規制がある。

　EU ETS は第 1 フェーズ（2005〜07 年），第 2 フェーズ（2008〜12 年），第 3 フェーズ（2013〜20 年）を経て，現在は第 4 フェーズ（2021〜30 年）の段階に移行している。第 1 フェーズでは，各参加国が国別排出割当計画を策定し，過去の排出実績にもとづく無償割当がなされていた。これは対象企業の生産コストが上昇することを回避するためで EU 域内の企業が域外に生産拠点を移すカーボン・リーケージを防止するためである。第 2 フェーズから少しずつ無償割当を減らし，オークションによる有償配布を増やすなど段階的に仕組みが改善されている。オークションの収入は各国政府の収入となるが，規定により半分程度が再生可能エネルギーや建物の省エネ対策などに使われることと定

めている。EU ETS が対象とする産業も段階的に追加されており，対象とする温室効果ガスも CO_2 から始めてその後はそれ以外のガスも対象に加えている。第3フェーズでは本格的にオークションが実施されるようになっている。2019年のオークション収入は140億ユーロ（約1.9兆円）を超えており，気候・エネルギー対策などに多く活用されている。

　第2フェーズからは，国別に外部のカーボンクレジットの購入が認められたが，第3フェーズでは，外部のクレジットについての利用制限が厳格化されている。土地利用・林業や原子力からのクレジットは除外し，UNFCCC 第3回締約国会議（COP3）で採択された京都議定書のカーボンクレジットなどが一定の条件の下で認められていた（京都議定書のカーボンクレジットについては，第6章を参照）。つまり，対象企業はこうした外部のカーボンクレジットを別途購入して自社の排出量をオフセットすることが認められるようになった。しかし第4フェーズからは外部のカーボンクレジットは容認していない。

　第3フェーズでは，各国が国別割当計画を策定するやり方から EU 全体でキャップを決める方式に転換している。また電力部門はカーボン・リーケージのリスクが少ないためオークションを原則とし，それ以外の産業でカーボン・リーケージの懸念が少ない産業には無償割当を減らしてオークションを増やしている。また排出許可書の発行が過剰になり炭素価格が低迷しないようにするための「市場安定化リザーブ」メカニズムが2019年に導入されている。

　第4フェーズでは，EU ETS 対象部門の GHG 削減目標については2030年までに2005年比43％削減（EU ETS の対象となっていない部門は30％削減）とし，固定施設の割当総量の年間削減率についてもそれまでの1.74％から2.2％へと引き上げている。無償配布も一定程度維持している。その後，2021年に，後述しているように，欧州委員会が提案した Fit for 55 で EU ETS の仕組みについて大幅な改革を実践していく予定である。

　排出許可書の有償配布は，オークションで実施することが義務づけられおり，EU ETS 全体の排出量（キャップ）の多くがオークションとして参加国に配分され，各国ではそのオークションを各国が任命する競売人（オークショナー）を通して取り行っている。この手法により排出量の多い企業が支払うべき価格（炭素）が明確になる。オークションは EU ETS のオークション規制

図表 4 − 4　EU ETS の排出許可書の取引価格（炭素価格）の推移

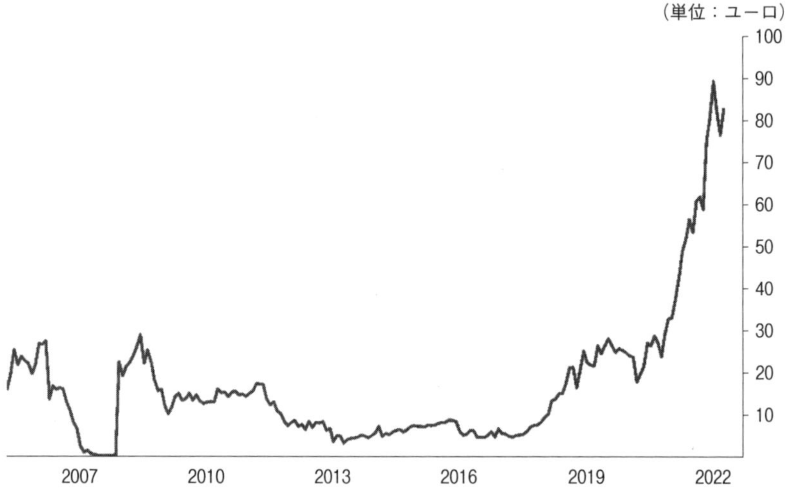

（単位：ユーロ）

出所：Trading Economics をもとに筆者作成

当局が管理しており，オープンで透明性が高い統一された仕組みの下で運営されている。現在は，ドイツのライプチヒにある欧州エネルギー取引所のプラットフォームで実施されている。図表 4 − 4 は，EU ETS で使用される排出量許可証の価格（炭素価格）の推移を示している。当初から排出許可証が過剰に発行されてきたため，炭素価格は長く低迷しており，オークションの収入も限定的であった。ようやく第 3 フェーズの 2018 年から炭素価格は上昇に転じ，オークション収入も増えている。炭素価格が高くなるほど，排出の多い企業にとって生産活動のコストが高まることになり，その分排出削減のインセンティブが強まると期待されている。

　欧州委員会は 2005 年から 2021 年までの 16 年間に EU ETS により対象産業からの排出を 43％削減することができたと分析している。

GHG55％削減と整合的なカーボンプライシング：Fit for 55 政策パッケージ

　欧州委員会は 2021 年 7 月に，野心的な 2030 年の GHG 排出量削減目標（1990 年対比 55％以上）を実現するために，包括的な気候政策パッケージ Fit for 55

図表 4 – 5　EU 加盟国の GHG 排出量削減目標（2005 年比）

ドイツ	50.0%	スロベニア	27.0%
フィンランド	50.0%	チェコ	26.0%
スウェーデン	50.0%	エストニア	24.0%
デンマーク	50.0%	スロバキア	22.7%
ルクセンブルク	50.0%	ギリシャ	22.7%
オランダ	48.0%	リトアニア	21.0%
オーストリア	48.0%	マルタ	19.0%
フランス	47.5%	ハンガリー	18.7%
ベルギー	47.0%	ラトビア	17.0%
イタリア	43.7%	ポーランド	17.7%
アイルランド	42.0%	クロアチア	16.7%
スペイン	37.7%	ルーマニア	12.7%
キプロス	32.0%	ブルガリア	10.0%
ポルトガル	28.7%		

出所：欧州委員会の資料にもとづき筆者作成

を採択している。EU では各加盟国に GHG 排出目標の配分を行っているが，55％削減目標への転換によってより厳しい削減目標が配分されることになった。各国の削減目標は 2005 年対比で示されている（図表 4 – 5）。その際，各国の 1 人当たり国内総生産（GDP）やコスト効率性などの現状や GHG 削減能力の違いなどを考慮して，不動産，道路交通，国内海運，農業，廃棄物，小規模産業に関する排出量の削減目標を各国に割り当てる EU 規則を制定している。そして，EU ETS を拡充し，この関連で幾つかの産業に対して CBAM を導入することになる。さらに，排出量の多い燃料（灯油，ディーゼル，ジェット燃料など）へのエネルギー増税や自動車に対するより厳しい排ガス規制などが含まれている。エネルギー税制は 2006 年以来の大型の見直しとなる。そのほか GHG 排出量の削減につながる土地利用や農業および森林再生などの対策も進めていくことになる。以下で，主な改革内容を紹介する。

1.　排出量取引制度の改革と国境炭素調整メカニズムの導入

　Fit for 55 政策パッケージの中で，最も注目されているのが，排出量取引制度 EU ETS の拡充と炭素国境調整メカニズム（CBAM）である。第 4 フェー

ズが開始して間もないが，カーボンニュートラル目標と整合的により野心的に
EU ETSの仕組みを変更することにしている。第1に，現在の割当総量の年
間削減率を2.2％から4.2％へ引き上げている。また排出許可書の発行が過剰に
なり炭素価格が低迷しないようにするための「市場安定化リザーブ」メカニズ
ムの仕組みを強化している。2019年から2023年までの期間にリザーブで（流
通させずに）保管しておく排出許可書の数を倍増させて，流通している排出許
可書の24％の割合になるまで増加させる。これにより市場で出回る排出枠が
少なくなり炭素価格が上昇しやすくなる。2023年以降はリザーブに保管する
排出許可書の数をそのまま保管せずに，前年の入札量を上限としてそれを超え
る排出許可書は無効にする。さらに無料配布の仕組みは今後10年間は維持す
る。EU域外の国・地域へ生産拠点を移すカーボン・リーケージの懸念が高い
産業を中心に対象企業の100％無料配布を行う方針は維持する。しかしさほど
リスクが高くない産業については，無料配布は段階的に廃止し，2026年以降
は最大で30％から第4フェーズの終了年である2030年末までにはゼロとする。
　第2に，域内の航空部門については排出総量の上限の引き下げで厳しくする
とともに，排出枠の無償配布を2024年から段階的に廃止し2027年から完全な
オークション方式へ移行する。さらにこれまでは域内便だけを対象としていた
が，今後は，域内と域外を結ぶ国際航空便も対象に加える。国際航空について
は，国際民間航空機関（ICAO）の「国際民間航空のためのカーボンオフセッ
ト・削減スキーム」（CORSIA）の運用が開始されており，この仕組みの下で
外部のカーボンクレジットをGHG排出量のオフセットとして利用することを
容認するため，EU ETS指令を改正する。ICAOは国連専門機関で，各国の協
力を得て国際民間航空事業が安全・健全にかつ持続的に運用されるようにする
ために1944年に設立された組織である。国際航空からのCO_2排出削減のため
に低燃費の新型機材，代替燃料の開発，および運航方式の改善などを実践して
いる。加盟する国際航空会社はCO_2排出量の監視・報告・検証システムの導
入が推奨されている。ICAOは2016年に市場メカニズムによるCO_2削減を可
能にするCORSIAを設立しており，2020年以降の総排出量を増加させないこ
とを取り決めている。今後，世界では航空機の数が増え世界で排出量が増加す
る見通しのもとで，新型機材の導入，低炭素燃料の利用，エネルギー消費効率

と運航方式の改善をしても，なお削減目標に満たない不足分について外部の市場でカーボンクレジットを取引することを容認しているが，厳しい条件を満たすクレジットのみが容認されている（第6章を参照）。ICAOに参加する国際航空運営会社が自発的に参加するメカニズムであるが，2026年からは一定の条件を超える大半の国に対してCORSIAは適用されることになる。

　第3に，新たに海運部門をEU ETSの対象に含めるとともに，道路交通と建物（不動産）部門については別途新設する排出量取引制度で対象とする。第4に，EU加盟国は，EU ETSの下で得られたオークション収入を気候政策に活用することができるようにし，その分EU予算が負担する分を引き下げる。ただし，新設する道路交通と不動産向けの排出量取引制度の下でのオークション収入については，低所得世帯，零細企業，交通利用者への公正な移行基金への予算として活用する。欧州委員会は以上のEU ETSの拡充により対象部門の全体の排出量は2030年までに2005年対比で61％削減できると見込んでいる。

　そして，世界が最も注目しているのがCBAMの創設である。カーボン・リーケージを防止するために，EUと同程度のGHG排出量の制限がなされていない国・地域からの製品の輸入に対して国境炭素税（関税率）を適用する新たな規則を提案している。対象となる製品を指定し，EUが輸入する特定産業の製品に対してその製品のCO_2排出量に応じて炭素税を課すことになる。CBAMの枠組が対象とする製品は，電力，鉄・鉄鋼，セメント，アルミニウム，肥料としている。CBAMが導入されると，対象産業に適用されている無償配布は2026年から10年の間にフェーズアウトする。CBAMの下で比較する排出量は企業の直接的な排出量に限定されるので，計算が複雑になるライフサイクルあるいはスコープ3ベースの排出量に対しては適用されない。CBAMは，排出量の多い産業がEU域外へ移転するのを防止するだけでなく，EUの貿易相手国・地域にEUと同じような厳格な排出削減策を採用することを促す目的もあると主張している。こうしたEUのCBAMに対して懸念する声が，イギリスや日本のほか，中国や途上国からあがっている。

　EU ETSは，第1章でも説明したように，炭素価格を引き上げる政策である。炭素税も炭素価格を引き上げる点で効果は同じである。この点，EUでは，

炭素税も合わせて活用していくことにしている。エネルギー課税指令を改正し，エネルギー製品への課税を見直してエネルギーの環境負荷に応じた最低課税方式に見直していく。これにより，企業が化石燃料から再生エネルギーなどへ転換するインセンティブを高めて，エネルギー転換を促進する。化石燃料に適用している税の免除措置や軽減税率を撤廃して増税し，排出の少ない燃料などのエネルギー製品については環境面での性能に応じて税率を引き下げることになる。こうして得た炭素税収は，所得税などの労働課税の引き下げへの活用も検討する。EUは，このようにして排出量取引制度と炭素税を効果的に組み合わせてカーボンプライシングを強化していく方針である。

2.　2035年までに新車販売はゼロエミッション車100％へ

　EUのGHG排出量の約4分の3を占めるエネルギー部門については，現在の再生可能エネルギー指令では，最終エネルギー消費に占める再生エネルギーの割合を，（2020年の22％の実績値に対して）2030年までに32％以上に引き上げるとする法的拘束力のある目標を定めている。欧州委員会は，この目標についてGHG55％の削減目標と整合的になるように40％（2022年5月に45％へ上方修正）まで引き上げるために再生可能エネルギー指令を改正することを提案している。それに沿って運輸，建物，産業などの部門における数値目標も厳格化している。このために各加盟国が，運輸，冷暖房，不動産，工業などに対して，再生可能エネルギー利用を増やすために具体的な目標を策定することを義務づけている。バイオエネルギーに関しては，気候変動と生態系の両方の目標を達成するために，サステナビリティ基準を強化することになる。各加盟国の年間当たりの省エネ義務をほぼ倍増させ，運輸部門では毎年建物の3％を省エネのための改修が求められている。

　運輸・交通部門については，自動車ではCO_2排出基準を厳格化し，新車の平均CO_2排出量については2021年に比べて2030年までに55％削減，2035年までには100％削減を義務化する。これによりすべての新車をゼロエミッション車にする規制案を発表している。ガソリン車だけでなく，ハイブリッド車の新車販売も認められなくなり厳しい規制である。ゼロエミッション車普及のた

めに高速道路などで EV 充電ステーションや水素燃料の補給スタンドを拡充する。各加盟国には，EV 充電スタンドを 60km 毎，水素補給スタンドを 150km 毎に設置するように要請する。航空・海運については，航空機や船舶が主要な港や空港でクリーン電力の供給を受けられるように対応を義務化する。たとえば，EU 域内の空港で合成低炭素燃料（e-fuels）を混合して航空機に供給することを，燃料供給会社に義務づけている。

　土地利用については，自然による吸収源による炭素除去により，2030 年までに 3.1 億トンの CO_2 換算排出量を大気から吸収することを目指して EU 規則を制定し，EU 各加盟国に目標の設定を義務づけることになる。たとえば，森林の炭素吸収力を向上させるための EU 森林戦略を掲げており，森林経営者や森林を利用したバイオエコノミーを支援し，伐採やバイオマス利用を持続可能なやり方に転換し，生物多様性を保全しつつ，2030 年までに EU 全体で 30 億本の植林を行う計画を提唱している。農業では，肥料の使用や家畜を含めた農業全体の GHG 排出量で，カーボンニュートラルを目指すと定めている。

第 5 節　EU 離脱で独自路線を歩むイギリス

　イギリスでは ESG を追求する意識の高い機関投資家と企業が多く存在し市民社会も成熟しているため，ESG 産業が大きく発展している。コーポレートガバナンス・コードについては 1998 年という早い時期から，スチュワードシップ・コードについては 2010 年から採用されており，企業や機関投資家の ESG 志向を促してきた。イギリスは EU から離脱したが，国境を越えて欧州の ESG 投資家や市民社会と協働して政府・企業に気候変動対応を求める活発な活動をしている。日本を始めこれらのコードは多くの国・地域に影響を与え採用につながっている。人権意識も高く，2015 年に現代奴隷法を制定している（第 3 章を参照）。また早くから意欲的に気候変動課題にも取り組んできており，気候変動を始めとする環境政策でも EU と並ぶ世界屈指のリーダー国として存在感を放っている。

　石炭火力発電については，2018 年に 2025 年までに廃止する方針を掲げてい

る。GHG排出削減目標も2050年カーボンニュートラルを早くから法制化し，2035年までにGHG排出量を1990年対比で78％削減という主要国では抜きん出て野心的な目標を掲げている。2021年11月のスコットランド・グラスゴーで開催したCOP26では主催国としてリーダーシップを発揮し，インド，インドネシアを始めとする多くの国によるカーボンニュートラル宣言に導いている。ここではイギリスの最近の気候政策やサステナブルファイナンス市場の拡大に向けた政策や最近の動向について見ていくことにする。

1. 2008年気候変動法による先駆的な取り組み

　イギリスでは2008年というかなり早い段階から「気候変動法」を制定し，GHG排出量を2050年までに少なくとも80％削減するといった野心的な長期目標を掲げ，世界で初めて気候目標を法制化し，革新的な対応をしている。その結果，GHG排出量は1990年から新型コロナ感染症危機が発生する前の2019年にかけて44％もの削減を実現している。EUの削減率（24％）を大きく上回っている。GHG排出量について44％という大幅削減ができたのは，エネルギー消費の効率化と石炭火力発電からガス火力発電への転換を進めてきたことが大きい。多くの石炭火力発電施設が老朽化しており耐用年数が経過しつつあったこともガスへの転換を容易にしたと見られる。また風力を中心とする再生可能エネルギーが電力発電に占める割合が2005年の5％程度から2019年には40％弱（2020年は42％）まで拡大したこともGHG排出量の削減に大きく貢献している。2019年には電力に占める再生可能エネルギーの割合が，化石燃料ベースの火力発電の割合を上回っている。

　その他の要因として，GHGに含まれるメタンの削減を農業，石炭・ガス採掘，廃棄物処理で実現したことが挙げられるが，2013年以降はほぼ横ばいとなっており進展はあまり見られていない。このため直近の10年間のGHG排出削減は，ほとんど電力部門に集中している。課題としては，運輸・交通部門の排出量はイギリスのGHG排出量全体の3割弱を占めているが，1990年以降のGHG排出削減にほとんど寄与していないことが指摘できる。

　政府は，2019年に気候変動法を改正して，2050年までにカーボンニュート

ラル実現へと目標を引き上げ，2021 年には GHG 排出量を 2035 年までに 1990
年比 78％削減という目標の引き上げを行っている。こうしたイギリスの先駆
的なイニシアチブにならって，今では EU，ドイツ，フランス，スウェーデン，
日本，韓国，カナダ，ニュージーランドを始め多くの国がカーボンニュートラ
ル目標を法制化している。

気候変動委員会の設立とカーボンバジェットの導入

　気候変動対応について世界のお手本となる数々の革新的な政策対応をしてい
るイギリスだが，中でも 2008 年の気候変動法において，政府から独立した
「気候変動委員会」（CCC）を立ち上げている点は注目に値する。政府に対し
て，責任ある気候対策を着実に実践していくよう働きかける制度である。
CCC は，政府に対して排出削減など目標設定の妥当性などについて助言を行
い，イギリス議会に対して，毎年，気候目標に向けた進展度を報告する義務が
ある。また政府はこの報告書に対する意見や対応の方向性などを，議会に対し
て示さなければならない。

　気候変動法では，2050 年カーボンニュートラル目標の実現のために，政府
に対して法的拘束力のある「カーボンバジェット」と呼ばれる GHG 排出量削
減のための仕組みも導入している。カーボンバジェットとは，5 年間の期間に
おいてイギリスが排出する GHG 排出量に適用する上限のことを指している。
少なくとも 12 年先のカーボンバジェットを予め設定しておくことが義務づけ
られている。長期の排出予想を示すことで，政策当局，企業，個人が十分な時
間的余裕をもって野心的な GHG 排出削減のために準備が整えられるようにす
る狙いがある。CCC は長期排出削減目標の見地から，5 年毎のカーボンバ
ジェットの適切な水準について助言を行い，そのカーボンバジェットを政府が
承認すると，各バジェットは議会によって法制化される。カーボンバジェット
は，イギリスが長期の気候変動目標を達成するのにコスト効率的な経路を示す
ことになっている。科学的知見，技術，経済・社会的状況などの要因も考慮し
て具体的な数値を設定している。

　これまでのところ，第 1 次カーボンバジェット（2013〜17 年），および第 2
次カーボンバジェット（2013〜17 年）は達成できている。CCC によれば，第

3次カーボンバジェット（2018〜22年）はむしろ上限を超えて達成できる見通しである。しかし，第4次カーボンバジェット（2023〜27年）と第5次カーボンバジェット（2028〜32年）については達成できない見通しと判断されている。現在は2032年までの第5次カーボンバジェットまで法制化されており，法的拘束力がある。2021年に政府はCCCの助言を受けて，第6次カーボンバジェット（2033〜37年）も設定している。政府が2035年までにGHG排出量を75%削減する野心的な目標を打ち出したのもCCCの助言を受けての対応である。CCCによれば第6次カーボンバジェットについても実現できない見込みである。このため，2050年までにカーボンニュートラルを実現するためには政府に対してさらに厳しい気候政策を導入・拡充すべきであると要請している。前述した点とも関係するが，これまでのイギリスのGHG排出量の削減は電力部門を中心に順調に進展してきたが，今後は，電力以外の運輸・交通，産業，住宅における気候政策を大胆に実施していかなければカーボンニュートラルの達成が難しいことを示している。

　いずれにしてもカーボンバジェットの仕組みは，非常に分かりやく，かつCCCという政府の介入を受けない独立した立場で信頼できる判断をする組織があることで，投資家，企業，市民社会に対して政府の将来の気候政策の方向性や本気度を示す取り組みとなっている。

2.　EUグリーンディールの先駆けとなるクリーン成長戦略

　イギリスのビジネス・エネルギー・産業戦略省は世界に先駆けて2017年に「クリーン成長戦略」を発表し，GHG排出量を削減しつつ経済成長を実現できるという考え方を示している。実際，これまでのイギリスは先進国で最もGHG排出量を減らしながらも先進国としては比較的高い経済成長を実現してきている。GHG排出量の削減は生産コストを高め成長を下押しするとの見方をくつがえすケースとして注目を集めている。

　2021年11月にボリス・ジョンソン首相は，グリーン産業革命を起こすための10項目計画（10 Point Plan）を発表している。10項目の内のエネルギー関連では，①洋上風力発電の拡大，②水素生産能力の増強，③原子力発電の推

進を挙げており，再生可能エネルギーや原子力発電を積極的に推進していく意向がうかがえる。石炭火力発電については，2025 年までに CCS のような炭素回収技術などがない発電所は段階的に廃止し，2024 年 9 月末までに全廃すると発表している。運輸・交通関連では，④ EV の増強，⑤ 公共交通機関のゼロエミッション化と自転車道路・歩道の整備，⑥ ゼロエミッションの航空機とグリーンな船舶に向けた技術開発支援を重点項目としてリスト化している。EV については充電ステーションの普及やインフラ整備，蓄電池の開発と生産拡大，ゼロエミッション車など購入支援に公的資金を注入する一方で，ディーゼル車とガソリン車の新車販売については 2030 年までに，ハイブリッド車の新車販売については 2035 年までに廃止すると宣言している。その他の項目としては，⑦ 住宅と公共建物の省エネ化・グリーン化，⑧ CCS 技術の促進，⑨ 自然環境保護と植林，⑩ イノベーションと金融を列挙している。これらの 10 項目に対して，総額 120 億ポンド（2 兆円弱）を投じて 25 万人の雇用創出を目指している。

　カーボンプライシングについては，2021 年 1 月に EU ETS に代わるイギリス排出量取引制度を創設している。仕組みはかなり似通っているものの EU ETS の対象となっている電力・製造業部門の仕組みについてはより簡素化できているとイギリス政府は説明している。この制度の下での排出枠は U.K. Allowance と呼ばれており，市場で取引されている。そのほか幾つかの炭素税も活用している。たとえば，気候変動税（Climate Change Levy）は，企業が消費するエネルギーに対する課税で，電力，天然ガス，液化石油ガスに適用している。ゼロエミッション技術への補助金支出のための資金調達は，発電価格の引き上げによって実現している。自動車税については EV 以外の自動車に対する税金を EV よりも重くしている。

3．イギリスのサステナブルファイナンス市場の拡大戦略

　イギリス政府は，2019 年に「グリーンファイナンス戦略」を策定し，金融機関の投融資ポートフォリオから GHG 排出量を削減し，環境的に持続可能で強靭な経済発展と整合的な金融システムを育成するための政策を打ち出してい

る。金融システムのグリーン化およびグリーンプロジェクトファイナンスを拡充するための包括的なアプローチである。この一環として，TCFDガイドラインと整合的な開示を経済全体に対して義務化していくこと，すべての金融規制当局に対して気候変動課題を考慮することを責務とすること，G7において世界のサステナビリティ情報開示スタンダード開発についての議論を主導すること，英国版グリーンタクソノミーを策定すること，グリーン国債（Green Gilt）を発行することなどの計画を掲げている。こうしたイギリスの気候ファイナンス戦略には，CCCによる提言も大きく影響している（CCC 2020）。CCCは，金融機関にネットゼロ目標の設定を義務づけて関連指標の開示を促すこと，金融機関・投資家が企業とエンゲージメントをする際にネットゼロ目標の実現を議論のテーマに織り込むこと，イギリスにおける気候関連で必要な官民投資額や実績を定期的に評価すること，ネットゼロとサステナビリティの責務とする国家インフラ銀行の設立などを提案している。

　こうした方針や提言なども踏まえて，イギリス政府は，2021年10月にロードマップを発表し，金融システムの脱炭素・低炭素化について3つの段階に分けた戦略を示している。第1段階では，企業の環境を含むサステナビリティ情報について金融市場の参加者や投資家が入手できるよう開示を進めることで情報ギャップを縮小する。第2段階はこうした企業のサステナビリティ情報がリスク管理や投資判断において中心となるように促していく。そして，第3段階は，イギリスのカーボンニュートラル目標やその他の環境目的と整合的な活動に金融の流れを仕向けていくことである。現在は，まだ第1段階にある。そして，イギリスでもESG金融商品と銘打ったファンドが実体はそれほどサステナブルな内容でない事例が確認されているため，こうしたグリーン・ウオッシングを防止することで投資家が安心しサステナブル投資を行える仕組みをつくり，ファイナンス市場をさらに発展させていくと指摘している。

　TCFDガイドラインに沿った開示の義務づけについては，イギリスの1,300社以上の大手上場企業と金融機関を対象に，義務化に関する法律が成立し，2022年4月から実施されている。2025年までに適応する企業と金融機関の対象を拡大し，段階的に開示を義務化していく計画である。企業年金基金に対しては2019年から投資原則声明を策定しESG要素を盛り込むことが義務づけら

れている。ESG投資や投資先に対するエンゲージメントなどの方針，とくに環境については運用資産への財務リスクが高いためその観点からの運用を考慮することを年金加入者に開示しなければならないと定めている。2020年からはこの方針に関連してエンゲージメントや議決権行使など実際の行動についても実行声明の開示が必要になっている。

　グリーン国債についてはグリーンイールドカーブをつくるために発行するとし，2021年9月に最初の発行を実現している。グリーンボンドで調達した資金の使途は，ゼロエミッション・バスなどの交通機関の整備や，再生可能エネルギー施設の建設，自然環境保護などの政府主導の気候変動対策に限定されている。またイギリスの財務省は個人投資家向けにもグリーン貯蓄債（Green Savings Bonds）を発行することに決め，市民が貯蓄の一部でこうした国債を買い入れるとその資金を政府が選択したグリーンプロジェクトに2年以内に配分することを通じてプロジェクト支援ができるように工夫している。こうしたグリーン貯蓄債は，世界発の試みである。すでに2021年10月に3年物の固定金利の国債を発行しており，市民は公的な国民貯蓄投資機構（National Savings and Investments）を通じて購入できるようになっている。

　またイギリスには古くからESG投資を行う活動的な機関投資家や資産運用会社が多数存在している。それは世界的によく知られている欧州の資産保有者や資産運用会社が集まる「変動対応を目指す機関投資家グループ」（IIGCC）の拠点がイギリスにあることからもうかがえる。IIGCCは2019年に年金基金や保険会社などの資産保有者を対象に「パリ協定と整合した投資イニシアチブ」（Paris Aligned Investment Initiative）を立ち上げて，署名した資産保有者は2050年までにポートフォリオのネットゼロ実現へのコミットメントと情報開示などを義務づけている。現在では，このイニシアチブに対して，日本を含むアジア圏の投資家グループ，オーストラリアとニュージーランドの投資家グループ，そして米国のESG投資推進NGOのCeresも参加しており世界的な広がりを見せている。序でふれたGFANZに参加する金融機関も多い。

ネットゼロ金融センターの設立に向けて

　2021年11月のUNFCCC第26回締約国会議（COP26）の開催中に，リシ・

スナック財務大臣はイギリスを世界初のネットゼロと整合的な金融センターを創設する計画を発表している。これによりイギリス経済の石炭からの脱却，EVへの転換，植林などを含むカーボンニュートラルへの移行をファイナンスするための多額の資金を動員することを期待している。

　そのために，イギリスの金融機関や上場企業に対し，カーボンニュートラルに向けたGHG排出削減目標や同目標の達成に向けた実現可能な移行計画の開示を義務づけていくと発表している。2023年には開示の義務化ができるよう法制化を予定している。将来的には，政府が策定するグリーンタクソノミー（イギリス版タクソノミー）およびISSBによって標準化される開示基準（第2章を参照）をもとに，大半の企業と金融機関に情報開示を義務づけていくことになる。また，EUのように企業向けの情報開示と金融機関向けの情報開示を強化していくことも計画している。その目的で，既存の複数のサステナビリティ関連の情報開示規制をひとつの包括的な枠組みとして統合し，世界の主な情報開示基準やベストプラクティスを参考にして，新たにサステナビリティ開示規則を策定する。気候関連の情報開示義務については，TCFDガイドラインにもとづくISSBの開示基準とグリーンタクソノミーをもとに環境インパクトを開示することを企業に義務づけていくとしている。また，EUと同じダブルマテリアリティのアプローチを採用することにしている。資産運用会社などに対しては，年金基金を含む顧客や投資家に対して，どのようにサステナビリティの観点を考慮しているかについて開示が義務づけられる。さらに，投資商品の開発者に対しては，その金融商品のサステナビリティへのインパクトや関連する財務的なリスクと機会について開示が義務化される。

　イギリスは，カーボンニュートラル目標の達成に向けて，ボランタリー（自主的）なカーボンクレジット市場を発展させる計画を立ち上げ，着手している（第6章を参照）。2021年3月にイギリス政府は「ボランタリーカーボンマーケット・インテグリティ・イニシアチブ」を立ち上げている。パブリックコメントで意見を募集し，そのうえで2021年10月にロードマップを発表し，ガイドラインの策定などの作業を実施している。金融機関，WWF，有識者などが運営委員会のメンバーとなっており，事務局は米国NPOで森林・農業・気候変動などに取り組むMeridian Instituteが務めている。プロジェクトの実施に

よって真にGHG排出削減につながる「追加性」に寄与し，かつ科学的根拠にもとづく信頼できるカーボンクレジットを確立することを目指している。イギリスには既に公的な排出量取引制度があるため，こうしたボランタリーな市場の信頼性を高めつつ，世界で関心が高まるカーボンクレジット市場で主導権をとろうと動き出している。

ロンドンは世界トップのグリーンファイナンスセンター

　イギリスのグリーンファイナンス戦略は，長くEU加盟国であった経緯もあり，EUのサステナブルファイナンス行動計画とかなり重なる部分もある。しかし，単独でEUよりも迅速でかつ柔軟な政策対応ができるという利点がある。またイギリスのロンドンは長く米国のニューヨークと並ぶ世界トップレベルの金融センターのステイタスを維持している。早くから気候変動への取り組みをしてきた実績もあり，イギリスのグリーンファイナンス市場やESG産業も発達している。

　政府の動きに歩調を合わせて，ロンドン証券取引所も，活発に，気候変動対応の新しいアクションを起こしている。2019年に「グリーンエコノミーマーク」を開始し，グリーン関連分野からのモノやサービスの収入が半分以上を占める上場企業とファンドを洗い出してマークを付与し，投資家がグリーン活動に熱心な企業を識別できるようにすることでより多くの資金を動員しやすくしている。さらに同時期に，既存のグリーンボンドの市場区分のほかに，新たにサステナビリティボンドやソシアルボンドという新しい市場区分を創設している。中国の国有銀行である中国銀行は，ロンドン証券取引所で初めてユニークなサステナビリティ債を発行している。これは，複数のサステナビリティリンクローン（貸付金利を予め決めた環境・社会的パフォーマンスなどに応じて調整するローン）をパッケージにして，このパッケージのパフォーマンスに応じてクーポン金利を調整させる債券である。ロンドン証券取引所の強みは，外国資本の発行体が多く非常に国際性が豊かなことにある。

　ロンドン証券取引所は，前述したボランタリーカーボンクレジット市場にも関与していく方針を示している。取引所で直接カーボンクレジットを取引するよりも，配当を現金や場合によってはカーボンクレジットで支払うことができ

るようなファンドの上場を促していく計画である。クレジットの取引よりも
ファンドの上場を優先させるのは，イギリスの現在の規制体制の下では，上場
ファンドであれば開示基準に関する既存の市場濫用規制や上場規制が直ちに適
用できることから，すぐに取引が可能になるからである。ボランタリーカー
ボンクレジットを市場濫用規制などに適用させる場合には，初めてのケースで
あるため時間がかかるとの判断である。さらにファンドへの投資であれば，投
資家によってはとくに関心のある特定の地域，セクター，技術に関連するオフ
セットプロジェクトからのカーボンクレジットから構成される多様な先物ファ
ンドへアクセスが可能になるという利点がある。現在の世界のボランタリー
カーボンクレジット市場は，第6章でも説明しているように，相対取引が中心
で市場規模も小さく，カーボンクレジットの質について信頼性の課題がある。
そこで，そうした問題をロンドン証券取引所の規制の枠組みを使って改善し，
質の高い信頼できるボランタリーカーボンクレジット市場を育成していく意向
である（London Stock Exchange 2022）。

　イギリスのシンクタンクのZ/Yenグループが世界の126の金融センターに
ついて，グリーンファイナンスや排出量取引制度の貢献といった観点から，ラ
ンキングを発表している。世界の金融分野の実務家・専門家に対する調査にも
とづいて，各都市のグリーンファイナンスの質と厚みを評価している。グロー
バルグリーンファイナンス指数として数値化している（図表4-6）。2021年

図表4-6　トップ20位のグローバルグリーン金融センター

順位			
1	ロンドン	11	北京
2	アムステルダム	12	コペンハーゲン
3	サンフランシスコ	13	ニューヨーク
4	チューリッヒ	14	上海
5	ルクセンブルク	15	ワシントンDC
6	ジュネーブ	16	ソウル
7	ストックホルム	16	シンガポール
8	ロサンゼルス	18	ハルシンキ
9	オスロ	19	ミュンヘン
10	パリ	20	シドニー

出所：Z/Yen（2021）をもとに筆者作成。

10 月発表のランキングによれば，1 位はロンドン，第 2 はオランダのアムステルダム，第 3 は米国のサンフランシスコである。全体として評価が高いグリーン金融センターは欧州の都市に集中している。EU やイギリスが気候変動対応に積極的で市場整備を進めてきていることが背景にあるが，20 位内には，中国の北京市と上海市，韓国のソウル，そしてシンガポールなどがランク入りしている点も注目される。グリーン金融センターの発展に向けて世界の競争が始まっていることがうかがえる。

　このようにイギリスは，EU 離脱後の現在でも，グリーファイナンス市場の発展において，高い国際的な競争力を維持している。今後もリーダーとしてイニシアチブを発揮していくであろう。ただし，経済規模が小さいため，世界第 2 位の経済規模をもつ EU が共通のカーボンプライシングを含む気候政策やサステナブルファイナンス市場の制度・規制的基盤を固めて浸透していくと，EU の優位性が高まっていき，イギリスの存在感が低下する可能性もある。

124

第5章

カーボンニュートラルを目指す中国：
気候政策とグリーンファイナンス市場

　中国の習近平国家主席は，2020年9月に気候変動に関して2つの野心的目標を公表し，世界の注目を集めた。2つの目標とは，「2030年までにCO_2の排出量をピークアウト」および「2060年までにカーボンニュートラルの実現」である。また中国は早くから国家主導の産業・気候政策に取り組んでおり，再生可能エネルギーや電気自動車（EV）では世界最大の生産国かつ消費国として台頭している。とはいえ中国は世界最大のエネルギー生産国かつ消費大国であり，石炭への依存度が高く，GHG排出量は世界の3割を占める最大排出国となっている。石炭の1次エネルギー消費量に占める割合は58%，電力に占める割合は7割弱にもなっている。14億人の人口を抱え，1人当たり所得を引き下げていくためにも今後も経済成長を実現していく予定であり，エネルギー需要の拡大は続いていく見込みである。石炭からのフェーズアウトは容易ではないが，中国政府は2つの環境目標を国の威信をかけて実現したいという強い意向をもっている。欧州では成熟した投資家や市民社会が存在し，政府や企業に対して積極的に気候対応を働きかける求心力をもっている。対照的に，中国では国家の強いリーダーシップの下で強力な産業政策と環境規制・気候政策を通じて，民間企業の技術を取り込み，銀行の融資行動にも変容を促すことで排出削減を実現しようとしている。第5章では中国の気候政策を展望し，EVや再生可能エネルギーの動向にも注目しつつ，サステナブルファイナンス市場育成のための戦略およびEU，米国に次ぐ世界第3位の規模にまで拡大したグリーンボンド市場の動向についても見ていくことにする。

第 1 節　環境政策の推移と 2021 年の電力不足問題

　中国では 2007 年頃から気候変動などの環境問題に取り組んでおり，複数の拘束力ある環境目標を定めてその達成に強い指導力を発揮して対応してきている。たとえば GDP 原単位当たりの省エネ効率のほか，主要汚染物質排出量の削減，水利用の削減率，森林被覆率など具外的な数値を掲げてそれらの達成を目指してきた。

習近平政権の下で強化された気候政策

　2011 年 11 月には気候変動対応を強化しており，第 12 次（2011-15 年）5 カ年計画では，1 次エネルギー消費に占める非化石燃料の比率や森林蓄積量など新たな拘束力ある指標を追加している。2014 年には国家発展改革委員会が，2014〜20 年の期間について GHG 排出削減のための気候変動の緩和政策と適応政策などを発表している。そして，2020 年に向けた主要な拘束力ある目標として GDP 原単位当たりの CO_2 排出量を追加し，それを 2005 年に比べて 40〜45％削減すると宣言している。1 次エネルギー消費に占める非化石燃料の割合を 15％に設定し，森林面積と蓄積量を増加させる目標なども併せて示している。GHG 排出量の増加を抑制するために工業，建築，運輸・交通，公共機関などでの省エネを推進し，一部の地域では低炭素実証事業を通じた低炭素技術の普及や CCS と CCUS 事業を実施すると定めている。その一方で，GHG 排出が多い産業の成長を抑制し，石炭消費量も抑制して石炭のクリーン利用を強化していくとして詳細な計画や数値目標を設定している。

　2016 年には第 13 次 5 カ年 GHG 排出抑制事業方案を公表し，2016〜20 年の期間について GDP 原単位当たり CO_2 排出量を 2015 年比 18％削減し，CO_2 以外の GHG 排出規制も強化することを示している。石炭の国内生産については老朽化した炭鉱での生産を抑制し合理化が行われている。こうした努力の甲斐もあって，中国の GHG 排出量は急速に増加する傾向にあったが，2014 年以降は増加ペースが緩やかになっている。もっとも石炭への依存度の高さは変わらないので，排出量が 2030 年までにピークアウトしてその後減少に転じていけ

図表 5-1　中国のエネルギー源別の二酸化炭素（CO$_2$）排出量

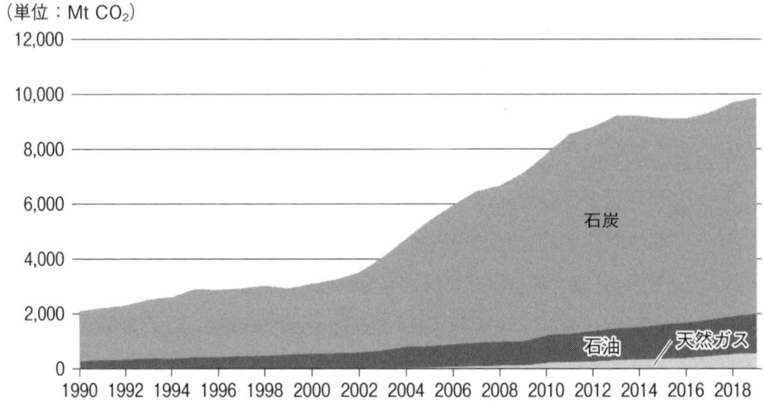

（単位：Mt CO$_2$）

出所：IEA のウェブサイト

るのかについては不確実性が高い。図表5-1は中国のCO$_2$排出量についてエ
ネルギー源（石炭，石油，天然ガス）別の推移を示しているが，電力消費の増
加により石炭からの排出量が大きく増えていることが分かる。

世界が注目したカーボンニュートラル目標の発表

　世界の GHG 排出量の3割も占める中国に対して，気候変動対応をもっと強
化するよう国際的な圧力が高まっている。そうした中で，習近平国家主席は
2020年9月に国連一般総会のオンライン演説において2030年までにCO$_2$排出
量を減少に転じさせるという2015年に掲げた目標を維持しつつも，新たに
2060年までにCO$_2$排出量と吸収を均衡させるカーボンニュートラルの実現を
発表した。ちなみに2015年に国連気候変動枠組条約（UNFCCC）事務局に提
出した「国が決定する貢献」（NDC）の中で中国政府が表明した自主行動目標
としては，ピークアウト目標以外に，2030年までにGDP原単位当たりCO$_2$
排出量を2005年比で60〜65％削減，1次エネルギー消費量に占める非化石エ
ネルギーの割合を20％程度に引き上げ，森林蓄積量を2005年比45億 m^2 拡大
などがある。世界最大のCO$_2$を排出する中国がカーボンニュートラルを掲げ
たことは，気候変動対応に対する国際的な機運を高めるうえで大きな意義があ

る。さらに習近平氏は，2020 年 12 月に GDP 原単位当たり CO_2 排出量を 2005年比で 65％以上減らすことや 1 次エネルギー消費に占める非化石エネルギーの割合を約 25％まで引き上げるほか，森林蓄積量を 2005 年比で 60 億㎥増やし，風力・太陽光発電の総設置容量を 12 億 Kw まで拡大するとして，それぞれ既存の目標の引き上げを行っている。

　ピークアウトとカーボンニュートラルの二大環境目標を掲げて，それと整合的に 2021 年 3 月には第 14 次 5 カ年計画及び 2035 年長期目標要綱を公布している。そこでは，2025 年までに GHG 原単位の排出量を 2020 年比 18％削減，GDP 当たりのエネルギー消費を 2020 年に比べて（2019 年の 23.2％から）13.5％へ削減，2025 年の森林被覆率を 24％へ，非化石エネルギーの 1 次エネルギー消費総量に占める割合を（2019 年の 15.3％から）約 20％へ低下といった 4 つの指標を掲げている。エネルギー革命を推進し，低炭素で高効率なエネルギー供給能力を高め，風力・太陽光発電の規模を大きく高める。そして東部・中部地域での分散型エネルギーの発展を加速し，洋上風力発電を秩序だって発展させ，西南地区の水力発電拠点の構築を加速し，沿海部での原子力所建設を安全・慎重に推進し，複数のエネルギーが相互補完するエネルギー拠点を複数打ち出すなど詳細な計画を示している。さらに製造業の大規模集積地がある湖北省では鉄鋼と自動車を中心に削減を義務づけ，政治経済が中心の北京市では政府機関，学校，商業ビルなどの建物の省エネ化に重点を置くことにしている。ただしこうした計画は，これまでの気候政策の継続に近く，もっと厳しい気候政策に踏み込まないとピークアウト目標の実現が難しいと考えられている（ジェトロ 2021a）。

　中国は 1 人当たり所得で見るとまだ中所得国である。多くの地方政府は地域の生活水準を引き上げるために高い成長を志向しているため，経済成長と排出削減などの環境対応が両立していくのが難しい状況にある。現在でも中国のエネルギー消費量は米国を大きく引き離して世界第 1 位となっているが，エネルギー需要は今度も拡大を続けていくと予想されている。すでに所得水準の高いイギリスや EU ではこれまでのところ成長と排出削減が両立できているが，1人当たり所得がまだ相対的に低い中国で両立していくのはかなりハードルが高いのが現状である。

　対外政策については，米国政府などの働きかけもあって，習近平氏は国連において2021年9月に海外における新規石炭発電建設を停止すると宣言し，世界では大きな進展と受け止められた。中国は一帯一路などの外交戦略を通じて途上国の石炭電力発電プロジェクトなどへの官民支援を実施しており，そうした活動に対する国際的な批判が高まっていたことへの対応である。もっとも国内については言及がなく，しばらくは新規の石炭火力発電を建設していく予定である。中国では石炭火力発電の容量を2005年から2016年かけて毎年大きく増やしていたが，その後は再生可能エネルギーの供給や天然ガスへの転換もあって，石炭火力発電の容量は以前ほどには増えなくなっている。長期的には石炭火力発電の利用が減少していくとみられるが，当面は石炭火力の電力容量は廃棄分を除いたネットでみても増加を続けていくと予想されている。

石炭からガスへの転換

　中国は，現在，天然ガスについては世界第6位の生産国，世界第3位の消費国，世界第2位の輸入国である。2050年までに中国の天然ガス消費量は2018年の3倍にもなると見込まれている。中国の1次エネルギー消費量に占めるエネルギー源の割合をみると，2019年のデータによれば，石炭が全体の58％，石油などが20％，天然ガスは8％，水力発電が8％，水力発電を除く再生可能エネルギーが5％，原子力が2％となっている（図表5-2）。米国エネルギー情報局（Energy information Administration）によれば，石炭の割合の58％という数値は，中国政府が2020年までに掲げていた目標であり，前倒しで実現したことになる。中国では国内で石炭，石油，天然ガスなどを生産しているが，多くは古くから採掘してきたため生産が難しくなっており，高価な最新の採掘技術を使用しないと大幅な生産が見込めなくなっている。エネルギー部門への外資の導入については，これまでは戦略的産業という位置づけであるため容認していなかったが，最近では生産能力を高めるためにも一部容認するようになっている。電力部門では，石炭火力発電が69％も占めており，ついで水力発電が20％弱を占めている。原子力発電とガス火力発電は各々4％程度に過ぎない（図表5-3）。風力・太陽光発電・バイオマスなどの再生可能エネルギーは全体の10％程度を占めている。今後数年は石炭依存度が高い状態が続

図5-2　中国の1次エネルギー消費量のエネルギー源別構成（2019年）

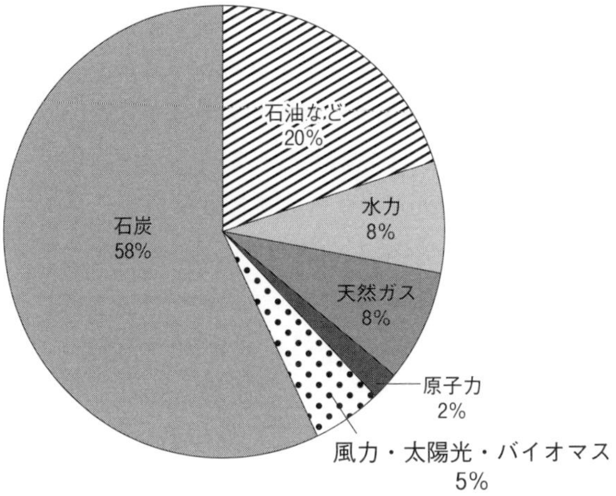

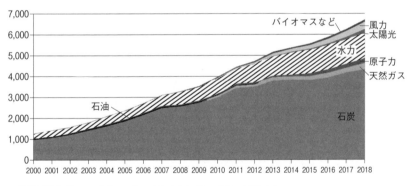

出所：U. S. Energy Information Administration のウェブサイト

図表5-3　中国の電力発電量の燃料別推移

出所：U. S. Energy Information Administration のウェブサイト

いていくが，徐々に再生可能エネルギーと天然ガスへの転換が図られていくと
予想されている。

　中国のエネルギー需要は拡大しているため，輸入への依存度も高い。石油の
輸入は2019年の場合，45％ほどが中東地域から，20％弱がアフリカから，
16％が旧ソビエト連邦（大半がロシア）から，15％がブラジル・コロンビアな
どのラテンアメリカ地域からとなっている。天然ガスの輸入は，6割が液化天

然ガス，残りがガスパイプラインとなっている。液化天然ガスは，オーストラリア，カタール，マレーシア，インドネシア，ロシアなど幅広い地域から調達している。ガスパイプラインはトルクメニスタンからの調達が最大である。次いで，カザフスタン，ウズベキスタンなどからの輸入が多いが，今後はロシアからのガスパイプラインによる調達が増えていくと見込まれている。ロシアからは液化天然ガスも輸入しているが，2019年末からはシベリアを介したロシアのパイプラインを通じたガス輸入も始まっている。このパイプラインを拡張して上海市などエネルギー消費の多い都市にも供給する予定である。さらにサハリンからの新しいパイプラインの建設により2025年頃までに新たにロシアからのガスの供給を受けると見込まれている。

成長と気候・環境対策の両立の難しさ：2021年の電力不足問題

　2021年9月に中国はこれまでに経験したことのない深刻な電力不足に陥って経済活動を停滞させた。電力不足の供給側の要因としては，政府の野心的な排出削減に関する2大目標達成のために地方政府に拘束力ある厳しい排出削減目標などが設定されており，四半期ごとに進展度を示さなくてはならない。このため達成が難しい地方政府が目標達成のために電力供給の抑制を余儀なくされたことがきっかけで電力不足が発生したのである。

　さらに国内の石炭供給が減っていたことも電力不足に拍車をかけた。中国政府は以前から炭鉱の合理化を進めている。石炭採掘現場では事故も多く，2021年1月には山東省の炭鉱で爆発が起きて死傷者が発生したこともあって安全性を一段と強化したために，石炭生産が抑制されていた。加えて，2021年5月頃に広東省などの水力発電が水不足で減少したこともエネルギー供給の抑制につながった。また中国とオーストラリアの外交関係が悪化して，中国が2020年に豪州産石炭の輸入を停止したことも電力供給不足に拍車をかけた。もっとも石炭輸入はその後インドネシアなどから増やしたため2021年前半に減少していた輸入も同年半ばには増加に転じている。しかし新型コロナの感染拡大やサプライチェーンの不安定化もあって海外からの円滑な調達に支障がでていたようである。

　一方で，高いエネルギー需要が続いた原因として，景気回復による需要が高

まったことも一因ではあるが，国際的なエネルギー価格や燃料価格が高騰していても電力価格に上限が設定されているため，エネルギー消費を節約する行動につながっていなかったこともあるようだ。このことは化石燃料ベースの電力事業者の立場でみると燃料価格が高騰していても電力販売価格に十分転嫁できないため，利益が下押しされるといった問題も発生させていた。石炭の市場価格は 2021 年初めから大きく高騰していたため，電力供給者の財務状態は悪化した。

　このようにエネルギーの需給が逼迫する状況においても，中央政府は，地方政府に省エネ・排出量の削減目標を達成するよう促す政策判断ミスを犯してしまったのである。政府は，前述した第 14 次 5 カ年計画の GDP 原単位当たりエネルギー消費を年平均 2.7％削減し，CO_2 排出量を年平均 3.6％削減する目標にもとづいて，各地方政府に排出削減やエネルギー消費に関する目標を割り振っている。2021 年 9 月に中央政府の国家発展改革委員会が同年上半期の地方政府の目標進展度を発表し，目標達成が未達な地方政府が複数判明していると指摘した。そのうえで，地方政府に対してエネルギー消費やエネルギー排出量の多いプロジェクトの制限，あるいは再生可能エネルギーの供給拡大を強く要請した。この結果，環境目標の達成が難しい多くの地方政府が目標達成を優先して電力発電量の抑制に踏み切ったため電力不足問題が一気に悪化してしまったのである（竹原 2022）。

　電力発電の抑制によって，すぐに電力消費の多い石油化学，鉄鋼，非鉄金属などの製造業の経済活動が停止または減少する事態に発展した。中国経済は 2021 年後半から，不動産市場の停滞で景気減速が鮮明になっていたため，電力不足問題は景気減速をさらに悪化させてしまった。政府はかねてより不動産関連業界の債務急増問題と住宅価格のバブル的高さについて金融安定上のリスクと共同富裕の観点から懸念していた。そこで，2020 年に不動産関連企業に対する銀行融資について，借り手企業の財務健全性に応じて銀行からの融資増加幅に制約をつけるプルーデンス規制を導入した。こうした規制強化によって銀行融資が得られなくなった複数の大手企業が返済に窮するようになり，一部の建設活動がストップし住宅購入者の不安が高まっていた。そうした不安定な時期の最悪のタイミングで排出目標の実現を強制したことになる。

電力不足は一気に景気減速感を強めてしまったため，政府はただちに石炭炭鉱の生産活動への規制を緩める決定を下している。それにより 2021 年 10 月には石炭生産が増加したため，2021 年の末までには電力不足問題は解消している。もっとも石炭生産量が過去最高水準に達しており，GHG 排出削減に向けた進展は遅れることになった。政府は 2021 年末に排出削減の 2 大目標を堅持しつつ，石炭と再生エネルギーのベストミックスを推進すると発表している。

第 2 節　中国のカーボンプライシング

　中国は排出量取引制度への関心を高めており，幾つかの地域で実験を行った後，EU の排出量取引制度（EU ETS）を参考にして，2021 年に全国的な制度を導入している。中国の新たな取り組みについては世界から関心が寄せられおり，ここでは同制度について見ていくことにする。

中国版の排出量取引制度

　中国政府は気候変動対応として期待される政策のひとつとして，排出量取引制度（ETS）を重視しており，創設に向けた準備を進めてきた。政府は 2014 年にこの構想を発表しており，企業などの GHG 排出削減努力を促すために複数の地域で排出量取引制度を実験的に導入している。まずは深圳市，上海市，北京市，広東省，福建省で市場を創設し，その後は，天津市，重慶市，湖北省でも導入している。こうした実験を踏まえて，排出量の効果的な削減を目指して，国家発展改革委員会は，2017 年から国家レベルの排出量取引制度の導入に向けた準備に着手した。まずは，およそ 1 年間かけて法整備や取引に必要な市場サポートシステムを導入している。そして規制を整備し，2019 年には地方政府に対して全国 ETS に含める対象の選定のために，GHG 排出量が CO_2 換算で 2 万 6 千トン以上の閾値を満たす電力発電所のリストの提出を要請している。そして，およそ 2,225 社の電力発電所に対して排出枠をスポット市場で取引する仕組みで開始することにした。手始めに電力部門だけを対象とし，電力部門に対する排出枠の配分計画を発表し，コンサルテーションも実施して

いる。

　こうした準備段階を経て，2021 年 7 月に正式に世界最大規模の ETS を開始している。政府が GHG の排出枠の総量（キャップ）を決定し対象企業に排出枠を無料配布している。企業は排出量が排出枠を超えれば，下回る企業から排出枠の購入が必要になる。こうした取引により各対象企業が枠内に排出量を抑えることが期待されている。遵守できない場合にはペナルティが適用されるが，ペナルティは少額にとどまっている。現時点では対象は発電部門に限定しているが，将来的には鉄鋼，セメント，化学，電解アルミ，製紙，建材，航空など排出量の多い産業についても 2025 年までに拡大していく方針である。しばらくは企業負担を考慮して GHG 排出量の総量を大きめに見積もって排出枠の無料配布を増やして取引価格（炭素価格）を低く抑えている。そして，しだいに炭素価格を引き上げていく計画である。現在のところ，取引が少なく，炭素価格も低水準で推移している。1 トン当たりの平均炭素価格は当初 55 元前後（1,080 円程度）であったが，すぐに下落してしばらく 43 元程度（840 円強）で推移したのち，2021 年末には再び 55 元当たりとなっている。電力会社に対して無料で排出枠が配布されているが，多くの場合，自社の排出量を上回る排出枠となっているため排出削減のインセンティブが働いていないと見られる。電力会社は地域の排出量取引制度の規制対象になっているため，地方の排出量取引制度もまだ共存している。北京市と広東省については 2022 年に全国排出量取引制度にゆっくり移行を始めている。経済成長を損なわないように段階的に ETS 改革を進めていく計画である。

　中国の電力部門による年間総排出量は約 40 億トンであり，EU の取引対象の排出量が年間約 20 億トンなので，既に世界最大規模の排出量をカバーしている。ただし市場取引を増やし市場機能を発揮するには排出枠の配布を減らして炭素価格を引き上げていくだけでなく，市場整備にもある程度時間がかかるとみられる。2022 年はもう少し規制が強化され，炭素価格は幾分上昇すると見られている（Luyue 2022）。将来的には金融機関も取引に参加し，関連する金融商品が開発されていくとみられ，そのための規制の整備も進められていくことになる。中央銀行の中国人民銀行もこうした視点から市場整備の必要性を指摘している。中国には公式な排出量取引制度以外にボランタリーなカーボン

クレジット市場もあり，排出削減の認定制度を確立し，カーボンクレジットの質を高めていくことで，ETS のような公式なマンデートリーな市場との連関が高まる可能性もある。

　中国は EU が導入する予定の炭素国境調整メカニズムのような仕組みを国内で導入する考えは示していない。また，第1章でも触れているが，経済成長の観点から EU の炭素価格並みの高さ（83 ユーロ程度，11,500 円程度）まで炭素価格を引き上げることも全く考えていないようである。このため中国政府は EU が計画する炭素国境調整メカニズムに反対の立場を表明している。

第3節　中国のエネルギー市場改革と電気自動車促進策

　以上みてきたように，中国はかねてより経済社会発展の5カ年計画などを通じて国家主導で，エネルギー効率の改善や排出量の抑制に向けたさまざまな政策を打ち出している。その一環として再生可能エネルギーや EV などにも官民挙げて取り組んでいる。2015 年には今後 10 年間の製造業の発展を目指して「中国製造 2025」を提唱し，製造大国から製造強国への転換を目指して構造転換を図るとの目標を掲げている。その中の優先課題のひとつに，グリーン発展と称して，持続可能な製造強国建設のために，省エネ・環境保護の技術・工程・設備の普及と応用を強化し，クリーン生産を全面的に推進すると定めている。こうした政策により，再生可能エネルギー供給は大きく拡大しており，今後も一段と拡大していくことが見込まれている。第3節では再生エネルギーとも関係する最近の石炭電力に対する卸売市場改革や電気自動車促進策などを見ていくことにする。

石炭電力の卸売市場改革

　国家発展改革委員会は，2021 年 10 月に電力市場の自由化を進める政策を公表している。石炭火力発電事業者に対して，電力のすべてを卸売市場で販売すること，そしてその販売価格についてはより大きな変動幅を許容する仕組みへ変更している。すなわち，石炭長期契約のためのベンチマーク価格を維持しつ

つもそれをベースに毎月調整される価格上限について，それまでの10％上昇から20％上昇へと引き上げている。下限については15％下落幅を維持している。石炭火力発電ベンチマーク価格は各省の平均発電コストをもとに各省政府が決定しているが，後述するようにこのベンチマークは再生可能エネルギー価格の買取価格ともなっている。中国の電力会社は，国内産石炭の利用に関しては（一定以上の許可された生産容量をもつ）すべての石炭生産者と電力会社の間で長期契約の締結が義務づけられている。商業・産業のエネルギー利用者についてはこれまでの固定価格での調達は廃止したため，大手利用者は石炭エネルギーを卸売市場価格で調達することになった。これらの政策により，石炭火力発電事業者はこれまでよりも変動する卸売価格（ベンチマーク価格と変動幅）に直面することになり，燃料価格が高騰しているときは利益を確保するために卸売市場での販売価格を上限まで引き上げることができるようになった。一方，そうした電力を利用する企業などはこれまでよりも卸売価格の上昇に直面することになり，利益を維持するために小売価格への転嫁を進めなくてはならなくなっている。

　一方，この新しい制度のもとで，エネルギー利用者が風力・太陽光発電や原子力発電の事業者から卸売市場で購入する価格はベンチマーク価格に連動するため，石炭火力発電事業者のような変動幅の拡大に直面していない。このため，石炭卸売価格が高騰しているときは再生可能エネルギー事業者から電力を購入する方が相対的に安く電力を調達できることになる。その結果，再生可能エネルギーへの産業からの需要が高まり，一段と石炭から再生可能エネルギーへと転換が進む可能性もある（Fishman and Zhang 2021）。すなわちエネルギー価格に関する市場改革は，石炭火力発電事業者にとっては利益をより確保しやすくなるのでこれまでよりも安心して電力発電ができるようになった一方で，中長期的には再生可能エネルギー事業者や原子力発電事業者との競争が高まっていくことも予想される。さらに2021年12月には2022年の石炭長期契約の卸売価格についても変動幅の上限をさらに引き上げて，ベンチマークから30％上昇幅としている。これにより，中国の石炭卸売価格は市場価格をより反映するようになっている。

再生可能エネルギー供給の拡大政策

　中国の再生可能エネルギーについては2000年代半ばまでは水力発電が中心であったが，その後は，2006年に「再生可能エネルギー法」を施行したことで，風力発電などの再生可能エネルギーにも注力するようになっている。2009年からは風力発電に対して，2011年からは太陽光発電について，送配電事業者が固定価格で買い取る固定価格買取制度（FIT）を導入している。再生可能エネルギー供給業者からの買取価格を保証し電力の全量買い取りを始めたことで，大きく電力供給が拡大している。買取価格は，買取費用の増加を抑制するために，再生可能エネルギー供給事業者によるオークションで決定し，「石炭火力発電価格」とオークション価格の差額が補填される。発電費用と一定の利益マージンを確保できる範囲で，政府の補助金によって固定価格が保証されている。また送配電事業者は再生可能エネルギー発電事業の系統接続を義務づけられている。そのほか農林業からの廃棄物や生活ゴミからのバイオマスなどの電力供給も増えている。

　その後，2021年6月に，国家発展改革委員会は新規の太陽光・風力発電所については，補助金を使った固定価格での買い取りはなく，各省の「石炭火力発電ベンチマーク価格」を基準にすると発表し，固定価格買取制度からの転換を図っている。この理由は，風力・太陽光の発電設備容量が大きく増えたことや技術進歩もあって発電コストが低下しているからである。中国には，前述しているように，電力卸売市場においてベンチマーク価格で電力を買い取る制度がある。ベンチマーク価格は，火力（石炭，天然ガス），水力，原子力について省内の平均的な発電コストをもとに各省政府が決定している。また，再生エネルギーの新しい買取価格は，石炭価格ベンチマークを基準にすると定めた。中国では，現在，再生可能エネルギーの発電コストが石炭火力発電のベンチマーク価格を下回るようになっているため，石炭ベンチマーク価格が再生可能エネルギーの買取価格になっても再生可能エネルギー事業者の収益力が十分改善できる可能性がある。条件の良い新規の再生エネルギープロジェクトは高い収益が期待できるようになっており，さらなる投資拡大が期待できると政府は強調している。

世界最大の電気自動車市場を実現

　中国は自動車産業についても GHG 排出削減と深刻な都市部の大気汚染の改善を図るために，自動車の排ガス規制を強化しながら，政府主導の産業政策の一環として EV 市場を発展させてきている。政府は 2030 年までに新車販売の40％を新エネルギー車が占めるよう，拡大していく目標を掲げている。現時点でEV は既に世界トップの生産規模と販売市場を実現している。EV など新エネルギー車の新車販売に占める割合は，2019 年にはわずか5％程度に過ぎなかったが，これを 2025 年までに 20％前後，2030 年までに 40％前後，2035 年までに 50％超まで高めていく計画である。新エネルギー車は，EV，プラグインハイブリッド車，燃料電池車に限定されており，日本車メーカーが競争力をもつハイブリッド車は含まれていない。しかも新エネルギー車の 95％以上はEV としており，EV を最も重視する戦略をとっている。ガソリン車はすべてプラグインハイブリッド車に切り替えていき，ガソリン車に占めるプラグインハイブリッド車の比率を 2025 年に 50％，2030 年に 75％，2035 年には 100％まで高めることで，ハイブリッド車やガソリン車などは製造・販売を停止していく方針である。

　EV の普及を図るために，主として地場の自動車メーカーに対して，一定数量以上の新エネルギー車の生産・販売を要請し，新エネルギー車の生産に対して補助金を支給している。さらに，都市部では交通渋滞や大気汚染を改善するために新車に対するナンバープレート交付に厳しい規制が適用されているが，EV 車については対象外としているため EV 需要を喚起する政策効果がある。さらにタクシー業者に対して新エネルギー車の利用の促進や利用の義務づけ，および利用者に補助金を支給して需要を高めるインセンティブも付与している。農村地域でも公共交通に新エネルギー車を積極的に採用している。国産の新エネルギー車が選好される傾向があるため国産メーカーの生産拡大の追い風となっている（小林 2020）。

　こうした政策が功を奏して，中国資本の ByD（比亜迪），上海汽車集団，長城汽車などのメーカーが多数成長し，大きく EV の生産台数を増やしている。関連するサプライチェーンの国産化も目指している。水素燃料電池車についても生産とそのためのサプライチェーンの整備を始めており，幾つかの地域で既

に実証実験を始めている。新興テクノロジー企業も開発に参加しており，石油部門の大手国有企業などが水素ステーションの設置などを行っている。こうした中国の新エネルギー自動車市場は市場規模でみた将来性の高さから，米国，日本，欧州の自動車メーカーも中国へ積極的に直接投資を行っている。

第4節　中国のグリーンファイナンス戦略

　中国の中央銀行である中国人民銀行は2021年4月にカーボンニュートラルの達成に向けて，グリーンファイナンス市場発展のための一連の支援策を実施していくと発表している。中国のサステナブルファイナンスでとくに世界が注目するのは，独自のタクソノミーを策定しており，近年そのタクソノミーについてEUと協議を実施し，整合性を高めていることにある。

中国版タクソノミーの策定：グリーンボンド・カタログ
　中国ではグリーンファイナンス市場の育成に向けてさまざまな政策を実践している。代表的なものが，中国版タクソノミーの策定である。中国人民銀行主導のもとで，最初の Green Bond Endorsed Project Catalogue（以後，カタログ）が2015年に発表されている。これはグリーンボンド発行に向けて調達した資金がグリーンな活動に配分されることを確実にすることを目的として，グリーンな活動を分類したものである。中国共産党中央委員会と国務院によるイニシアチブの下で，中国人民銀行が金融機関によるグリーンボンド発行を促す目的で策定したものである。6つの主要な分野（エネルギー保全，汚染防止・抑制，資源保全とリサイクル，クリーン輸送，クリーンエネルギー，生態系の保全と気候変動の適応）の下に，それぞれ詳細なプロジェクトがリストされている。
　その後，これとは別に，中国証券監督管理委員会，上海証券取引所，深圳証券取引所および中国銀行間市場交易商協会が共同でグリーンボンド発行ガイドラインを公表している。この結果，中国には2つのガイドラインが共存することになったため，2019年に7つの関係省庁，国家発展改革委員会，中国人民

銀行等から構成される委員会を組織し，共同で最初の単一グリーンインダスト
リー・ガイドライン・カタログを策定している。2020 年には統一したカタロ
グについて，中国人民銀行が，証券監督管理委員会と国家発展改革委員会と共
同でさらなる改訂を実施している。2020 年版カタログにおいては低効率な石
炭火力発電所は除外している。中国の分類法は，適格とみなせる経済活動とプ
ロジェクトについて各セクターおよびサブセクターについてリスト化する手法
で，ホワイトリストの形式をとっている。

　2021 年 4 月に中国人民銀行の易綱総裁は中国の「博鰲（ボアオ）アジア
フォーラム」主催の金融支援カーボンニュートラル・ラウンドテーブルにオン
ライン出演し，国家発展改革委員会と中国証券監督管理委員会と協力してカタ
ログを改訂すると発表している。2021 年版カタログで興味深い点は，石炭火
力発電プロジェクトをカタログから削除することで，EU タクソノミーや国際
的なグリーンボンド基準との整合性を高めた点にある。2020 年カタログでは
低効率な石炭火力発電所の建設は削除したが，クリーン石炭発電（超臨界圧発
電，超々臨界圧発電など）の建設は含まれていた。これに対して EU では石炭
をタクソノミーから除外していることや，世界でグリーンボンドの発行でよく
利用される国際資本市場協会（ICMA）のグリーンボンド原則には石炭はグ
リーンな活動に含まれていない。このことから，欧米の ESG 投資家から批判
が寄せられたため，2021 年カタログでは削除する対応に踏み切っている。

　さらに，2021 年カタログでは，原子力発電所の建設・運用や原子力機器の
製造を新たに対象として含めている。これは，カタログが発表される前の
2021 年 3 月に開催された全国人民代表大会において，中国政府が「安全性を
確保しながら原子力を積極的かつ秩序立てて開発していく」との明確な方針を
打ち出したことを反映した措置である。カーボンニュートラルの実現のため
に，再生可能エネルギーとともに原子力発電も有力な手段と見なす判断をした
ことになる。第 4 章で示したように，EU では原子力発電所は環境的に持続可
能な活動と見なしているが，厳しい基準をつけてトランジションな活動と位置
づけている一方で，イギリスでは原子力発電を積極的に推進している。

　もうひとつ中国の 2021 年のカタログで興味深い点は，EU タクソノミー規
則において環境的に持続可能な経済活動として分類されるための条件のひとつ

である「すべての環境目標を害さないこと」という（DNSH）原則を参考にして適用したことにある（第4章を参照）。つまり，ある環境改善に資するプロジェクトがあるとしてもほかの環境目的に負の打撃を与える場合にはグリーンと見なさないことになる。その一例として，廃棄物処理プロジェクトはこれまでのカタログではグリーンとみなされていたが，過剰にエネルギーを消費するため，エネルギー消費の節約にはつながらないことから2021年版カタログからは除外されている。

中国人民銀行は，現在のカタログはグリーンな活動のみに適用されているが，将来的には，EUタクソノミー規則でも明記しているようなトランジションな活動についても新たに基準を用意する可能性を示唆している。こうした中国版タクソノミーの策定は，グリーンボンド市場の拡大に大きく寄与している。

EUと中国で進展するタクソノミーの互換性協議

EUは，国際的な協調体制を高めるために，複数の諸国とサステナブルファイナンスに関する国際プラットフォーム（IPSF）を創設している。EUのサステナブルファイナンス行動計画の一環として，EUのサステナブルファイナンス戦略をEU域内だけでなく，国際的にも普及させる狙いがある。2019年10月にアルゼンチン，カナダ，チリ，中国，インド，ケニア，モロッコなどと立ち上げている。その後，香港，インドネシア，イギリス，日本，ニュージーランド，ノルウェー，シンガポール，スイスなどがメンバーとして加わっている。2020年には，IPSFの傘下に，サステナブル投融資を加速するために，タクソノミーのアプローチに関する共通見解をまとめるためのワーキンググループを組織している。これは14カ国・地域とのワーキンググループで，EUと中国が共同議長を務めている。世界では，EUタクソノミーと中国のカタログが存在感を高めているため，EUと中国が類似点と相違点を比較する機会があることは重要だとの認識がある。IPSFはその後タクソノミー・ワーキンググループに加え，環境情報開示や環境商品基準に関するワーキンググループなども発足させている。こうした動きに中国が参加していることは，習近平氏が2021年の海外で新規石炭発電の建設を停止すると宣言したこととあいまって，

世界で歓迎されている。

　タクソノミーについての世界の対話が進み，まずはグリーンファイナンスのためのタクソノミーで透明性や互換性などが進むことが，世界のサステナブルファイナンスの発展には重要である。将来的には，そうした議論を通じて，国際的な共通のタクソノミーに収斂していくことが期待されている。現在，タクソノミーで先行する EU とカタログを策定し大きなグリーンボンド市場を有する中国を中心に，これらの間の共通点や違いを洗い出し互換性の確認などの作業が進められている。中国では，EU タクソノミーを意識して改定を進めており，少しずつ EU タクソノミーとの整合性を高めているようにも見える。そうした行動が，中国のグリーンボンド市場に対する海外投資家の関心を高めており，中国のカーボンニュートラルに向けた投資の促進とそれをファイナンスする金融市場の国際化が進んでいくと予想される。

　2021 年に国際連合経済社会局（UN-DESA）と IPSF は共同で将来的なタクソノミーの互換性の可能性を念頭におきつつ，既存の国際的なグリーンボンド原則や EU タクソノミーや中国のカタログを始めさまざまな既存の分類表をレビューした報告書を公表している。EU ではタクソノミーは法制化されており企業・金融機関の情報開示でタクソノミーの利用が義務づけられているが，中国ではカタログの利用を法制化していないもののグリーンボンド発行者は利用する義務があると報告書では解説している。また中国のカタログがグリーンかグリーンでないかを分類するホワイトリストであるのに対して，EU タクソノミーは 6 つの環境目標に関する技術スクリーニングクライテリア（閾値など），ミニマムセーフガード，および環境目標のどれも著しく害するものではないことといった基準で構成されているといった違いを取り上げている。また，同報告書では互換性を高め，将来的に共通のタクソノミーを策定するために幾つかの提言も行っている（UN-DESA and IPSF 2021）。

中央銀行が主導するグリーンファイナンス戦略

　中国人民銀行は，前述の 2021 年 4 月のボアオアジアフォーラム会議でグリーンファイナンス市場発展を目指して，グリーンボンドとグリーンローンについて中央銀行が銀行などの金融機関に対して実施する資金供給（貸付ファシ

リティ）の適格担保に含めると発表している。同時に，金融機関に対してグリーン関連の投融資などのパフォーマンスをもとに評価付けを実施すること，および預金保険料率や金融機関に対する健全性のチェック（ストレステスト）の実践などを必要な対策として挙げている。また銀行を対象に投融資活動のグリーン化の一環として，GHG排出量の測定と排出削減を強化する計画を発表している（第7章を参照）。この内，金融機関のグリーン投融資活動に対する評価システムについては，現在，実証プログラムを一部の金融機関と実施している。ここでは，さまざまな融資案件のCO_2排出量を測定して，気候変動リスクと環境リスクを評価するように要請している。全国的なCO_2会計システムの確立も目指しており，四半期毎に銀行のグリーンローン評価を行うための手法も模索している。グリーンボンドについてもCO_2排出量パフォーマンスを評価するシステムについても研究を進めている。中国人民銀行は，2021年11月からはグリーンプロジェクトに融資する銀行に対してその資金の6割を優遇金利で貸し付ける低利資金供給制度を導入している（第7章を参照）。

　気候ストレステストについても，実施する計画を進めている。通常のストレステストでは，金融機関に対して複数の極端なシナリオ（たとえば深刻な景気後退の発生など）を想定して財務と自己資本への影響を検証することを目指している。中国では気候シナリオ分析を一歩進めて，こうしたストレステストに気候変動の観点を組み入れて自己資本規制の調整を実施していくことを世界に先駆けて決定している。イギリスやEUの金融当局もこうしたストレステストや金融規制の可能性を意識して検討を進めているが，現段階では気候シナリオ分析にとどまっており，財務や自己資本の過不足などに環境基準を入れるにはもう少し詳細をつめる必要があると判断している（第7章を参照）。

中国の対外投資に関するグリーン投資原則

　対外投資のガイダンスについての興味深い動きとしては，2018年にイギリスの地方政府シティ・オブ・ロンドンのグリーンファイナンス・イニシアチブと中国金融学会のグリーンファイナンス専門委員会が，2018年に英中グリーンファイナンス・タスクフォース会議を開催し，「一帯一路のためのグリーン投資原則」を発表したことが挙げられる。同原則の策定には，国連責任投資原

則（PRI），国際金融公社（IFC）の持続可能な銀行ネットワーク，中国工商銀行，グリーン一帯一路投資家アライアンス，世界経済フォーラム（WEF），米国の Paulson Institute も協力している。著名した機関は，ESG などのサステナビリティ要素を企業の戦略と管理システムに組み入れること，ステークホルダーと対話を進めること，環境リスク分析や情報開示を進め，紛争解決メカニズムを導入すること，サプライチェーンのグリーン化に努めることなどの 7 原則が掲げられている。中国政府が推進する一帯一路プロジェクトに，新しくグリーンファイナンスの観点を組み入れたもので，PRI の責任投資原則を参考にして策定されている。一帯一路プロジェクトに関与する企業に対しては自主的に 7 原則に署名することが期待されている。ちなみに英中グリーンファイナンス・タスクフォースは，2012 年にロンドン市長が中国を訪問した際に，中国人民銀行のエコノミストの馬駿氏が賛同して始めたイニシアチブである。この原則には複数の中国と海外の金融機関が署名している。こうしたイニシアチブは，中国による途上国での脱炭素・低炭素活動を支援することにもつながるため，習近平国家主席が 2021 年に公約した海外の新規石炭発電建設停止の宣言とともに，世界では前向きな動きと受け止めている。

　一方，2021 年 7 月に，中国商務省と生態環境部は対外投資について新しい環境基準を発表している。拘束力のない自主的なガイドラインで，中国企業に対して，自国よりも相手国の環境基準の方が厳しい場合には，相手国の環境基準を順守することを検討するよう促している。金融機関についてもプロジェクト支援で環境的な配慮をするといった宣言も明記している。こうした環境基準について，IMF は実際の効果について否定的な見方を示している。その理由として，中国で現在拘束力のある対外投資に関するガイドラインは，ホスト国の基準を順守することを義務づけているだけなので，それ以外の規定はほとんど任意の扱いとなっていることを指摘している。その結果，中国の国内基準が海外投資に関する規制より強い影響力を及ぼしている可能性があるため，自主的ガイドラインの効果を疑問視している（IMF 2022）。そのうえで，中国が一帯一路プロジェクトについて環境基準を任意の自主的ガイドランから義務化へ転換し，相手国の規制が中国より緩い場合にのみ中国の規制を適用するように取り組むべきと提言している。また中国が海外投資について国内基準ではな

く，国際的な基準を採用すれば，グリーンファイナンスの発展にも役立つし，民間投資家による参加も期待できると提案している。

拡大するグリーンボンド市場

　中国のグリーンボンド市場ではカタログの策定や政府の後押しもあって発行額が急増している。2020年の発行額は新型コロナ感染症危機の影響もあって減少したが，それでもドル建てに換算すると400億ドル（5.1兆円程度）にも達しており，日本（88億ドル）の4.5倍にもなる（図表5-4）。中国のグリーンボンドはカタログなどをベースにして発行しているため，ICMAなど国際的なグリーンボンド原則に依拠することは義務づけられていない。幾つかの中国の発行体の中には国際的な原則にも依拠して国内外でグリーンボンドを発行している。このため発行額の半分程度が国際的な原則と整合的に発行されているに過ぎない。一方，日本のグリーンボンドは政府のガイダンスもあって国際的な原則にもとづいて発行されている。ただそうした国際的な原則にそったグリーンボンドだけに限定しても，中国の発行額は日本の2倍以上にも達する規模となっている。

図表5-4　中国と日本のグリーンボンド発行額の推移

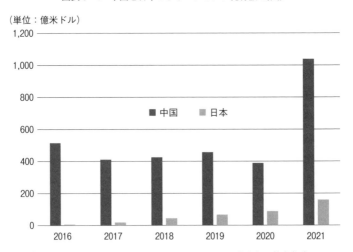

出所：Asian Development Bank, Asian Bond Online をもとに筆者作成。

　2021 年の中国のグリーンボンド発行額は，中国政府が環境政策を強化した こともあって大きく増えて 1,039 億ドル（13 兆円程度）にも達している。日本 の 6.5 倍に相当する。また 2018 年までは金融機関によるグリーンボンドの発 行が多かったが，現在では企業による発行が増えている。今後は国際投資家の 信頼を高めて海外からの資金を呼び込むためにも，国際的な原則も取り入れ て，EU タクソノミーとの整合性を一段と高めていくことが期待されている。 なお，中国では社会的観点を含むボンドの発行は限定的である。中国ではソシ アルボンドはほとんど発行されていないが，日本では 2021 年に発行額が増え て 101 億ドル（1.3 兆円弱）に達している。環境や社会的な使途に配分される サステナビリティボンドについても 2021 年の発行額は 68 億ドルで，日本の発 行額（97 億ドル）を下回っている。もっとも中国ではグリーンボンドの発行 額が巨額であるため，全体としての中国のサステナブル関連のボンド市場の大 きさが際立っている。なお，環境・社会といった指標のパフォーマンスに利息 などの融資条件を連動させるサステナビリティリンクボンドについては，2021 年に発行額が増えて 76 億ドルとなっており，日本の 11 億ドルを上回ってい る。

世界第 1 位のグリーンローン市場

　中国ではグリーンローン市場も急速に拡大している。グリーンローンについ ては中国人民銀行によれば，2021 年のグリーンローン（元建て，外貨建てを 含む）は約 16 兆元（2.4 兆ドル）に達したと発表している。グリーンローン残 高でみると前年比 33％も増加している。グリーンローンの使途はエネルギー 保全，クリーンエネルギー，電力のグリーン化，輸送・倉庫・郵便サービスの グリーン化などのプロジェクトへの融資から構成されている。規制当局の中国 銀行保険監督管理委員会が 2012 年にグリーンローンに関するガイドラインを 発行しており，さらに，2013 年にはグリーンローンの統計作成について， 2014 年にはガイドラインを実践するための主要な評価指標について発表して いる。しかし，グリーンボンドのカタログのような明確なタクソノミーがない ため，カタログと整合的な分類体系がローンにも適用されることが望ましい。 金融機関は半年毎にグリーンと定義するローンについて，融資によるインパク

トについて報告することが義務づけられている。たとえば，クリーンエネルギー，エネルギー保全，GHG排出量の削減，節水や水の廃棄，生態系の再生，災害防止，リサイクル，汚染の防止，農村での安全な水，建物のグリーン化，交通手段のグリーン化などへのインパクトを報告する必要がある。少なくともAA以上の信用格付けをもつ企業に対して一定の条件を満たすグリーンローンを組成した金融機関に対しては，その貸付けに対して中国人民銀行から優遇金利で貸し付けを受けることができる。

　このように中国のグリーンローン市場規模は非常に大きいが，IMFはグリーンローンの基準が国際的な基準よりも緩い点を問題点として挙げている（IMF 2022）。このため中国の金融システムではGHG排出の多い企業は気候変動関連の財務リスクに大きくさらされているため気候変動リスクが高いと警告を発している。もっともグリーンボンドに関するカタログにみられるように，EUを参考にして整合性を高めているのも事実である。中国とEUとの協議が今後も継続されることが重要であり，中国人民銀行もグリーンファイナンスの育成のためにさらなる改革が必要なことは認識している。中国は，第1章でもふれている気候変動リスク等に係る金融当局ネットワーク（NGFS）のメンバーでもあるため，国内銀行に対してNGFSの気候シナリオ分析を参考にしたストレステストの実施，TCFDガイドランにもとづく情報開示，EUの企業・金融機関に対する情報開示ルールのような開示規制などを参考にして少しずつ取り組みを進めていくことが期待されている。

第6章

環境意識の高い州政府，投資家，市民社会が生み出す米国のダイナミズム

　米国ではドナルド・トランプ政権時代にパリ協定から離脱し気候政策が停滞していたが，民主党のバイデン氏が 2021 年 1 月 20 日に大統領に就任すると，世界最大の経済大国である米国の気候イニシアチブへの世界の期待が一気に高まった。実際，バイデン大統領は就任直後にパリ協定への復帰を申請し翌月 19 日には復帰を果たしている。同年 4 月には気候変動に関する首脳会議（サミット）を主催し，2050 年カーボンニュートラル宣言をしている。また 2030 年までに GHG 排出量を 2005 年と比べて 50〜52％削減，2035 年までに電力部門における炭素汚染ゼロ（脱炭素）を実現するといった野心的な目標を打ち出している。サミットには中国，欧州，日本を含む 40 カ国・地域の首脳が参加し，気候対応への機運を盛り上げることに成功を収めた。新政権の出足は順調で気候政策を円滑に推進できると思われたが，気候政策の柱となる幾つかの重要な政策で議会の賛同が得られておらず，排出削減目標の実現性については不確実性が高い。その一方で，サステナブルファイナンス分野では ESG 拡大につながるような米国証券取引委員会（SEC）による情報開示などの政策対応も見られつつある。米国では政権政党が変わるたびに気候政策が振り回されており，一貫した政策を遂行できないという課題に直面している。もっともそれを補うようなダイナミズムが米国社会にはある。カリフォルニア州など独自に積極的な気候政策を推進する州も多い。環境意識が高く世界的にリーダーシップを発揮するマイケル・ブルームバーグ氏（現在は国連事務総長気候野心・ソリューション担当特使）など活動的な大手企業の CEO も多く，大手企業の気候変動対応への動きは早い。ESG 投資家や市民社会の活動も活発である。第 6

章では，そうした米国の最近の動きを見ていくことにする。

第1節　バイデン政権のもとでの気候政策

　米国の1次エネルギー消費量をみると，石炭が大きく減って再生可能エネルギーが増えている。電力部門で2000年代から風力を中心とする再生エネルギーが拡大していることによるものである。技術革新により再生エネルギーの電力コストが石炭の電力コストを下回っていることもあるが，税制によるインセンティブも功を奏している。対象となる再生可能エネルギープロジェクトや設備投資には投資税額控除，住宅エネルギー控除，加速原価償却制度などが適用されている。再生可能な電力・バイオ燃料の技術開発への補助金も支給されている。

　その一方で，1次エネルギー消費量と電力における天然ガスの消費量が増えている。国内で天然ガスの生産も増えており，輸出用の生産も増えている。天然ガスの輸出拡大によりガスの貿易収支が黒字化している。この背景にはシェール革命がある。米国のガス部門では2011年頃から新しい採掘・水圧破砕の技術革新もあって安くガス生産ができるようになっており，これまであまり手をつけてこなかったシェールガス生産が急増している。天然ガス価格の低下につながったため米国経済や雇用の拡大にも貢献している。そのほか石油も1次エネルギーとしての消費量は高い水準にある。ガス・石油ともに以前ほど中東地域からの輸入に依存しなくてすむようになり，地政学上のリスクは軽減している。もっとも水圧破砕技術は大量の水消費を伴い地下水を潜在的に危険な化学物質で汚染するリスクやコミュニティへの影響など環境社会的問題を懸念する声もある（European Parliament 2013）。

　石炭火力発電の減少により2008年頃からCO_2排出量は減っているが，1次エネルギーに占める化石燃料の割合がまだ8割弱と高いためGHG排出量は，中国につぐ世界第2位の排出国となっている（図表6-1）。電力については6割程度が化石燃料（石炭と天然ガス）で構成されている。国土が大きく自動車を利用する人が多いこともあってGHG排出量の最大の源は運輸・交通部門

図表6-1　米国のエネルギー源別の CO_2 排出量の推移

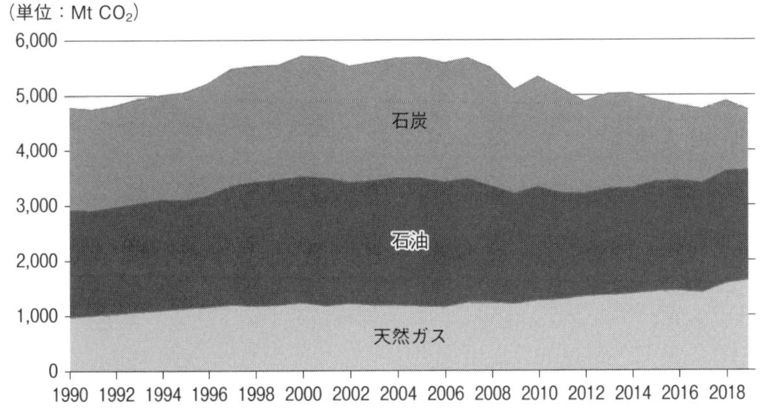

（単位：Mt CO_2）

出所：IEA のウェブサイト

で，全体の3割程度を占めている。次いで電力部門が25％ほどを占めている。米国がさらなる排出削減をしてカーボンニュートラルを実現するには，運輸・交通部門における EV や水素燃料自動車への転換，および電力部門ではガス生産の排出量を減らす技術の開発（CCUS，水素など）と再生可能エネルギーへの一層の転換を図ることが必要になっている。

市民社会のバックアップをうけて始まった気候政策

　バイデン大統領は，就任早々，矢継ぎ早に大統領令に署名して大統領権限で可能な環境関連のさまざまな規制対策や措置を講じている。公用車のゼロエミッション車の採用，公有地とメキシコ湾の海域での石油・ガス部門への新規鉱区リースの停止，化石燃料部門への補助金撤廃，主なパイプライン建設許可の失効，国有地での再生可能エネルギーの供給拡大と風力発電の倍増，クリーンエネルギー技術開発への支援，気候変動の適応への対応など一連の政策を打ち出し，政府の関連部署に計画の策定と実践を指示している。化石燃料関連で補助金を撤廃し国有地のリースを禁止する一方で，再生可能エネルギー供給のために国有地利用を促進する政策は，間接的に炭素価格を引き上げる政策ともみなせる。

　トランプ政権は，米国環境保護庁（EPA）や内務省を通じて自動車の排ガ
ス規制を緩和し，米国環境法の下で定めた環境規制などを緩和してきた。たと
えば石炭火力発電所の排水規制の緩和やアラスカの北極野生生物国家保護区に
おける石油・天然ガスの採掘を自由化し，空気汚染基準の強化策を拒否すると
いった一連の反環境政策を実施してきた。シェール革命もあり，米国の石油・
天然ガス産業は急速に発展したが気候変動への対応が大きく遅れている。そこ
でバイデン大統領はトランプ政権が実施した政策をまずは大統領令で変更が可
能な分野から撤回に取り組んでいる。

　バイデン大統領の気候イニシアチブと 2021 年 2 月 19 日に米国がパリ協定に
復帰したことを記念して，米国の市民組織が強い支持を表明している。1,300
以上の企業と機関投資家，165 の地方政府，156 の大学，360 程度の NGO や医
療機関など総勢 2,000 近い組織が集結して国内外の気候アクションを総動員し
て社会・経済変革を起こしていくためのイニシアチブ「America is All In」を
立ち上げている。このイニシアチブは，トランプ政権によるパリ協定離脱の
決定に批判的だった 2 つの市民団体がひとつに統合されたもので，マイケル・
ブルームバーグ氏，ワシントン州知事のジェイ・インスレー氏，ノース・カ
ロライナ州シャーロット市長のヴィ・ライルズ氏，そしてロイド・ディーン
CommonSpirit Health CEO の 4 人が共同議長を務めている。America is All
In は，2021 年 4 月にバイデン大統領が国連気候変動枠組条約事務局に提出
する「国が決定する貢献」（NDC）として 2030 年までに GHG 排出量を 50〜
52％に削減すると公約するとすぐに強い支持表明を発表している。このイニ
シアチブには，ウォルマート，GAP，スターバックス，マクドナルド，コカ・
コーラ・カンパニー，ペプシコ，ネスレ，ユニリーバ，ケロッグ，グーグル，
マイクロソフト，アマゾン，フェイスブック，アップル，イーベイ，ペイパ
ル，インテル，デル，パタゴニア，ティファニー，ターゲットを始め名だたる
大企業が賛同を表明している。州政府としては，カリフォルニア州，ワシント
ン州，バージニア州などが参加している。また，America is All In は，気候
経済モデル分析をもとに 2030 年までに GHG の 50％削減は可能であるという
技術文書も公表している。

　ちなみに前述した 2 つの市民団体のひとつは，米国がパリ協定から離脱した

2017 年に 1,200 以上の企業，投資家，地方政府，大学，NGO などが集まって「We are Still In」（我々はパリ協定の残る）を宣言して発足したもので，ESG 投資を推進する米国 NGO の Ceres と WWF などが運営する連盟である。もうひとつの組織が America's Pledge で，ブルームバーグ・フィランソロピーズが複数の大学やシンクタンクと共同で実施してきた市民活動である。

　バイデン大統領は 2021 年 6 月に石油・ガス産業などからのメタンガス排出を規制する決議案に署名し，同案は成立している。メタンガス排出規制はバラク・オバマ政権時代に制定されたが，トランプ政権によって 2020 年に撤回されていた。バイデン政権によって提出された同規制の再導入に関する議案については民主党議員が過半数を占める下院では通過したが，上院ではいわゆるフィリバスター（議事妨害）を排除して単純過半数で可決できるという議会審査法の仕組みを利用した。一部の共和党員も賛成したことで上院も通過し同規制を復活させることができた。

　さらに 2021 年 11 月には超党派で 1.2 兆ドルのインフラ投資雇用法（Infrastructure Investment and Jobs Act）を成立させており，本格的な気候変動対策の第一歩を踏み出すことができた。ただしこの金額には既に財源を確保している歳出項目も含まれているため，それらを除く新規の歳出項目だけをみると 5,500 億ドル（63 兆円程度）に減額される。この内，EV 充電ステーションの設置や低排出車のインフラ整備に関する歳出は 150 億ドル，電力グリッドネットワークの整備費は 650 億ドルなどグリーン関連分野への投資により直接 GHG 排出量削減に貢献するものも含まれている。このほか，水道インフラ，道路・橋，鉄道，空港，港湾水路などの整備に関する支出も多く含まれているが，こうしたインフラの整備も GHG 排出量の削減につながると考えられている。このほか，米国市民のためのブロードバンドネットワークの整備や放棄鉱山・ガス田の修復なども含まれている。

難航するバイデン政権肝いりの気候政策

　ところが，その後の気候政策の進展ははかばかしくない。バイデン大統領が 2021 年 1 月に実施した公有地とメキシコ湾海域での新規鉱区のリースを停止する大統領令に対して，原油などを生産する州政府などが提訴し，2021 年 6

月にはルイジアナ州連邦地方裁判所が同州政府の提訴を認め仮差止命令が出ている。この結果, 米国内務省は2022年4月にエネルギー企業が事前に申請した土地の2割のみについてリースを再開することにし, その代わりにリース料金を大幅に引き上げている。

また, なかなか肝いりの気候政策への予算が議会で成立できないでいる。バイデン政権による「より良い再建法案」(Build Back Better Act) は1.7兆ドル程度 (216兆円) の財政政策であるが, この中には4,600億ドル程度のクリーンエネルギー関連の税額控除措置が含まれている。2021年11月に下院では成立したが, 上院では共和党議員と一部の民主党議員による反対もあって成立していない。そこで米国のESG投資推進NGOのCeresはユニリーバやパタゴニアを含む400程度の大手企業のほか, 機関投資家などとともに共同声明を発表し同法案を早期に成立させるよう連邦議会議員に対して呼びかけている。声明では, 再生可能エネルギーの導入促進が, 地球温暖化に伴う大自然災害の減少だけでなく, 産業競争力強化や雇用機会創出にもつながると指摘している。

米国では既に太陽光・陸上風力の発電コストがかなり低下している。IEAの平準化発電単価 (LCOE) Calculatorと呼ばれるウェブサイトでは, 発電コストに関する指標を電源構成別に示している。LCOEとは, 発電設備の建設, 運転, 廃棄物処理などに係る費用を現在価値に換算して, 運転開始から終了までの発電量で割って算出されている。これによれば, 米国では太陽光と陸上風力の発電コストが, すでに石炭や天然ガスなどの発電コストを下回っている。このため税額控除などのさらなる財政措置と気候政策によるインセンティブが与えられれば, 再生可能エネルギー供給の拡大はかなり進展すると期待されている。

バイデン政権が当初から推進してきた気候政策のひとつに, 「連邦クリーンエネルギー・スタンダード」と呼ばれる仕組みがある。これは一般家庭向けの電力を販売する企業に対して, その一定の比率を再生可能エネルギーまたは低炭素エネルギーから調達するよう義務づける制度である。しかし, 同じ民主党内の上院議員を含めて議会では広く賛同を得られていない。もうひとつバイデン政権が推進してきた「クリーン電力パフォーマンスプログレス」という仕組

みがある。この仕組みは電力会社に対して今後10年程度の間に化石燃料ベースの電力から再生可能エネルギーなどクリーンなエネルギーへの転換を促すために，電力会社が年間4％クリーンエネルギーを増やした場合，連邦政府からその伸び率に応じてグラント（補助金）を供与する一方で，十分クリーンな電力を増やさなかった電力会社に対しては連邦政府に逆に支払いを命じる制度である。このプログラムは電力会社による調整に時間がかかるため2023〜30年の8年間に適用するとしたが，共和党だけでなく一部の民主党上院議員からも賛同が得られず，断念している

　バイデン政権はカーボンプライシングの可能性も探ったようである。かつてEUのような排出量取引制度を参考にしてオバマ政権時代に，カリフォルニア州とマサチューセッツ州の民主党議員による共同法案が提出され，下院ではかろうじて成立したが，上院では議論や投票さえ行われることもなく実現できなかった。今回も連邦議会でカーボンプライシングへの支持があまり広がっていない。2035年というきわめて短期間に電力部門の脱炭素の実現を可能にするには大幅な再生可能エネルギー投資などの予算や再生可能エネルギーを増やすインセンティブが必要である。

　もっとも排ガス規制では進展が見られている。2021年12月に環境保護庁はトランプ政権時代に緩和された自動車排ガスの基準値を見直して1台当たりのGHG排出量に厳しい目標値を設定する新ルールを発表している。2023年から2026年製の乗用車と小型トラックに対して適用される。またクレジット制度を拡充し，基準値を超えて排ガスを削減した自動車メーカーはクレジットを獲得でき，将来に未達となる際に一定の条件のもとで活用できるようにする。これまでは自動車メーカーが未達分に充てるためのクレジットの繰り越し期間を最大5年としていたが，新しい規制では繰越期間を短期化し，環境規制を強化している。

現在の気候政策では排出削減目標が大幅に未達予想

　米国エネルギー情報局は，2022年3月に2021年11月時点のインフラ投資雇用法による気候政策までを織り込んだ現状の政策の下で，2050年までの米国におけるエネルギー消費量の予測を示している（米国エネルギー情

局 2022)。これによれば，1次エネルギーに占める化石燃料の割合については，現在の8割弱から2050年にはわずかに75%へ低下するに過ぎないとの見通しを示している。石炭利用は減少していくが石油や天然ガスが幾分増加していく一方で，再生可能エネルギーの割合は技術革新や政策誘導によって電力コストがさらに低下するため2021年の12%から2050年には20%へ拡大すると見込まれている。原子力発電は現状とほぼ同じ6%程度を維持すると見込む。化石燃料の国内生産については，原油生産がさらに増加して過去最大であった2019年水準を2023年頃に回復した後，さらに拡大を続けて過去最高水準を維持していくと予想している。また米国の天然ガスが国際的に割安なため米国産の液化天然ガスの生産・輸出が今後増えていくとの見立てである。この結果，2030年のGHG排出量は2005年に比べて23%削減に留まり，バイデン大統領の公約である2030年までに50~52%削減する目標の実現が難しいと予想されている。石油やガスの生産が増えていくのであれば，一段の気候政策と大規模なCCSやCCUSといった技術や水素技術の開発が必要になるが，今のところその動きは緩やかである。

第2節　地方政府による積極的な気候変動対応

　米国の連邦政府による気候政策が順調に進まないとすれば，地方政府や企業が自主的にどれだけ気候変動対応を実施していくかに期待がかかっている。米国では地方政府の権限が強く，幾つかの州では独自に気候政策を推進している。たとえば，30以上の州政府が公式に電力に占める再生可能エネルギー比率について数値目標を掲げている。中でも，環境対応でリーダーシップを発揮するカリフォルニア州は，2020年までに再生可能エネルギー比率33%目標を掲げていたが，既に2019年に前倒しで達成している。2021年3月にはこの数値目標を2045年までに100%へ引き上げている。

地方政府による脱炭素に向けたエネルギー政策

　米国では，電力関連規制については地方政府にも決定する権限があるため，

独自のエネルギー政策を遂行できる。カリフォルニア州では既に2045年までに電力部門のカーボンニュートラルを掲げている。コネティカット州も2019年には2040年までのカーボンニュートラルを宣言している。ワシントンDC（コロンビア特別区）についても2018年に電力の再生可能エネルギー化によってカーボンニュートラルを2032年までに達成すると公約している。そのほか，ニューヨーク州，バージニア州，マサチューセッツ州，ワシントン州など20程度の州が2050年かそれより前に電力発電のカーボンニュートラルを実現する目標を掲げている。こうした州には民主党の地盤が多い。共和党が支配する州でも再生可能エネルギーの供給が増えているが，石炭などの化石燃料を採掘する州を中心に気候政策から逆行するような動きも見られている。たとえば，インディアナ州の複数の市や郡がクリーン電力調達を禁止し，モンタナ州の複数の地方政府が炭素税を禁止している。ウエストバージニア州では電力発電会社に対して燃料供給をする際に，2019年の石炭消費水準の維持を義務づけている。

カリフォルニア州では，新築の建物について電化を目指してガス使用を禁止する規制強化を実施しており，同州の50程度の地方自治体が採用している。同州のバークレー市も2019年にガス使用禁止法案を採択しているが，この法律に反発したカリフォルニアレストラン業界団体が訴訟を起こしている。連邦エネルギー政策関連法ではそうした地方政府による法律策定を阻止しているとして，ガス使用禁止の撤回を求めて訴訟に持ち込んだのである。これに対して，米国エネルギー省は2022年2月に意見を表明し，米国憲法では地方政府に公共の安全や健康などを保護する権限を付与しているため，裁判所でそうした権限を奪うことは原則できないと指摘した。オレゴン州の地方自治体でも似たようなガス規制条例が制定されている。民主党が強い州での環境規制強化の動きが目立っており，バイデン政権下の連邦政府がそれをサポートする動きとなっている。エネルギー省は2021年11月にガスに代わる寒冷地用ヒートポンプの市場開拓プログラムで，6社を採択している。前述のBuild Back Better法案が可決すると，さらに多くの予算が投入できることになっている。

カリフォルニア州エネルギー委員会は同州の主要なエネルギー政策を計画する機関であるが，3年ごとに省エネ基準を採択している。同州では住宅と商業

施設による電力消費が7割程度も占めている。このため電力消費の削減を促すために，2021年8月にオフィス，病院・クリニック，小売店，レストラン，学校，劇場などに対して太陽光発電パネルと蓄電設備の設置を義務づける新しい規則を決議している。既に商業施設に対して太陽光発電パネルの設置が義務化されているため，新たに蓄電設備の設置を義務化することで送配電ネットワークの負担を低減することを目的としている。さらに，住宅や商業施設については，ガス式よりもエネルギー消費量とGHG排出量が少ない電気式ヒートポンプ技術を空間暖房や給湯に使用することを義務づける規則も設けている。戸建住宅については，暖房や調理器具の燃料をガスから電化に切り替え，EV充電スタンド導入を可能にする規則も定めている。

　ペンシルベニア州では，ガス火力発電所の建設プロジェクトの許可が却下されている。その理由として，米国のエネルギー経済・財務分析研究所（IEEFA）は，経済状況が変化していることを挙げている。たとえば将来の電力価格が不確実であることや地域の電力需要が横這いであること，再生可能エネルギーが増加していること，ESG投資家が化石燃料利用に対する懸念を深めていることなどを指摘している。またIEEFAによればさらにほかの化石燃料プロジェクトも撤回されていく見通しを示している。東海岸中部13州とワシントンDCの6,500万人の人口をカバーする電力ネットワーク地区では，すでに3つのガス火力発電所が中止となり，他の14のプロジェクトについても将来性が疑問視され始めている（IEEFA 2021）。この電力ネットワーク地区では，域内の電力供給のために毎年設備容量に応じた金額が支払われる容量オークションを実施している。これまではこのオークションを目指して設備容量を拡大するガス火力発電所の建設が増えていたが，太陽光・風力発電も拡大しつつある。またバイデン政権になってからは天然ガス供給のためのガスパイプラインの建設許可は通りにくくなっている。

　また，後述するように，北東部の州およびカリフォルニア州はそれぞれ拘束力のある排出量取引制度を導入している。電力会社など排出の多い産業を対象にGHG排出量の削減に寄与している。

カリフォルニア州のゼロエミッション車規制

　自動車規制については，連邦政府による燃費規制や排ガス規制があるが，地方政府も GHG 排出削減に向けて独自の気候政策を採用できるため，地方政府の動きが目に留まる。中でも，カリフォルニア州は大気浄化法の下で連邦政府が設定する基準の適応除外を受けているため，より厳しい独自の排ガス規制として，GHG と汚染物質の排出量を抑制する低排出車規制と，ゼロエミッション車規制を採用している。

　このうちのゼロエミッション車規制は，乗用車と小型トラックをカリフォルニア州の販売用に生産・流通する大・中規模企業に対して，販売台数の一定割合をゼロエミッション車（EV，燃料電池車，プラグインハイブリッド車）にするよう義務づけるユニークな規制である。もともとは低排出車規制の一環として 1990 年に導入されている。電力のみで走行できる距離が一定以上のゼロエミッション車に対して航続距離が長いほどクレジットが多く付与される仕組みである。そのクレジットをもとにゼロエミッション車の目標比率が毎年設定されており，2018 年 4.5％から 2022 年 14.5％，20224 年は 19.5％，2025 年以降は 22％へ引き上げる計画である。この比率の意味は，たとえば 2022 年 14.5％目標の場合，1 万台生産・販売するメーカーでゼロエミッション車のクレジットが 3 であれば，1,450 を 3 で割った 483 台用意しなければならないことを意味する（ジェトロ　2021b）。そしてこの規定を順守しているかを確認したうえで，未達成の場合には翌年までに同等数のクレジットでオフセットしなければならない。一定の期間内に達成できないと，1 クレジットにつき最大 5,000 ドルの罰金が適用される。一方，ゼロエミッション車を多く生産し基準を超えている企業は，超過分のクレジットを得ることができる。そのクレジットを将来の未達分に使うために保持するか，あるいは他の企業に販売することもできる。テスラは EV のみを生産する唯一の自動車メーカーなのでクレジットの余剰分が多く，それをジェネラルモーターズ，フォードなどクレジットが不足する他の自動車メーカーに売却することで多額の利益を得ている（図表 6-2）。売却金額は公表されていない。クレジットは GHG 排出量の多い自動車メーカーからゼロエミッション車を製造する自動車メーカーへの資金移転として機能しており，ゼロエミッション車のメーカーは製造のための研究開発や

図表 6-2　クレジット残高（2020 年 8 月現在）

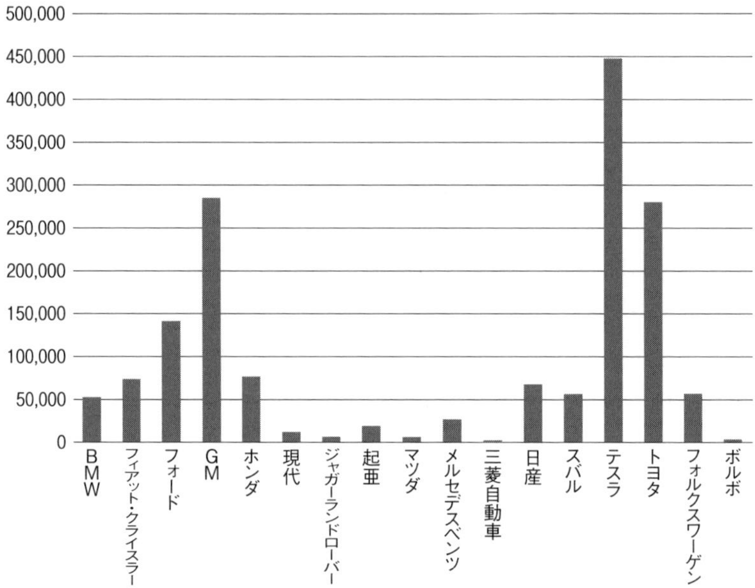

出所：ジェトロ（2021b）

設備投資に充てることができている。

　実際，ゼロエミッション規制などによってカリフォルニア州ではゼロエミッション車の販売が大きく伸びている。2021 年は同州の乗用車販売台数の 12％をゼロエミッション車が占めている。1 位はテスラで圧倒的なシェアを誇っている。こうしたゼロエミッション規制を導入しているのは，カリフォルニア州のほかに，コロラド州，コネチカット州，メイン州，メリーランド州，ニューヨーク州，ニュージャージー州，マサチューセッツ州，オレゴン州，バーモント州，ワシントン州，ロードアイランド州とワシントン DC などがある。

　カリフォルニア州のギャビン・ニューサム州知事は，2020 年 9 月に，州知事令に署名してガソリン車をフェーズアウトし，2035 年までに同州内で販売される新車の乗用車と小型トラックなどについてゼロエミッション車のみに限定すると発表し，そのための規制強化に着手している。この政策の一環として，カリフォルニア州政府は 2020 年 11 月に EV やプラグインハイブリッド車

を購入・リースする際に, 最大で約 17 万円の補助金を支給する制度を発表し
ている。同制度に事前登録した販売店を対象に開始しており, 消費者は申請登
録をする必要がなく販売時に値引きされた金額で自動車を購入・リースするこ
とができる。この補助金の原資は, 同州の自動車排ガス規制の認証手続きや作
動確認試験を実施する政府機関が運用する低炭素燃料基準プログラムに参加す
る電力会社が拠出している。この基準プログラムは 2011 年に開始されており,
車両技術の改善によって燃料消費から発生する CO_2 排出量を削減, および輸
送手段の多様化を目指すプログラムである。同プログラムに参加する電力会社
がクリーンエネルギーを発電するとカーボンクレジットが発行されこのクレ
ジットは他企業に販売することができる。このクレジットの販売益の一部が,
消費者の電気自動車購入の補助金の原資となっている。

　ニューヨーク州のキャシー・ホーチュル知事は 2021 年 9 月に改正環境保護
州法案に署名し, 乗用車と小型トラックについては 2035 年までに, 中型車と
大型車については 2045 年までに販売・リース・車両登録などをゼロエミッ
ション車に限定することを法定目標とする法案が成立している。ハイブリッド
車も禁止対象となっている。そして同州政府に対し, 2023 年までにゼロエミッ
ション車市場の開発戦略の策定を指示し, 低所得者を対象にゼロエミッション
車用の電気料金補助も盛り込んでいる。すでに, マサチューセッツ州では
2021 年に同様な州法が成立している。

第3節　米国のサステナブルファイナンス戦略と地方政府の　　　イニシアチブ

　ワシントン DC に拠点がある米国サステナブル責任投資フォーラム (US
SIF) によれば, 米国の資産運用会社によるサステナブル運用資産総額は,
2020 年に 17 兆ドル (2,200 兆円程度) にもなり, 運用資産全体の 3 割にまで
拡大していると発表している (US SIF 2020)。US SIF の調査によれば, 米国
では資産運用のリスク管理のために ESG を考慮する金融機関が多く, サステ
ナブル投資手法の中では ESG インテグレーション手法が最も人気があると指
摘している (第 2 章を参照)。

　ESG 投資家による旺盛な需要を受けて，米国のグリーンボンド発行額も増えている。コロナ感染症危機前の 2019 年のデータを見ると，発行額および累積発行額ともに米国が世界トップの発行規模を維持している（図表 6-3）。米国の政府支援金融機関の連邦住宅抵当金庫（いわゆるファニーメイ）によるグリーンボンドの発行額が非常に多いのが米国の特徴である。地方政府もグリーンボンドを活発に発行している。近年は金融機関の発行も増えている。またエネルギー会社や電力会社による再生可能エネルギープロジェクトの資金調達のためのグリーンボンドの発行も多い。

　米国のすぐ後を追うのが，中国でグリーンボンドの発行額が毎年増えている（第 5 章を参照）。EU は 27 カ国を合わせると発行額も累積発行額も世界第 1位となっている。米国で発行されるグリーンボンドは基本的には国際的なグリーンボンド原則の認証を受けていると見られる。ただし，後述するように，トランプ政権の下で ESG 投資を抑制する動きがあったことや，バイデン政権になっても気候政策の進展が遅れていることに加え，EU，イギリス，中国の

図表 6-3　2019 年のグリーンボンド発行額（左軸）と累積発行額（右軸）

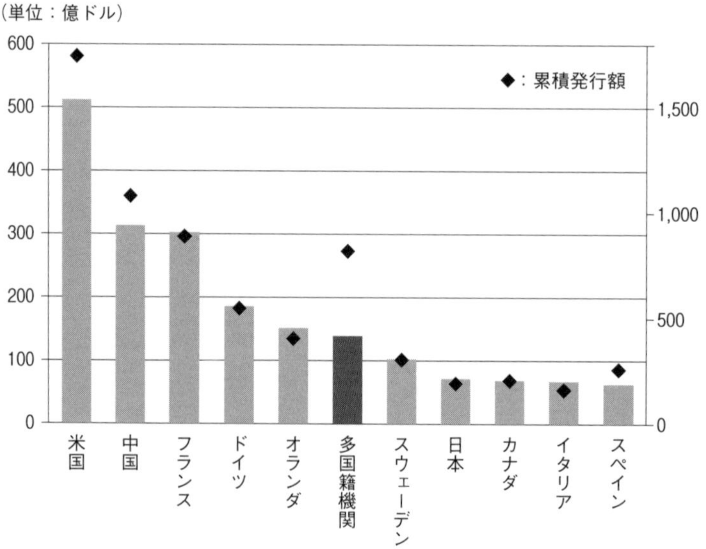

（単位：億ドル）

出所：Climate Bonds Initiative（2020）

ようなタクソノミーの策定，欧州のように年金基金に対して環境社会的な要素を考慮するような働きかけ，サステナブルファイナンス市場発展のための包括的な戦略の策定といった動きは緩慢である。このためカーボンニュートラル目標との観点でみたサステナブルファイナンスの貢献度は欧州に比べて分かりにくさがある。グリーン・ウオッシングの懸念は残されている。

トランプ政権時代の ESG 投資に関する見解

　米国における ESG 投資は気候変動や環境・社会的課題への関心が薄いトランプ政権時代でも大きく拡大しており，機関投資家の関心は強い。トランプ政権は市民社会や機関投資家による ESG 投資や企業に ESG の観点から行動変容を促すトレンドに対して批判的であり，そうした動きを牽制する政策対応が目立っていた。

　たとえば，労働省は2020年に企業年金が運用や運用商品の選定の際に金銭的なリターンのみを考慮すべきであるとし，ESG などの非金銭的リターンに焦点を当てるべきでないとする規則を決定している。また企業年金に対して環境・社会的課題に関する株主提案については投資先の財務に影響しない提案であれば議決権の行使は必要ないとする規則案も提出している。労働省によると ESG 投資を採用する企業年金の数は全体の1割程度に過ぎない。低迷する原因は，政党間で受託者責任の解釈の違いにある。ESG 投資や ESG 経営を推進する民主党と，それに批判的な共和党とで政権交代のたびに ESG 投資が受託者責任に反するか否かの解釈が変わっており，企業年金は投資に踏み切れずにいる。こうした規則変更は，民主党のオバマ政権時代に取り組んだ企業年金などが ESG 投資に積極的に取り組むよう労働省による解釈に関する通知を無効にする目的がある。この規則により，企業年金が ESG 関連の株主提案に賛同することが制約されるようになっている。

　また米国証券取引委員会（SEC）も環境・社会的課題に関する株主提案について提案が可能な株式保有額の最低限度額を引き上げることで，NGO や小規模投資ファンドなど少数株主による株主提案を難しくする規則を定めている。こうした労働省と SEC による規則はともにバイデン氏が大統領に就任する直前の2021年1月に施行されている。

　さらに，銀行を監督する通貨監督庁（OCC）は，2020年に銀行がESGなどの観点から特定分野に一律に投融資を制限するのは不平等であるため，個別企業ごとに判断すべきであるとする規則案を公表している。米国では環境関連の株主提案が増えるようになっており，それへの対応として石炭など化石燃料関連企業への投融資を削減・停止する方針を表明する大手金融機関が増えているため，そうした動きへの牽制と捉えられる。この規則も2021年1月半ばに最終規則として発表されている。トランプ大統領の任期終了前にできる限り規則変更をして置くことで，民主党の政権になってもその規則を覆すのに時間がかかるとみた行動である。こうした動きに対して，多くの資産運用会社がメンバーとなっているUS SIFなどはトランプ政権によるESG投資を軽視の姿勢に懸念を表明している

バイデン政権下でのESG投資促進策

　バイデン大統領は2021年4月の気候変動に関するサミットにおいて気候変動対策に関する海外向け公的ファイナンスを促進させるための大統領令に署名している。2018年から海外向けの気候変動ファイナンス関連の資金額が大幅に落ち込んでいるため，今後は拡充して気候外交における米国のリーダーシップを再構築していくと表明している。2024年まで海外向けの公的気候ファイナンス額を，オバマ政権時代の2013～16年と比べて2倍にまで増やし，中でも気候変動の適応関連のファイナンスは3倍にまで拡大する計画を発表している。今後，連邦議会との協議を進めていく方針を発表している。また，民間資金によるグリーンファイナンスを拡充するために，議会が2004年に設立した2国間対外援助機関ミレニアム・チャレンジ・コーポレーションを通じてブレンデッド・ファイナンスの活用を加速していくこと，米国際開発金融公社による投資額も拡大し，新規投資額の3分の1以上を気候変動分野に配分していくこと，および米国輸出入銀行を通じて再生可能エネルギー，省エネ，蓄電設備などの分野での途上国支援を実施するといった考えを明らかにしている。ブレンデッド・ファイナンスについては，第2章でもふれているが，世界における気候課題を含むSDGsの進展がはかばかしくなく途上国において開発資金が不足しているため，SDGs実現への効果を高めるために官民資金を効果的に活用

する手法を指している。またバイデン大統領は，すべての連邦政府機関において化石燃料関連のエネルギープロジェクトに関する海外向けの投資や金融支援は終了すると宣言している。

　国内投資については，2021年5月に大統領令に署名し，連邦金融規制当局による金融機関に対する気候変動の財務リスク評価を進めていくこと，関連省庁でリスクを緩和するための具体的なアクションを検討し，気候関連の財務リスクのデータと情報を共有していくことなどを提案している。こうした動きを受けて，以下にみるように，少しずつ政府内でもESG投資を後押しする動きが始まっている。

1. 労働省による企業年金運用でESG要素を容認する最終規則

　バイデン大統領は就任日の2021年1月20日に大統領令を発令し，労働省に対してESGの観点から年金基金の運用に関する規則の見直しを指示して，同年3月にはトランプ政権が施行した規則について停止に踏み切っている。これを受けて，労働省は，2021年10月に企業年金の運用に関して，選択と議決権行使に関する新しい規則案を提案している。規則を改正し，トランプ政権時代の方針を撤回し，民間の企業年金の資産運用でESG要素がリターンに影響を及ぼす重大なリスクがあると思われる場合にはそれを考慮して投資判断ができるとしている。

　ただし，企業年金の積立金運用における受託者責任は加入者への年金給付を確保することにあるのでその目的にそって議決権を行使すべきであるとしており，受託者責任の範囲内でESG投資を容認する内容となっている。トランプ政権下で定めた規則が，運用の際に金銭的なリターンのみを考慮すべきであるとした点がESG要素を考慮してはならないとする誤解を生まないために規則内容に修正を加えたものである。ESGテーマでのファンドを401（k）などのプランの選択肢に追加するためのルール変更にはなっていないが，ESG要素がより積極的に投資判断に織り込まれることが可能になることで大きな意義があると見る向きが多い。

　この提案に対するパブリックコメントは60日間としており，コメントは金

融機関や企業から多く寄せられており，その97％が労働省の新しい提案の支持を表明している。ブラックロックを始め，主要な金融機関も賛同を表明している。米国で拡大するESG投資の追い風になると見られる。ただし，同提案に関して議会で2022年3月に議論が行われたが，退職者の利益よりも環境・社会的課題を重視した内容だとする共和党議員からの批判が根強く，意見の隔たりは大きいようである。最終規則は修正を経て近く発表される予定である。

2.　米国証券取引委員会によるESG投資促進政策：株主提案の解釈

　SECは，2021年3月に，企業の気候変動やESGに関するリスク開示状況を調べるために初の「気候・ESGタスクフォース」を設立し，ESG投資拡大に向けた動きを推進している。2021年4月には，ESG業界の参加者向けに，ESG投資を促進するためのステートメントを公表している。ステートメントでは，資産運用会社の扱う金融商品がマーケティングのうたい文句通りの環境・社会的課題に配慮した投資手法を正確に実践しているのか，顧客の年金基金などアセットオーナーから示されるESG投資方針を適切に管理・運用しているのか，ESG投資資金を用いた投資先企業について株式の議決権を適切に行使しているのかといった問題点を取り上げて，業界に対して改善を促している。第2章で示したように，欧州だけでなく米国の投資家の間でもグリーン・ウオッシングへの懸念が以前から指摘されている。そうした懸念が払しょくできない限り，本当に必要な経済活動やプロジェクトに資金が配分されず，ESG投資の一層の拡大の障害になるという共通認識が欧州や現在の米国の規制当局の間では見られている。

　SECは，2021年11月にESG投資の要となる議決権行使について重要なガイダンスを発表している。株主提案や議決権行使に関し新たな法律意見（Staff Legal Bulletin）を通知し，トランプ政権時代の指針に代わる新たなガイダンスを示している。これは法令ではなく，SECによる法律解釈を示したものである。これまでの指針では，株主提案について企業の経営側がルール違反だと判断した場合にSECに同株主提案の拒否申請を行い，SECが承認すれば株主提案から除外できるという内容であった。株主提案の拒否については1934年

証券取引法の下での「日常業務」（Ordinary Business）に関しては除外できると明記されている。その解釈について，トランプ政権時代のガイダンスでは内容の質と程度という2つの基準を満たす場合に除外できると判断したのである。とくに，内容の程度については，株主提案で詳細な内容への関与，特定の期限の要求，複雑な案件の実行手段にまで踏み込むことは，株主が細かく経営側に指図する「マイクロマネジメント」だと認定されるので，株主提案を拒否できると解釈していた。この結果，気候変動関連の株主提案に関してはマイクロマネジメントだとして経営側が株主提案を拒否する動きが見られていた。

　これに対して，SECの新しいガイダンスではマイクロマネジメントの判定について経営側の具体的な行動や期限や手法の開示を要請する株主提案の提出自体は「マイクロマネジメントに該当しない」との判断に修正している。株主提案で要請している経営側に対するアクションを求める提案が取締役会や経営側の裁量を大きく制限しているのかといった観点で株主提案の拒否の妥当性について判断すべきであると説明している。日常業務に関する場合は株主提案を除外できるという点についても，重要な社会政策上の課題を提起する提案については除外できないとした1976年判定の解釈をもとに，ガイダンスを変更している。これまでのトランプ政権下の見解では社会政策上の課題が企業にとって直接的に重要ではないと判断される場合は株主提案を拒否できるとしていたが，これを社会的に重要な政策課題だとみなさる場合には拒否できないとの解釈に変更している。

　そのほか，直近の会計年度末の企業の総資産の5％未満，純利益と売上高の5％未満を占める業務に関連し，会社の事業に大きく関連していないような株主提案を拒否できるとした従来の解釈も変更している。会社の事業に関連する幅広い社会・倫理的項目に関しての株主提案は，関連する事業が前述の経済的閾値を下回っていても除外されない可能性があるとの解釈を新たに示している。さらに，株主提案については，付随する支持声明文を含めて500語を超えないこととする従来の規則についても，グラフや画像を含めることはできるしそれらは文字制限に含まれないとする新たな見解も示している。

3. 米国証券取引委員会によるESG投資促進政策：情報開示強化の可能性

　企業による非財務情報の開示についても，SECは2021年3月に企業のESG
対応に関する情報開示について情報開示基準を見直す方針を発表し，パブリッ
クコメントを募集した。見直しの背景には，SECが2019年に企業による気候
変動関連の情報開示基準のガイダンスを発表したが，任意であり義務化されて
いないことへの懸念がある。しかも，国際的に知られている開示ガイドラン
（たとえばGRIスタンダード，SASB，CDPなどの組織が策定するガイドライ
ン）とも整合的ではないし，企業によって選択する情報開示も異なっており，
しかも同じ開示基準を使っても開示する内容がまちまちであると指摘してい
る。第2章で説明しているように，開示基準が乱立する中で，IFRSのISSB
によってTCFDガイドラインをベースにした標準化が進められており，米国
の規制当局も間接的に標準化の動きを支持したと受けとめることができる。
SECはパブリックコメントで検討すべき項目として15の質問を提示した。た
とえば，GHG排出量の削減目標など開示すべき内容は何か，化石燃料，運輸・
交通，金融などといった業界ごとに異なる開示内容を義務づけるべきか，国際
的な開示基準に準じた基準を新たに策定するべきか，基準を順守しない企業に
対してその理由の説明を開示させるべきかなどが含まれている。

　こうしたSECのパブリックコメントに対して，2021年6月に米国NGOの
Ceresが主導して，世界の180の機関投資家と156のグローバル企業，および
58のNGOとともに共同声明を発表し，TCFDガイドラインにもとづく情報
開示を上場企業に義務化すべきであると提案している。企業の気候変動リスク
情報開示ルールに関して，TCFDガイドラインにもとづく開示やGHG排出量
についてはスコープ1，スコープ2，スコープ3にもとづく開示のほか，セク
ター特有の開示指標も策定し，気候変動へのエクスポージャー・戦略・気候シ
ナリオ分析を考慮すべきであると要請している。またSECに対して，法定開
示を義務づける企業の報告書の中に気候変動に関する情報開示規則も含めるべ
きであると提案している。この共同声明に署名した機関投資家として，カリ
フォルニア州教職員退職年金基金（CalSTRS），ニューヨーク州退職年金基金，
ハワイ州職員退職年金基やパタゴニア，ダノン・ノースアメリカなども名を連

ねている。

　こうした投資家，企業，NGO の強力な後押しもあって，SEC は，2022 年 3 月に「投資家のための気候関連情報開示を改善・標準化するための規則」の提案に踏み切っている。企業のビジネスや財務に重大な影響が起きる可能性がある気候関連リスクに関する情報や GHG 排出量を含む指標について監査をうけた報告書において開示することを義務づける内容である。これにより投資家に対して，一貫した，比較可能な投資判断に有用な情報を与えることができるとその意義を強調している。

　具体的には，次の 4 つの観点での情報開示を要請している。第 1 に，企業に対して気候関連のリスクのガバナンスやリスク管理プロセスについて，第 2 に，どのようにビジネスと連結財務諸表に重大な影響を及ぼす気候関連リスクを短期・中期・長期に分けて識別しているのか，第 3 に，そうした気候関連リスクが企業の戦略，ビジネスモデル，見通しにどのような影響を及ぼしているのか，そして第 4 に，気候関連事象（極端な気象事象や慢性的な自然現象）の影響や移行（トランジション）の活動が企業の財務関連データの推計値や前提にどのような影響を及ぼしているのかといった内容を明記している。さらに，気候シナリオ分析や（脱炭素・低炭素に向けた）移行戦略，および排出削減目標を公表している企業に対しては，投資家がそうした企業による気候リスク管理についてより深く理解できるように幾つかの開示を義務づけていくとしている。世界の大手企業が現在自主的に実施する気候シナリオ分析は，企業が自由に選択したシナリオのもとで実施されており，損失額の見通しを示している企業も中には見られるが，どのようにしてそうした数値を算出したのかが明確な開示がなされておらず，ブラックボックス化していることへの対応と見られる。

　提案では，スコープ 1 とスコープ 2 の GHG 排出量の開示を義務づけ，スコープ 3 については企業にとって重大な場合やスコープ 3 を含む排出量を設定している場合には，スコープ 3 の開示も義務づける。スコープ 3 の情報については，セーフ・ハーバー・ルールを適用し，ルールに沿って開示している限り法令違反を問わないこと，および小規模企業に対してはスコープ 3 の開示を義務づけないとしている。大手企業については，スコープ 1 とスコープ 2 の情報

について信頼を高めるために独立機関から認証を受けることを義務づける可能性についても指摘している。排出削減目標についても開示し，スコープの範囲，目標年と基準年，単位（絶対量または原単位）などを明確にしなければならない。ただし，こうした開示内容は既に多くの企業が TCFD ガイドラインや GHG プロトコールなどの開示枠組みで実施しているため，TCFD ガイドラインへの賛同を明確にしたと受けとめられている。

　開示義務は，企業の状況に応じて段階的に導入する予定で，詳細は追って通知するとしている。パブリックコメントは，2022年6月中旬までとしている。この提案は 2024年に施行される予定である。

　この規定が実現すると，バイデン政権の下でのサステナブルファイナンスへの取り組みに大きく弾みがつくことになる。こうした動きに，共和党がどう対応するのかが注目される。一部の議員らは SEC に環境規制を定める権限がないことや，米国の法律では企業の情報開示についてはすべての企業に共通の単一のルールではなく，当該企業に関連する情報に限定すべきと明記していると反発している。このため，共和党が多数派の州ではそうした義務的開示が施行されても，法的措置に出る可能性もある。その場合，実際の導入までに何年も遅れる可能性があるとする法律専門家の見方もある（Rives 2021）。

4. ESG 投資を促進する地方政府の動向

　ESG 投資の推進においても，カリフォルニア州の先駆的な動きが目立っている。カリフォルニア州では，2015年に，地方政府の年金基金などに対して石炭火力のための採掘からの売上高が 50% を超える企業に対して資産の売却（ダイベストメント）を促す法律が成立している。2017年までにダイベストメントを義務づけている。これはサステナブル投資のなかのネガティブ・スクリーニングに相当する（第2章を参照）。

地方政府の年金基金による活発な ESG 投資

　そうした州政府の後押しもあって，カリフォルニア州では ESG を意識した投資が拡大しており，とくに世界の ESG 投資で活発な行動をとる CalSTRS や

「カリフォルニア州職員退職年金」（CalPERS）などの存在感が大きくなっている。CalPERS と CalSTRS は各々 4,780 億ドル（約 61 兆円），3,190 億ドル（約 40 兆円）の資産を運用している。たとえば，CalPERS は，ESG 観点について 2015 年から議論を開始しており，2016 年から株式，債券，不動産などそれぞれの投資資産別にサステナブル投資実践ガイドラインを発表している。投資先企業に対して ESG 観点での情報開示や GHG 削減目標の策定を促し，積極的にエンゲージメントや議決権行使を行っている。エンゲージメントにおける具体的な目的を定めその進展度も公開している。

　CalPERS と CalSTRS は，ほかの機関投資家とも協働して企業に働きかけも実践している。たとえば，第 2 章でもふれているが，2021 年 5 月に環境対応が遅れていた米国石油大手エクソンモービルに対して，環境アクティビスト投資ファンドのエンジン・ナンバーワンが株主提案を行い，取締役会において企業の気候変動対応の経験のある 4 人の環境専門家を社外取締役に任命するよう要請した。エクソンモービルにはカーボンニュートラル経済に向けた責任ある長期戦略が欠如しているというのが提案の理由である。単に GHG 削減を求めるだけでなく取締役の交代によるガバナンス改善をも求める踏み込んだ提案として注目された。議決権のわずか 0.02％しか保有しない少数株主のエンジン・ナンバーワンの提案に対して，CalPERS と CalSTRS などの大手年金基金も公に賛同を示したこともあって，3 名の社外取締役の交代に至っている。

　そのほかの州政府の年金基金についても，基金を運用する担当部署のトップが ESG 経営を推進すべく積極的に行動している。たとえば，国際的な ESG 投資を推進する米国 NPO の Majority Action が，2021 年 3 月に，機関投資家に対して，電力・石油・ガス・銀行の世界大手企業を対象に，世界平均気温の上昇を 1.5℃ に抑制する目標と整合的な行動を十分とっていない場合には，株主総会で取締役選任案に反対票を投ずることを呼び掛けるキャンペーンを展開した。この NPO は取締役会のダイバーシティの改善，気候変動，森林破壊の防止，人種差別の改善を目指して，積極的な行動をとらない企業・銀行・保険会社などの取締役に反対票を投じるよう機関投資家に働きかける活動を展開している。この Majority Action のイニシアチブに対して，バーモント州の財務長官，コネチカット州の財務長官，イリノイ州の財務長官がそれぞれの州の年金

基金などを通じて賛同を表明している。CalPERS やニューヨーク州退職年金基金も同様の議決権行使方針を既に制定しており，実際に議決権を行使している。

　2022 年 2 月にカリフォルニア州議会に提案された気候変動関連の法案に対して，CalSTRS は興味深い動きをしている。この法案は，気候変動がカリフォルニア州の経済と環境のあらゆる面に影響を及ぼしているとして，CalSTRS や CalPERS など公的年金に対して石油，石炭，天然ガスなど化石燃料を生産する企業への新規投資を禁止し，2027 年 7 月までにダイベストメントを義務づける内容である。これに対して CalSTRS は同年 3 月に反対することを決めた。反対理由として，およそ 174 企業，合計の運用資産総額 41 億ドルをダイベストメントすることになり運用資産のリターンに負の影響を及ぼしうること，エクソンモービルのように化石燃料産業にエンゲージメントを通じて行動変容をもたらす機会を妨げることになり，CalSTRS の経済全体の GHG 削減による低炭素経済への移行を実現する方針と相いれないためと説明している。その後，同法案は批判を受けて同年 4 月に修正され，ダイベストメントの期限を 2027 年 7 月から 2030 年 7 月へ延長し，予想外の事態により資産価格などに大きな影響を及ぼすような状況がある場合には 2035 年 7 月までの期限に遅らせることができるといった内容に緩和されている。しかしこの修正案に対しても，CalSTRS は再び反対を表明している。

地方政府の保険当局による気候変動対応

　米国では保険業界の監督は州政府が管轄しており，米国保険規制監督官協会（National Association of Insurance Commissioners）は，全米 50 州，ワシントン DC，5 つの準州の保険監督当局の全国組織として機能している。2010 年に同協会では，保険会社が気候変動関連リスクをどのように評価・管理しているのかを規制当局に毎年報告することを促すために，保険会社に対して気候リスク開示調査を開始している。当初は 8 項目の質問から構成されており，保険会社に対して気候リスクを自社の緩和，リスク管理，そして投資計画にどのように反映させているのかを説明することを要請する内容となっていた。全米のすべての州が 5 億ドル以上の直接保険料を扱う国内保険会社を対象に調査の実

施を行うこととし，約20程度の州当局が域内の保険会社に調査を実施しそれらのデータが集計されている。2011年には保険料の閾値を3億ドルへ引き下げより多くの保険会社を調査対象としている。

　しかし，調査を当初から継続するカリフォルニア州を除くと，全ての州当局が調査を実施しているわけではない。2012年にはカリフォルニア州，ニューヨーク州，ワシントン州は域内で免許を付与する全ての保険会社を調査対象に拡大し，中でも3億ドル以上の保険料を扱う保険会社には開示を義務づけ，2013年にはこの義務化対象の閾値を1億ドルへ引き下げている。2021年にはこうした調査を実施する州が15州まで増えており，全部で1,400企業が調査に回答している。15州だけで全米保険市場の8割近くをカバーしており，米国の保険業界の気候変動対応に関するトレンド，脆弱性，ベストプラクティスなどを見極めることが可能になっている。こうした取り組みに積極的に関与する15州とは，カリフォルニア州，コネチカット州，デラウェア州，ワシントンDC，メイン州，メリーランド州，マサチューセッツ州，ミネソタ州，ニューメキシコ州，ニューヨーク州，オレゴン州，ペンシルバニア州，ロードアイランド州，バーモント州，ワシントン州である。

　保険規制監督官協会は，2020年に検討チームとして「NAIC気候リスク・レジリエンス・タスクフォース」を発足し，2022年4月に前述した気候変動リスクの調査を改訂して新しい報告基準を採択している。これにより，保険会社に対してTCFDガイドラインに基づく気候変動リスクに関する報告を事実上義務づけたことになる。すでに2021年にTCFDガイドラインにもとづき報告書を自主的に提出した保険会社は28社あったが，これを2022年分から1億ドル以上の保険料を扱う15州の保険会社に対して報告が義務化されることになる。この報告の提出期限は通常は2023年8月であるが初回につき11月まで遅らせ，次年度からは翌年8月までに提出期限を戻す予定である。保険会社には主要な投資先とのエンゲージメントを促し，世界平均気温について2℃か2℃以下の気候シナリオに基づく分析を行うこと，保険の引き受けや投資ポートフォリオで気候変動の物理的リスクや移行リスクおよび保険による損失などの管理について記述することを求める。GHG排出量についてはスコープ1とスコープ2，適切であればスコープ3の排出量の開示も求め，業務・地域ごと

の気候変動リスクの開示の検討も促している。全国レベルでの開示適用とはなっていないが, 主要地域の保険会社の開示により ESG 投資が活発になる可能性もある。

金融機関に気候変動の情報開示を促すニューヨーク州

　カリフォルニア州と並んでリーダーシップを発揮し存在感を高めているのが, ニューヨーク州金融局（Department of Finance）である。トランプ政権時代の 2020 年 10 月に同州管轄の金融機関の CEO に対して, 気候変動による金融リスクへの対策を強化するよう要請する書簡を公表している。また同州金融局の金融監督行政において, 気候変動リスクを反映させて積極的に金融機関とエンゲージメントを実施していく方針を明らかにしている。ニューヨーク州金融局が管轄の金融機関は, 銀行, 他の州や外資系銀行の支店, 保険会社, 資金移動業者, 不動産金融サービス会社, 信託会社など幅広く, 1,500 社程度（資産総額 2.3 兆ドル程度）が監督対象となっているため, ニューヨーク州政府の影響力は大きい。同州金融局は, 気候変動の物理的リスクと移行リスクが財務に及ぼす影響を取り上げ, こうしたリスクは従来の金融機関のリスク管理手法では十分対応できないと指摘している。このため管轄下の金融機関に対して, コーポレートガバナンス, リスク管理, 企業戦略の中に気候変動要因を組み入れること, TCFD ガイドラインなどにもとづく情報開示を検討するよう要請している。

　この方針と前述した米国保険規制監督官協会のガイダンスに沿って, ニューヨーク州金融局は全米初の試みとして, 2021 年 3 月に同州の監督対象の保険会社を対象に, 同金融局による監督関連の協議のベースとするために, 気候変動に関する金融リスク管理に関する詳細なガイダンス案を発表している。具体的には, 監督上保険会社に期待する行動として, 保険会社が現在と将来のリスクを理解しリスクを軽減する行動を検討するなど戦略的アプローチをとることを要請している。とくに, ① 気候リスクをガバナンス構造に統合し, 取締役会では気候リスクを理解し管理・監督責任をもつこと, ② 戦略的なビジネスの意思決定に際して気候要因の現在・将来のへの影響を考慮すること, ③ 気候リスクを保険会社の既存の財務リスク管理に組み入れること, ④ 気候シナ

リオ分析を行うこと，⑤ 気候リスクを開示し TCFD ガイドラインなどをもと
に開示することを列挙している。

　また，ニューヨーク州金融局は，第 1 章と第 7 章でもふれている国際的な中
央銀行・金融当局ネットワーク NGFS に 2019 年から参加して，気候変動が金
融機関の財務に及ぼす影響をどう監督していくかを世界の金融当局とも議論を
進めている。このため，上記のガイダンスでは NGFS や欧州の保険金融規制
とも整合的だと強調している。このガイダンスは 2021 年 11 月に最終ガイダン
スとして発表されている。

　マサチューセッツ州のボストン市でも興味深い動きが見られている。30 代
のミッシェル・ウー市長が掲げる「ボストン・グリーン・ニューディール」政
策の一環として，2021 年 12 月に同市が運用する 2,200 億円相当のファンドに
対して，気候変動の関連を重視するよう義務づける法案が成立している。2025
年末までに化石燃料（石炭・石油・ガスの採掘，燃焼，製造，流通・販売な
ど），化石燃料の火力発電，たばこ，民間刑務所などの分野で売上高が 15% 以
上を占める企業に対するダイベストメントを義務づける条例で，ウー市長が署
名して成立している。ウー氏が，市長に就任する前に市議会議員として協同提
出した法案である。同市議会では全会一致で条例案を通過させている。条例で
は，ボストン市財務局が管理するファンドに対して，120 日以内に保有資産構
成を改善するための報告書を提出すること，およびダイベストメントは 2025
年までに完了することを義務づけている。似たような化石燃料からダイベスト
メントを要請する条例は，ニューヨーク市，ニューオリンズ市，ロサンゼルス
市，シアトル市などでもすでに可決している。

第 4 節　拡大するカーボンクレジット市場

　カーボンクレジット市場は，企業が GHG 排出削減目標を掲げて実際に削減
をしていく際に，その一部を第 3 者が削減した排出量について認証を受けた
カーボンクレジットを購入することでオフセットする手法として活用されてい
る。第 4 章でとりあげた EU ETS や第 5 章でとりあげた中国の全国レベルの

ETSなどの公的制度のほか，国際的なカーボンクレジットの取引を可能にするイニシアチブや米国でみられる地方政府主導の排出量取引制度がある。さらに自主的な民間のとりくみもある。ここでは米国を中心に発展するカーボンクレジットの市場や関連する市場動向について見ていくことにする。

カーボンクレジットとは

　カーボンクレジットとは，正確にはカーボンオフセットクレジットのことを指している。気候変動の緩和すなわちGHG排出削減のひとつの手法とみなされている。GHG排出量の見通しを算出してベースラインをつくり，ベースラインに対してGHG削減につながるようなオフセットプロジェクトを実施して，GHG排出量がベースラインを超えて排出が減った場合に，その差に対してモニタリング，開示，検証・認証を経て，発行するクレジットのことを指している。このクレジットはプロジェクト実施者からほかの組織・個人に移転することができる。カーボンクレジットを購入する企業は，こうしたクレジットの購入によって自助努力だけで削減できない部分の削減が可能になる。クレジットの移転が認められるのは，プロジェクトの実施によって（実施しない場合と比べて）GHG排出量が追加的に削減できるのであれば，GHGが大気に混ざっている以上，世界のどこでだれがGHGを削減しても削減効果があることに変わりはないからである。カーボンクレジットは，企業の排出削減に向けた比較的低コストの選択肢を広げることができると考えられている。

　カーボンオフセットのためのプロジェクトは大別すると2種類ある。ひとつはGHG排出を削減するためのプロジェクトで，再生可能エネルギーや森林劣化・森林減少の防止などが代表例である。もうひとつは除去プロジェクトで，たとえば大気中のCO_2を森林再生・植林によって吸収するか，吸着液・吸着剤などで直接大気のCO_2を分離・回収する直接空気回収技術（Direct Air Capture）で回収後に地下などに貯留するプロジェクトあるいはCCSやCCUSなどがある。いずれのプロジェクトでも，そのプロジェクトが無い状態（ベースライン）に比べて排出削減ができるという意味での「追加性」（Additionality）が求められており，そのためのベースラインの計算方法，検証・認証，監視，クレジットの発行プロセスが重要になる。また回収・貯留し

た炭素が漏洩していないかの確認も必要になる。炭素の回収だけでなく，生物多様性の保全や地域コミュニティへの貢献などの追加的なベネフィットがあるプロジェクトほど良いと見なされているが，それをどう測定するかが課題となっている。

　公的な EU ETS のような排出量取引制度においては，制度の対象企業が排出枠を超えて排出した場合，その超過分について EU ETS に参加する他の企業から排出枠を購入することもできるし，一定の制約のもとで制度の外部からカーボンクレジットを購入して不足分を埋め合わせることも認められていたが，2021 年からは認めていない（第4章を参照）。他の公的制度ではそうした外部のクレジットを容認しているところもある。米国のように国レベルでの排出権取引制度がない国では民間のイニシアチブへの発展が期待されている。

マンデートリーとボランタリーなカーボンクレジット市場

　カーボンクレジット市場には，公的な規制によるマンデートリー（またはコンプライアンス）市場と民間によるボランタリー（または自主的）市場がある。マンデートリー市場は，EU ETS，中国版 ETS，後述する国際的なクリーン開発メカニズム（CDM）や米国の州政府が運営する排出量取引制度などがある。一方，ボランタリー市場は，民間組織が自主的に運営する市場で，企業，政府，NPO，NGO，大学，地方政府，個人などが参加し公的制度の外でオフセットプロジェクトを通じて得たカーボンクレジットの発行を可能にする仕組みである。また，一定の条件のもとで，マンデートリーな市場に参加する対象企業がボランタリー市場からカーボンクレジットを購入して排出量をオフセットすることが認められている。ボランタリー市場の取引需要は自発的な購入者たちによって形成されているが，マンデートリー市場の需要は規制によって対象部門や企業を選定することで形成されているといった違いがある。また排出量取引制度は主に CO_2 換算1トン当たりの排出権を対象としているのに対して，カーボンクレジットは，自発的なオフセットプロジェクトの下での排出削減によって発行される CO_2 換算トン当たりのカーボンオフセットを対象にしている。どちらも市場で購入することができる。

　カーボンオフセットプロジェクトの開発業者は，カーボンクレジットについ

て独立機関から検証・認証を受けて登録する必要がある。排出削減・除去プロジェクトは監視され，通常は1年ごとにどれだけ排出量の削減が生まれたのかを確認し開示している。カーボンクレジットはオフセットプログラムによって管理された登録システムの下で認証を受けた後に，プロジェクト開発業者のアカウントに振り込まれる。クレジット発行後に，他のアカウントに移転することができる。カーボンクレジットを購入して移転を受けた企業などはそのクレジットをアカウントに維持，あるいは他のアカウントに移転もできる。オフセットとして自社のGHG排出量を減らすために使用すると，登録システムからそのクレジットを消去（リタイヤ）することが義務づけられている。消去後の再利用はできない。

カーボンクレジット制度への批判

　カーボンクレジット制度については批判も多い。たとえば排出量の多い企業が，安易にカーボンクレジットを購入することで，エネルギー消費を節約するための設備投資や脱炭素・低炭素化に導く研究開発を怠るなど，自助努力で削減するインセンティブを弱めてしまうこともありうる。企業が排出削減目標を設定しておきながら，そのすべての削減目標をカーボンクレジットの購入で達成している場合は，問題視されるであろう。この場合，排出が多い企業のビジネスモデルが何ら変わらないことになるからである。このため，企業は削減量を開示する際に，カーボンクレジットの購入で埋め合わせた分を別途開示することが求められている。第3章でも指摘しているSBTiは，短期排出目標の達成のためにカーボンクレジットを計上することは認めていない。

　もうひとつの批判は，カーボンクレジット市場はプロジェクト開発業者にカーボンクレジットを販売することで利益を得られる機会をつくりだしているという利点があるが，カーボンクレジットを第3者に移転するために開発業者自身の削減効果がなくなってしまう点に向けられている。排出削減プロジェクトを実施する国の政府がカーボンニュートラルを掲げ環境規制強化によってこうした開発業者に対しても排出削減を義務づけるようになれば，売却すればそのプロジェクトの排出削減の追加性が移転してしまうため，カーボンクレジットを売却できなくなる。このためカーボンクレジットは世界がカーボンニュー

トラルを実現するための「過渡期」の手段とみなされるべきであり，将来にわたり持続できるわけではない。将来的には各国・地域の政府が気候政策を強化して，すべての企業・金融機関に排出削減を義務づけ，市民の生活様式が脱炭素・低炭素に向けて変容するように促していく必要がある。

京都議定書の下で導入されたクリーン開発メカニズム（CDM）

　国際的なカーボンクレジットとして，1997 年の UNFCCC 第 3 回締約国会議（COP3）において京都議定書が採択され，その下でキャップ・アンド・トレードが導入されており，クリーン開発メカニズム（CDM）の設立によってカーボンクレジットも取引されている。京都議定書を批准した先進国の GHG 排出量の全体については 2008〜2012 年の期間において 1990 年比で 5％削減を定めており，その下で各国ごとに上限が適用されている（たとえば，日本は 6％削減，EU は 8％削減など）。参加国には排出削減目標が配分されており，それに対応する排出枠の配分を受ける。各国は一定期間内にこの目標を達成する義務があるため，排出枠で余剰がある国から排出枠を購入して排出量を減らすことができる。あるいは CDM では国連管理の下で，GHG 排出削減義務がある先進国がお互いに協力して，削減義務のない途上国において技術・資金支援をして GHG 排出削減や炭素の吸収・回収などのプロジェクトを実践した場合，それにより生じた排出削減分または炭素の吸収・回収分に対してカーボンクレジットが発行され，そのクレジットをプロジェクト実践国や参加国の間で移転して分け合うことができる。すなわち，CDM のカーボンクレジットは，先進国の排出量をオフセットする手段として用いることができる。主に，プロジェクトをホストする途上国で実現した GHG 排出量を，クレジット取引によって先進国に移転するメカニズムである。京都議定書の第 1 約束期間（2008〜12 年）よりも前の 2000 年からの取得が可能になっている。

　GHG 排出量の算定では，プロジェクトが監視され，指定運用組織へ報告がなされることになる。同組織が検証しその結果にもとづき排出削減量が正式に認証されると，CDM 理事会が排出削減相当分のクレジットを発行するプロセスを辿る。ベースラインは CDM 理事会が設置した専門家パネルで設定している。発行されたクレジットの 2％分は途上国のサステナブル開発・技術支援に

配分され，CDM制度の運営費のための費用も取得分から差し引かれている。

COP26で明確化された市場メカニズムの実施指針

　CDMについては，プロジェクトに参加する複数の締約国が共同でGHG排出量を削減または除去しそれにより認証されたクレジットを分配して自国の排出削減に使用する際に，「二重計上の問題」がかねてより指摘されてきた。たとえば，途上国で実施した排出削減プロジェクトで発行されたカーボンクレジットを先進国に移転して，オフセットした場合，途上国は移転した削減分を消去しなければならない。しかし，消去しない国があり，二重計上の批判が噴出していた。また，CDMプロジェクトで獲得したカーボンクレジットを，2015年のパリ協定の「国が決定する貢献」（NDC）で掲げた排出削減目標を実現するためのオフセットとして利用することへの批判も多かった。

　こうした批判を受けて議論が続いていたが，2021年11月のUNFCCC第26回締約国会議（COP26）では，パリ協定第6条の実施指針の明確化でようやく合意にこぎつけている。第6条は国際的なGHG削減量の取引により自国の削減目標達成を可能にするための市場メカニズムを規定している。COP26では，二重計上を回避するための詳細な測定・検証・報告の仕組みにすること，およびCDMプロジェクトで獲得したクレジットについては実施国政府が承認するクレジットのみをNDCとして利用できることで合意している。またCDMクレジットは2013年以降に登録されたクレジットを対象にパリ協定へ移管することが決まった。

　また，日本政府は独自に「二国間クレジット制度」（Joint Crediting Mechanism）を創設しており，こうした国が承認した途上国向けの官民の国際協力プロジェクトについても，パリ協定第6条において先進国のNDC達成への利用が認められている。この仕組みは，二国間だけで個別に管理ができ，対象となるプロジェクトの範囲も広くGHG排出削減の算出方法も簡素であるため使い勝手がよいとされている。一方，CDMでは京都議定書の締約国による多国間プロジェクトでCDM理事会が一括管理しているため細かな調整がしにくく，対象範囲が限定されているうえに排出削減量の計算が複雑である。COP26では二国間協力アプローチについて，2021年以降に創出されるGHG排出削減・

除去量を NDC 達成などの目的に使用することについて，一定の条件（二重計上回避，トラッキング体制の確立，報告義務など）を満たせば承認することが決まった。これにより日本のような二国間の仕組みを活用するプロジェクトが世界で増えていくと予想されている。

　今後は，中東やアフリカのような人口がそれほど多くはないが，広大な土地があり，潜在的に太陽光・風力発電を低コストで供給できる低所得国・地域で生産される再生可能エネルギーまたは再生可能エネルギーで生産した水素（グリーン水素）に対して欧州や日本などのアジアの注目が集まっていくと予想される。たとえば，こうした国・地域で生産した低炭素エネルギーの世界への輸出，あるいは地元で不足する電力を新たに供給しつつカーボンクレジットのみを海外へ移転するケースも増えていくであろう。日本企業もクレジットとともに一部のグリーン水素を輸入できればそれを使った GHG 排出削減に寄与できる。ただし，水素については生産・輸送・利用の新しいサプライチェーンの構築が必要になるという課題もある。

米国北東部の公的排出量取引制度

　米国では政府のもとでのカーボンプライシングに関する議論の進展はみられていないが，幾つかの州ではカーボンプライシングをすでに導入している。興味深い動きとして，州レベルで運営される公式な排出量取引制度がある。北東部地域で地域温暖化ガスイニシアチブ（RGGI）が 2009 年に設立されており，コネチカット州，デラウェア州，メイン州，メリーランド州，ニューハンプシャー州，ニュージャージー州，ニューヨーク州，バーモント，マサチューセッツ州，ロードアイランド州，バージニア州などが参加している。これらの州内の 200 程度の大規模な化石燃料の火力発電所などを対象にして，各州が四半期ごとに域内の各施設に排出枠をオークションによって割り当てている。総排出量の上限（キャップ）を段階的に削減することで，CO_2 排出削減を義務づけている。オークションからの収益は，各州の気候対策，たとえばエネルギー効率，クリーン・再生可能エネルギー，GHG 削減，消費者支援などに充てることができる。コントール期間が定められており，第 1 次コントロール期間（2009〜11 年），第 2 次コントロール期間（2012〜14 年），第 3 次コントロール

期間（2015〜17年），第4次コントロール期間（2018〜20年）を経て，現在は第5次コントロール期間（2021〜30年）に入っている。第5次期間の全体排出量のキャップは2020年対比で30％削減される計画となっている。

　制度は定期的に見直しがなされている。たとえば，2021年から排出枠の一定割合をオークションにかけずにリザーブとして保管することで，自動的に排出枠の取引価格（炭素価格）を調整できる手段を導入している。この排出枠は，Regional GHG Initiative Allowance と呼ばれており，排出削減が進んで排出枠が余れば，不足する企業と取引できる。取引価格が低い水準にあると判断されるときには予定している排出枠をオークションにかけずにリザーブに保管される。ただし保管できる排出枠は排出バジェットの10％までという上限が適用される。このバジェットは，参加地域全体のキャップをもとに参加する州ごとに適用される排出枠の上限になる。オークションにかけずにリザーブに保管された排出枠は，再びオークションで売却することはできないと規定している。こうした工夫により排出枠の発行が多く取引価格が低迷するような場合には，流通する排出枠が減少していくメカニズムとなっている。

　オークションの取引価格には下限が設定されており，インフレ率に合わせて引き上げることにしている。各施設の排出量は，米国環境保護庁の規制にもとづき定期的に検査を受けることが義務づけられている。RGGIに参加する施設は，外部のカーボンクレジットを購入してオフセットもできるが，利用には上限が設定されている。オフセットプロジェクトとして容認されている対象は，森林再生・森林管理，埋め立て地のメタン回収と破壊，農業のおけるメタン管理手法によるメタン排出回避などに限定されている（ICAP 2021a）。

カリフォルニア州排出量取引制度

　カリフォルニア州排出量取引制度は，カリフォルニア州のGHG排出削減を進めるために2012年にキャップ・アンド・トレード型の排出量取引制度の導入し，2013年から正式に運営している。CO_2とそれ以外のガスを含むGHG総排出量の上限を段階的に削減するメカニズムである。第1次遵守期間（2013〜14年）は，電力，石油・天然ガスシステム，石油精製，セメント，ガラス，水素，鉄，鉛，紙・パルプなどの業種で，一定のGHG排出量の閾値を超える

電力発電所や産業施設などを対象としている。2015年には，燃料供給事業者
なども対象に含めている。第2次遵守期間（2015〜17年），第3次遵守期間
（2018〜2020年）を経て，現在は第4次遵守期間（2021-23年）に移行してい
る。排出枠は無料配布やオークションなどによって配布されている。対象事業
者は遵守期間ごとに定められた削減目標を達成しなければならない。また前年
の排出量の30％分の排出枠を毎年処分すると定めている。情報開示は毎年必
要になり，排出量は第3者機関によって検証されなければならない。排出枠は
California Carbon Allowance と呼ばれている。

　カリフォルニア州の排出量取引制度でも，排出枠の取引価格（炭素価格）を
調整するためのリザーブ制度がある。毎年の排出枠総量（キャップ）から，第
1期間は1％，第2期間は4％，第3期間は7％の排出枠をリザーブとして保管
しておき，それ以外の排出枠を四半期ごとに配布している。総排出枠からリ
ザーブと無償割当に用いられる排出枠を除いた，残りの排出枠をオークション
で有償配布している。無償配布を実施しているのは企業の生産コストが高まる
ことによるカーボン・リーケージを懸念しているためである。無償配布の割当
は，生産量当たりの排出量（原単位）をベンチマークとしてカーボン・リー
ケージの程度を「高」「中」「低」に分けて，その度合いに応じて配分量が算出
されている。削減の達成義務を販売価格に転嫁できない電力・熱供給部門の事
業者等にも，無償割当がなされている（ICAP 2021b）。

　カリフォルニア州は，2007年から Western Climate Initiative のメンバーと
なっており，2014年からカナダのケベック州の排出量取引制度と正式にリン
クし共同でオークションを開始している。このイニシアチブは，カリフォルニ
ア州とケベック州などが排出量取引市場を管理する非営利組織である。カナダ
も2011年にキャップ・アンド・トレード型の排出量取引制度を導入している。
カルフォルニア州の排出量取引制度ではカーボンクレジットの購入によるオフ
セットが容認されており，ケベック州の排出枠やカリフォルニア州政府が認め
ている外部のクレジットを購入することができる。認められているオフセット
プロジェクトはオゾン破壊物質の排出削減，家畜の管理（メタンの削減），米
国の森林管理，都市の植林などである。オフセットのためのクレジットの利用
については，対象事業者の対象期間の排出枠の8％が上限と設定されている。

2021年からは，新しい規制が導入されており，対象企業が対象期間に利用できるオフセットの割合は2021〜25年の排出量については年間4％へ引き下げている。2026年以降の排出については年間6％に設定されている。対象以外の企業もカリフォルニア州の排出量取引制度に自主的に参加することができる。

ボランタリーな（自主的な）カーボンクレジット市場

　以上の公的制度とは別に，民間ベースでボランタリーなクレジットを取引する市場がある。なかでも米国NPOのVerraが独自開発した認証基準 Verified Carbon Standard（VCS）をもとに発行するカーボンクレジットは，世界で最も知られている。クレジットの発行量のシェアが6割を超える世界最大規模となっている（日本エネルギー経済研究所 2021，Chen et al. 2021）。VCSは持続可能な開発のための世界経済人会議なども参加する団体が，世界の森林再生・管理や森林破壊の防止，土地利用・保全や湿地保全などさまざまなカーボンオフセットプロジェクトを中心にボランタリーなカーボンクレジットを認証する目的で，2005年に認証基準であるVCSを策定している。このプロジェクト以外に6つの認証制度を運営している。それらの中には，コミュニティや小規模農家への利益や生物多様性の保全などの追加的なベネフィットを伴う気候コミュニティ＆生物多様性プロジェクトもある。プラスチック廃棄物ゼロを目指すプロジェクトの認証もある。

　Verraの次に取引量が多いカーボンクレジットは，米国の民間認証クレジット運営機関であるゴールドスタンダード（Gold Standard）が発行するカーボンクレジットである。クレジット発行量全体の1割強を占めている。クレジット発行数ではVerraが首位に立っているが，認証したプロジェクトの数ではゴールドスタンダードが上回っている。2020年ではゴールドスタンダードが全体の半分近くで，Verraの35％を大きく上回っている（Chen et al. 2021）。ゴールドスタンダードは2003年にWWFなどの複数の国際的な環境NGOが設立した認証基準である。認証だけでなく，CDMプロジェクトについて，本当の意味で環境保全上のベネフィットを生み出すことを支援するためにつくられた基準でもある。とくにカーボンオフセットプロジェクトについては途上国のコミュニティへの貢献などを伴うプロジェクトの認証を行うことで，環境・

社会的観点への意識を高める役割も担っている。このためゴールドスタンダードは，通常の基準よりも質の高い認証基準と見なされている。この認証を得るには，再生可能エネルギーやエネルギー消費効率の改善のプロジェクトが中心となり，かつそのプロジェクトの持続可能性，地球温暖化防止への貢献，および地域コミュニティの人権・労働基準・腐敗などの観点で害をもたらさないことなどの項目が追加されている。プロジェクトは途上国向けが中心である。ゴールドスタンダード認証基準は政府，企業，幾つかの NGO などとの協議により策定しており，現在は独立した事務局をスイスに設置している。カーボンクレジットの発行は事務局が行い，認定は CDM 理事会を通じて実施されている。

　このほか米国で 2001 年に設立され米国，カナダ，メキシコのカーボンオフセットプロジェクトを認証する Climate Action Reserve，1996 年に設立された米国を中心に世界のプロジェクトを認証する American Carbon Registry などが有名である。Climate Action Reserve は林業・家畜の管理，廃棄物処分，フロン破壊などのオフセットプロジェクトが多く，American Carbon Registry は森林，工業生産プロセスの改善，運輸・交通，フロン破壊などのオフセットプロジェクトが中心となっている。

　上記した VCS，Gold Standard，Climate Action Reserve，American Carbon Registry の発行するカーボンクレジットの多くは，国際民間航空のためのカーボンオフセット・削減スキーム（CORSIA）がカーボンクレジットとして航空事業会社の利用を容認している。CORSIA では，2019 年から国際航空事業会社に対して年間 CO_2 排出量を監視しそのデータを第 3 者によって検証・認証を受けること，本社拠点のある国への提出を義務づけている。各国は 2019 年からの排出量データを集めて ICAO の中央レジストリを通じて報告している。このデータをもとに参加国，事業会社そして CORSIA の排出削減パフォーマンスを評価している。2020 年以降の国際航空の総排出量を増加させないことを定めており，そのために CO_2 排出量を算出し，各運営会社の排出量に応じて排出枠が配分されているため，航空事業会社はベースラインを超える排出量についてカーボンクレジットを使ってもオフセットできる。2021 年から CORSIA の運用が開始しているが，カーボンオフセットプロジェクトの種類

など一定の条件の下での利用が認められている。CORSIA が容認するカーボンクレジットは，上述したカーボンクレジットの他に，CDM や中国のボランタリーカーボンクレジットなどがある。2030 年以降は各航空会社の CO_2 排出量を反映した排出枠の配分を行うことになっている。

カーボンクレジットの市場価格

　マンデートリークレジット市場の炭素価格は，正式には排出枠（排出権）の取引価格である。EU ETS がかなり高くなってきているが，ほかの市場では国・地域によって大きくばらつきがある。単位は CO_2 換算 1 トン当たりの金額で表示されている。マンデートリー市場では，たとえば，2022 年 6 月現在，EU ETS の炭素価格は 81 ユーロ（11,100 円），カリフォルニア州排出量取引制度の炭素価格は 32 ドル（4,060 円）となっている。EU は排出規制を強化していることから価格上昇につながっている。

　一方，ボランタリー市場では，大半の取引は取引所外で相対取引のため価格発見が難しいと考えられている。また取引市場があったとしてもカーボンクレジットの価格は取引市場によってもプロジェクトの種類や排出削減にかかるコストによってもまちまちである。炭素価格は，正確にはカーボンオフセットの価格であるが，プロジェクトのライフサイクルによっても異なっており，初期の段階の方が，カーボンクレジットの価格や条件は良くなることが指摘されている。またボランタリー市場の場合，調達リスクもあり実際に認証を受けてカーボンクレジットを受け取るまでに何年もかかることがある。一般的に，ボランタリー市場のカーボンクレジットは，マンデートリー市場で利用できなかったり，利用制限が適用されることもあるため，取引価格（炭素価格）は安くなる傾向がある。Carbon Credit によれば CORSIA 基準を満たす Verra や Climate Action Reserve などが発行する比較的質が高いとされるカーボンクレジット価格は 5 ドル（630 円程度），その他の Verra の農業・森林・土地利用などの自然ベースのカーボンクレジット価格は 10 ドル（1,270 円程度），Verra の CCS など技術ベースで後述するコア・カーボンクレジット原則にもとづくカーボンクレジット価格は 3 ドル（380 円程度）となっている。

カーボンクレジットの自主規制団体

　最近では，ボランタリークレジットを発行する際の基準や規制が欠如しているために，信頼できるクレジット市場の育成を目指して自主的に基準をつくる団体の動きもある。たとえば，世界の金融機関の業界団体である国際金融協会（Institute of International Finance）の下部組織に，マーク・カーニー氏が代表を務める自主的カーボンクレジット市場推進団体である「ボランタリー・カーボンマーケットの市場拡大に係るタスクフォース」（Taskforce on Scaling Voluntary Carbon Market）が2020年に設立されている。世界から200を超える企業・団体が参加している。2020年から市場育成を目指した提言を始めており，2021年に提言を最終化し「コア・カーボンクレジット原則」（Core Carbon Principles）を公表している。

　原則では，パリ協定目標の実現のためにはボランタリークレジット市場の発展が重要であるが，現在は相対取引が中心であるため市場を整備してクレジットの質を確保することでクレジット市場の拡大を目指すべきであると提言している。同原則の下で質の高いカーボンクレジットを発行して取引することや現物・先物市場のための基準契約書の導入など包括的な提案をしている。カーボンクレジットの評価基準としては，GHG排出削減の「追加性」があること，ベースラインの設定方法や算出方法，検証・認証，並びに監督などの仕組みが必要なほか，害を与えないためにステークホルダーとの協議やセーフガードの導入などを挙げている。また，たとえば炭素の回収・貯留（CCS）などでのリーケージ（漏洩）など炭素吸収の永続性の確認も重視する。またオフセットプロジェクトの種類によって，こうした追加性，永続性，リーケージ，害を与えないことなど評価において重視される項目が変わる点についても分類表により示している。前述したようにカーボンクレジットの計上が二重計上にならない仕組みの導入が不可欠であると指摘している。

カーボンクレジットの先物市場

　カーボンクレジットの先物市場について，世界最大の金融デリバティブ市場をもつ米国シカゴ・マーカンタイル取引所が，カーボンクレジットの先物商品を2020年から上場し取引を始めている。ボランタリー市場で前述のVeraの

認証をうけた民間の農業・林業・土地利用プロジェクト, 森林再生・管理プロジェクト, 気候コミュニティ＆生物多様性プロジェクト, CDM アプローチをつかった水力発電プロジェクトなどの認証クレジットの先物を上場している。2022年3月からは, 新たにオーストラリア取引所で取引されている現物のカーボンクレジットを先物商品として上場している。オーストラリア取引所で上場されているカーボンクレジットは Verra, Climate Action Reserve, American Carbon Registry の認証を得ており, かつ CORSIA で認められたカーボンクレジットのみを扱っている。これらのカーボンクレジットは, 前述のコア・カーボンクレジット原則に依拠しており, 3年先までのクレジットを取引できる。取引ブローカーとして米国とイギリスの6社が登録している。

　一方, 米国インターコンチネンタル取引所はマンデートリー市場で発行されるカーボンクレジットに焦点を当てており, 2005年から EU ETS 市場の排出枠（カーボンクレジット）の先物を上場している。2011年にはカリフォルニア州の排出量取引制度のカーボンクレジットの先物も上場している。

　さらに, マンデートリーカーボン市場のカーボンクレジットをミックスしたカーボン ETF（上場信託）も出現している。たとえば, 米国ニューヨークを拠点とする資産運用会社クレーネシェアーズ（KreneShares）が2021年にマンデートリークレジット市場のカーボンクレジットの先物をミックスした上場投信を組成している。EU ETS のカーボンクレジット（EUAs）, イギリスのカーボンクレジット（U.K. Allowance）, カリフォルニア州のカーボンクレジット（California Carbon Allowance）, そして米国北東部 RGGI のカーボンクレジット（Regional GHG Allowance）の先物が含まれている。企業, 金融機関, 個人投資家も購入することができ, 間接的にカーボンクレジット市場に投資することが可能になる。今後炭素価格が高まっていくと予想する投資家は今から購入しておくとキャピタルゲインが得られる可能性もある。

カーボンクレジット市場の未来

　2021年の11月の COP26 においてパリ協定の第6条の「市場メカニズム」について実施指針が合意されたことで, 世界の GHG 排出量を効率的に進めるために二国間のカーボンクレジットの取引が促進される可能性がある。また,

二国間・多国間のカーボンクレジットは CORSIA を通じた GHG 削減目的にも利用でき，カーボンクレジットの需要の拡大も期待できる。パリ協定第6条の市場メカニズムに関する実施ルールが明確化されたことで，さらにマンデートリーなクレジット市場が整備されることになり，世界で沢山のカーボンオフセットプロジェクトが開始されていくことが見込まれている。そうなると間接的に民間のボランタリークレジット市場の拡大や整備も進んでいくとの期待が高まっている。

　民間のカーボンクレジット市場の整備が進み，質の高いカーボンクレジットの取引市場を構築していくための整備づくりでも，国際協調が進むことが望ましい。また関連するさまざまな金融商品の開発も進むと見込まれる。米国がそうした金融イノベーションの中心にあるが，イギリスでも政府主導でボランタリークレジット市場の育成に積極的に関与し，ロンドン証券取引所もカーボンに関連するファンドの立ち上げを準備している（第4章を参照）。世界でもカーボンクレジットに関してさまざまな金融イノベーションが生まれていくであろう。

　またボランタリーカーボンクレジット市場の発展は企業が比較的低価格で排出削減を実現することを可能にするだけでなく，新しい経済活動，雇用，技術移転の機会ともなりうる。適切に運用されれば，コミュニティの環境・社会面でのベネフィットも大きいと考えられている。

第7章

中央銀行による気候変動対応と
グリーン金融政策

　地球温暖化が，将来のインフレや経済成長，金融システムの安定や金融市場に大きな影響を及ぼすことが明らかになってきている。このため，これまで地球温暖化問題は政府が対応すべきことであり，業務とは無関係だとして距離を置いてきた中央銀行も，気候変動が経済や金融に及ぼす影響について無視できなくなっている。中央銀行は政府が掲げたカーボンニュートラル目標とその実現のための気候政策をサポートする役割を果たすことが期待されている。第2章で指摘したように，多くの国・地域では炭素価格が低い水準で推移しているために金融市場ではミスプライシングが起きている。市場にまかせておくだけでは経済の脱炭素・低炭素がなかなか進まない状況が放置され物理的リスクが大きく上昇してしまいかねない。政府が野心的な気候政策に取り組んでいくとともに，中央銀行もできる限り金融機関に対して気候変動対応を促し，金融市場のミスプライシングの是正に貢献できるよう対応していくべきだという見解が，欧州だけでなく世界の多くの中央銀行の間で共有されつつある。第7章では金融政策や金融当局による気候変動に関する対応について概観する。

第1節　中央銀行による気候変動への関心の高まり

　これまで世界の多くの中央銀行は，経済全体にあまねく金融政策の効果を行き渡らせるために，できるだけ市場に対して中立的であるべきといった見解を重視してきた。とくに欧州中央銀行（ECB）やイングランド銀行などでは，

量的緩和政策の下での社債などの買い入れの際にそうした中立性原則を尊重し，たとえば市場規模に応じて資産買い入れを実施する方針を掲げてきた。しかし，気候変動の観点から見て市場でミスプライシングが起きているのにそれを放置すれば，政府の掲げるカーボンニュートラル目標の達成を遅らせることになりかねない。将来的には気候変動がもたらす経済・金融への打撃が大きくなるといった危機感が世界で共有され始めている（白井 2021b）。

　気候変動への中央銀行による対応において世界を大きくリードするのが欧州の中央銀行勢である。なかでも最も影響力を発揮してきたのがマーク・カーニー氏が当時総裁として率いてきたイングランド銀行である。カーニー氏は2015 年にロンドンの保険業界向けに歴史に残る講演を行い，大自然災害に伴う保険業界の損失が年々増大してきていることへ警鐘を鳴らしたのである。そして，気候変動によって財産，移住，政治的安定性，食料や水の安全保障がますますマイナスの影響を受けるようになってきており，金融システムの安定性を損なう恐れもあるとして，保険業界を含む金融セクターに対して気候変動へ対応するよう呼び掛けている。

大きな影響力をもつ気候変動リスクに係る金融当局ネットワーク（NGFS）

　中央銀行の気候変動対応についての基本的な考え方は，100 以上の中央銀行と金融当局が加盟する「気候変動リスクに係る金融当局ネットワーク」（NGFS）が策定するさまざまな報告書やガイドラインがベースとなっている。NGFS は 2017 年末に環境意識の高いフランス，イギリス，オランダの中央銀行などが主導して設立したネットワークである。創始メンバーには，ほかにドイツ，中国，シンガポール，メキシコの中央銀行とスウェーデンの金融当局を含めて全部で 8 組織が名を連ねている。現在では，日本銀行と金融庁，米国では連邦準備制度理事会（FRB）と銀行を監督する通貨監督庁（OCC）もメンバーとして参加している。事務局はフランスの中央銀行で，議長は 2022 年からシンガポールの金融管理局（中央銀行）総裁のラビ・メノン氏が就任している。シンガポール金融管理局は，ESG 投資やサステナブルファイナンスの発展に向けてアジアで活発な動きを示している。オブザーバーとして，IMF を始め複数の国際機関，国際決済銀行（BIS），バーゼル銀行監督委員会（BCBS），

金融安定理事会（Financial Stability Board）など 17 の国際的な組織が参加している。NGFS は，共通の金融規制をつくるというよりも，お互いに自発的に意見交換をしながら，監督対象の金融機関に対して気候変動リスクへの理解を深めてもらいリスク管理の改善を促していくこと，そのためのベストプラクティスを共有して自国・地域の実践において参考にしてもらうことを目的としている。同時に，カーボンニュートラル実現のために世界で必要な資金を動員するために，サステナブルファイナンス市場を育成していくことも目指している。

　NGFS の設立目的として，金融機関に対する監督において気候変動をどのように取り入れていくべきか，気候変動が金融システム全体に与える影響をどう評価するべきか，そして低炭素経済と整合的なファイナンス市場を拡充していく上での課題などを挙げて，検討していく方針を表明している。その後，NGFS はカーボンニュートラル実現のためには多額の投資とそのための資金の動員が必要であることから，中央銀行が金融機関や投資家に対して自ら ESG 投資のアプローチを模範として示していくことが重要であること，そのためにも中央銀行が保有する資産についても ESG 基準を取り入れるよう呼び掛けている。中央銀行が金融政策目的で保有する資産や信用政策についても環境などの基準を組み入れるなど，「グリーン金融政策」の可能性にも注目している。

　中央銀行・金融当局がとりうる気候変動対応については，図表 7 - 1 に示している。この中でも，気候変動リスクに対する金融安定化を維持するための気候プルーデンス政策とその一環としての気候シナリオ分析が中心になっている。そのほか，気候シナリオとも関係するが，中央銀行では，気候変動リスクを中央銀行のマクロ経済予測モデルに織り込んだ新しいモデルの開発が進められている。気候変動がどのような経路で家計・企業に影響を及ぼすのかなど金融政策の波及経路についての理解や，後述するように金融政策判断で要になる自然利子率への影響についての分析が進められていく必要がある。また，中央銀行の保有資産に対する ESG などサステナビリティ基準を組み入れた投資が注目されている。NGFS は最近では気候変動だけでなく生物多様性の喪失がもたらす金融リスクにも焦点を当て始めているが，本書では議論が進み実際の行動が採られつつある気候変動対応を中心に最近の動きを整理する。

図表7-1　中央銀行の気候変動対応

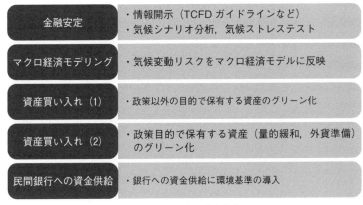

金融安定	・情報開示（TCFD ガイドラインなど） ・気候シナリオ分析，気候ストレステスト
マクロ経済モデリング	・気候変動リスクをマクロ経済モデルに反映
資産買い入れ（1）	・政策以外の目的で保有する資産のグリーン化
資産買い入れ（2）	・政策目的で保有する資産（量的緩和，外貨準備）のグリーン化
民間銀行への資金供給	・銀行への資金供給に環境基準の導入

出所：NGFS（2020d）（2021d）などをもとに筆者作成

第2節　中央銀行による気候変動対応①：気候プルーデンス政策

　NGFS は 2019 年 4 月に，最初の包括的な報告書を公表し，気候変動リスクは「金融リスクの一因である」ことを明確にした。そのうえで，「気候変動リスクに対して金融システムの強靭性を確実に高めていくことは，中央銀行と金融当局の権限内にある」との認識を示している。また，気候関連の金融リスクが，現在の資産評価に十分反映されていない，すなわち金融市場のミスプライシングが起きている点は大きなリスクであり，これを是正していくには世界の中央銀行・金融当局が結集して集団的なリーダーシップを発揮し協調行動をとっていくべきであると主張したのである。つまり金融市場のミスプライシングは大きな問題であり，それを是正していくには金融市場をそのまま放置するのではなく，政策的に対応を進めていくべきだと宣言したのである（NGFS 2019a）。

　そのためには，気候変動リスクを金融安定性を維持するための監視・監督体制に組み込むことや金融機関の投融資ポートフォリオの管理にサステナビリティの観点を反映させるよう促すほか，環境的に持続可能な経済活動を分類するタクソノミーの策定を支援することなどを提言している（第 4 章を参照）。

さらに，上場企業や金融機関に対して気候変動に関する国際的な TCFD ガイドラインに沿った情報開示を促している。TCFD の枠組みは，第3章でも説明しているように，ガバナンス，戦略，リスク管理，指標と目標の4項目から構成されている。この内の「指標と目標」について，たとえば金融機関が気候変動のリスクと機会を評価するよう促す方法として，投融資ポートフォリオに占めるグリーンボンドの割合，パリ協定目標と整合的な資産の割合などの情報開示を推奨することが有効であると提案している。以下では，中央銀行の気候変動対応として，気候変動リスクに関する金融安定を高めるための気候プルーデンス政策の考え方と実践について紹介する（図表7-1を参照）。

金融システムに対する気候シナリオ分析

　NGFS は，2020年6月に，「中央銀行と金融当局による金融機関に対する気候シナリオ分析ガイドライン」を初めて公表している。一般的に，欧米などの中央銀行・金融当局は，定期的に金融機関に対して2～3年先までの比較的短い期間について幾つかの極端なシナリオを想定してそのもとでの金融機関の自己資本の変化などを見て健全性を確認している。これはストレステストと呼ばれている。たとえば，米国の FRB と通貨監督庁による直近の 2022 年シナリオテストでは，2022年1～3月期から2025年1～3月期までの3年間について，GDP，物価，家計の可処分所得，失業率，住宅・商業不動産価格，株価と株価の変動，国債・社債の利回り，主要な外国・地域の経済指標データなどを用いて，極端に悪い経済状態のシナリオをあえて想定して，ベースライン対比で金融機関の財務健全性の変化を確認している。シナリオとしては，世界景気後退で国内住宅・商業不動産や社債市場に大きな負荷がかかり，米国の失業率の急上昇，実質 GDP の下落，インフレ率の低下などが発生すると想定する。

　こうした従来のストレステストに使う経済モデルの多くは，長期的な経済均衡に対する数年程度の短期的な経済の乖離，すなわち景気循環をベースにしたアプローチである。このため，気候変動リスクのように経済の構造的変化を起こし長期的な均衡自体に影響を及ぼすような分析には不向きであるというのが NGFS の結論である。しかも既存のストレステストでは観測期間が数年程度と短くて，気候変動のような長期の観測期間が必要な分析にはそぐわない。また

従来の分析モデルではエネルギーや農業システムの動向はほとんど反映されていない。

　気候シナリオ分析では，物理的リスクと移行リスクと経済の相互関係に焦点をあてた分析モデルが必要になる。従来使われている単純な経済成長モデルでは，気候変動の緩和のための気候政策とそれにともなう移行コストや気候政策が気候変動に及ぼす影響などの複雑な波及経路などを反映させることができない。ストレステストのためのモデルの開発には，これまでと異なる発想と分析手法の開発が必要になっている。こうした問題意識から，NGFS は気候シナリオ作成に取り組んできている。気候変動と経済・金融の関係についての将来予測には，大きな不確実性があるが，それでも中央銀行や金融当局にとって気候変動がマクロ経済へ及ぼす影響を暫定的に理解できるような仕組みがプルーデンス政策では必要になっている。その際にそうした共通のシナリオを NGFS が用意することができれば，各国・地域の中央銀行や金融当局はそれをもとに，独自の金融システムおよびマクロ経済への影響やリスクを評価する分析手法を開発していくことも可能になる（図表 7-1 を参照）。

　気候シナリオ分析と気候ストレステストの違いは，気候シナリオ分析がさまざまな気候シナリオの下での金融システムへの影響を見て気候変動リスクに対する中央銀行・金融当局および金融機関の理解を深めることを目的としているのに対して，気候ストレステストは金融機関の自己資本の変化までより踏み込んだ影響をみていくことを目的としている。後述する自己資本規制など金融規制による調整の可能性も視野に入れたアプローチである。

　気候シナリオは，将来に対する予測というよりも，「もし，A という状況であれば」という物理的リスクや移行リスクに関する仮定にもとづく複数のシナリオを用意して，そのもとでの経済や金融システムへ及ぼす影響やリスクを考えていく柔軟な枠組みである。そうしたシナリオ分析にもとづき，中央銀行や金融当局は，実践的なアドバイスをすることが可能になる。こうしたシナリオは中央銀行や金融当局だけでなく，民間の金融機関や企業が TCFD ガイドラインに沿って自社の気候シナリオ分析をする際にも有用である。後述する中央銀行が保有する資産ポートフォリオに対する評価分析でも用いることができる。

NGFS による気候シナリオ分析

　分析に用いる気候シナリオは，IPCC や IEA や有識者による複数のシナリオ分析があるが，それを中央銀行が利用しやすい形にし，さまざまな国・地域でも比較できるように工夫していく必要がある。さらに，各国・地域の特殊性に合わせて基本シナリオに対していくつか追加的な選択肢を入れてセミ・テイラーメイドにできることが望ましい。中央銀行と金融当局は，気候変動リスクが，幅広い経済・金融変数（GDP，インフレ，株価，債券価格，ローン評価価格など）に及ぼす影響を評価することに関心があるため，こうした問題意識からも，NGFS は気候シナリオ分析づくりに取り組んでいる。中央銀行や金融規制当局が利用できるようにひとつのシナリオについても，複数の分析モデルをつかって推計の不確実性を示している。シナリオごとに経済，物価，金利などへの影響について，世界全体および地域ごとでも示している。

　NGFS は，2020 年 6 月に最初の中央銀行・金融当局向けの気候シナリオとして 3 つのメインシナリオ（2℃を十分下回る経路に沿って円滑に移行するシナリオ，10 年遅延する移行シナリオ，現状維持シナリオ）とそのほかに 5 つのシナリオを提示している（NGFS 2020b）。併せて，金融システムに影響を及ぼす気候シナリオを整理し，提示した気候シナリオを中央銀行の金融政策と金融機関に対する監督業務に生かすための「ガイド」も公表している（2020c）。ガイドでは，そのための 4 つのステップを掲げている。第 1 ステップとして，各中央銀行・金融当局に対して金融機関向けの気候シナリオを用意し，それらをもとに自国・地域の金融機関と金融システムがそれぞれの気候シナリオの下でストレスに十分耐えられるかを評価するよう促している。さらに経済の構造的変化や中央銀行の投資ポートフォリオなどの評価にも適用すべきであると指摘している。第 2 ステップとして，各国・地域の中央銀行や金融当局が活用する気候シナリオ分析とは別に，NGFS は学識経験者などと共同でそのほかさまざまな参照シナリオを開発し，世界の色々な地域の実情に応じて気候シナリオ分析を利用できるようにする計画を示している。第 3 ステップとして，GDPや物価，株価や債券価格，銀行ローンの評価などの幅広い経済・金融変数に対する気候リスクの影響を評価する取り組みに着手するといった方向性を示している。最後に，第 4 ステップとして，中央銀行と金融当局に対して，気候シナ

リオ分析を実施した結果について，集計結果などを対外公表することを促している。外部に周知することは，金融機関の気候リスクへの認識を高めることにつながり，それにより自主的にリスク管理体制の改善が期待できるためと説明している。

NGFS は気候シナリオ分析モデルの改良を続けており，その翌年の 2021 年6 月には改定版を公表し，3 つのメインシナリオ（1.5℃すなわちカーボンニュートラルに沿って円滑に移行するシナリオ，10 年遅延する移行シナリオ，現状維持シナリオ）とともに，その他 3 つのシナリオを示している。第 1 章のカーボンニュートラルの世界で示した 3 つのメインシナリオはこれらをベースにしている（NGFS 2021a）。

2022 年夏までに気候シナリオ分析を更新する予定である。IPCC などの物理的リスクの分析ではまだそのリスクがどのように経済成長や物価安定に影響するのか十分連関性を明らかにすることができていない。NGFS ではそうした物理的リスクを経済モデルに反映させる作業が重要だと認識しており，2022 年夏の気候シナリオでは物理的リスクの物価やインフレへの影響をモデルに織り込んで，気候シナリオを更新することを計画している。

気候シナリオ分析のトップダウンとボトムアップのアプローチ

気候シナリオテストの目的は，気候変動がもたらすリスクを各金融機関に十分把握してもらい，投資対象先の脱炭素・低炭素化を促すことにある。NGFS は「気候シナリオ」分析と呼び，あえて「気候ストレステスト」とは呼んでいない。前述しているように，ストレステストは気候変動リスクに対する金融機関の自己資本の充足度などの算出に関連しており，金融規制と関係が深いからである。気候変動がもたらす金融安定を脅かすリスクとそのために必要な金融規制の調整について金融機関の理解を高めて抜本的なリスク管理の調整を促していくにはある程度時間がかかるため，まずは金融機関の理解を促す気候シナリオ分析に留めていると考えられる。気候ストレステストは，気候シナリオ分析の次のステップとして，気候変動が金融機関の財務と自己資本に及ぼす影響まで測定するため，世界で共通の自己資本規制が導入されるのにはまだかなり先になるとみられる。しかし，後述するように，ECB，イングランド銀行お

および中国人民銀行などでは，先行して自己資本規制に環境的要素を織りこんで実践することを検討している。

　NGFSが2021年10月に発表した中央銀行・金融当局への調査では，当局が通常業務に気候変動リスクを組み入れ始めているものの，気候変動以外の環境面での進展はまだ低いことを明らかにしている（NGFS 2021b）。ただし回答した当局の半分程度は，十分な人的・資金的配分を行って気候変動リスクに対応していること，6割程度がすでに気候リスク評価を実施済みか，実施する計画であると指摘している。このことから2019年以降の中央銀行と金融当局の取り組みは進展していると評価している。

　気候シナリオ分析には，トップダウン方式とボトムアップ方式がある。トップダウン方式では，中央銀行と金融当局が自ら金融機関の報告データやそのほかの経済・気候関連データなどをもとに気候変動の金融機関の財務への影響を推計する方法である。統一した枠組みで実施されるので，算出手法に一貫性があり金融機関の比較がしやすいという利点がある。ただし，気候変動リスクに対するリスク管理についてより意味のある評価をしていくには，さらに定性的な情報などの追加が必要になるケースが多い。一方，ボトムアップ方式では，規制当局が複数の気候シナリオを選択し，シナリオに用いる経済変数などを決めるが，主に大手金融機関に対して財務への影響を自ら算出することを要請する。金融機関が各シナリオのもとでどのように気候変動が自行の財務諸表に影響するのかについてある程度の裁量で定量的・定性的分析の実施を促していくアプローチである。金融機関による理解を深め，自発的な気候変動対応を促すことが期待できる。また金融機関がこうした作業をきっかけに，自主的に複数のシナリオを選択して企業内部でさらに独自の分析を深めていくことも期待されている。

気候プルーデンス政策で先行する欧州

　主要国の金融当局で構成される金融安定理事会は気候変動の金融リスクについて，「今後世界が強化すべきマクロ金融の課題である」と位置づけており，とるべき政策対応に関してロードマップを策定している。ロードマップでは，企業・金融機関の情報開示，データの収集，気候シナリオ分析による脆弱性の

分析，規制・監督枠組みなど 4 つの相互連関する分野を取り上げている。これをもとに，気候変動の金融リスクを評価し，対応を進めるべきという内容である。このロードマップについて，2021 年から G20 財務相・中央銀行総裁会議に働きかけており，今後は，G20 の多くの中央銀行と金融当局によって自国・地域の金融機関向けの監督ガイドラインが策定され，監督が実施されていくことになる。同じような議論は，金融安定理事会の傘下にある TCFD，NGFS，BCBS，保険監督者国際機構，IOSCO や複数の国際機関や民間の情報開示基準の策定組織でも行われている。このロードマップの策定には，国際サステナビリティ基準審議会（ISSB）も関わっており，気候変動リスクに対する金融機関への監督にかかるロードマップのコンセンサスづくりが進んでいる。

　気候変動課題に取り組む中央銀行・金融当局の中で，際立って積極的な動きをしているのがイングランド銀行である。カーニー総裁（当時）のリーダーシップの下で傘下の健全性規制機構（PRA）を通じて，早くから気候変動課題に取り組んでいる。2015 年には大手保険会社に対して，2018 年に大手銀行に対して，気候変動の物理的リスクと移行リスクなどが財務諸表に及ぼす影響などの分析を行っており，報告書を発表している。これらの経験をもとに，2019 年には大手銀行と保険会社に対して，中央銀行・規制当局としては世界で初めて監督上の声明文を公表し，金融機関の投融資行動が，彼らの将来の財務リスクにどう影響するのかについてもっと戦略的なアプローチをとるよう指示を出している。2020 年には金融機関の CEO 宛に書簡を公開し，気候関連の財務リスク管理のためのアプローチを 2021 年末までに整えるべきであるとし，そのためのより詳細なガイダンスを示している。

　2021 年 10 月には「気候適応報告書」を発表し，金融機関の気候変動リスク管理についての進展度を明らかにするとともに，気候変動が金融機関の財務や自己資本に及ぼす影響にも言及しており，2022 年以降に必要があれば自己資本規制の枠組みを強化するかを検討する考えを明記している（PRA 2021）。気候シナリオ分析については，2019 年に大手保険会社に実施した経験を踏まえて，2021 年に大手の銀行と保険会社の両方を対象に気候シナリオ分析の実施計画を発表している。NGFS の 3 つのシナリオをもとに物理的リスクと移行リスクに対する金融システムの強靱性を確認することが目的だと説明している。

気候シナリオ分析のボトムアップ方式による集計結果は2022年5月に公表している。具体的な数字は明らかにしていないが，現状維持シナリオの下では，物理的リスクの大きい地域のセクターや家計は銀行融資や保険へのアクセスが大きく減る可能性を指摘している。

　ECBについても，金融機関に対する気候変動対応で踏み込んだ計画を示している。2020年9月に監督対象の大手銀行に対して，気候変動の観点からの監督アプローチについてコンサルテーションを実施している。その結果を踏まえて，2020年10月に気候変動と環境問題の悪化に対して銀行の安全性と健全性を維持するために「リスクベースの監督アプローチ」（リスクが高いと認識される分野に集中して監督・監視を実施すること）をとる方針を表明している。気候変動の緩和政策は，選挙で選出された各加盟国の政府が責任をもって遂行すべきであると強調したうえで，金融機関が投融資ポートフォリオにおいて気候関連や環境リスクを反映させていくことが金融システムの強靭性を確保するために必須であり，それを監督プロセスを通じて確認していくべきであると強調している。そうした気候プルーデンス政策は，気候変動リスクのミスプライシングの是正にもつながり，カーボンニュートラル経済に向けて経済が効率的かつ円滑に移行していくことをサポートできる。また，現時点では銀行による情報開示やデータは乏しいため改善の必要があると指摘するとともに，金融機関は自行のビジネス活動が気候変動の見地から安全で十分リスク対応をしているのかをECBが今後策定していく監督方針に沿って自己評価すべきであると説明している。そのうえで，まず手始めに2022年から銀行のビジネス活動について監督上の評価をしていく計画を発表した。EUの関連当局とも協調し，NGFSの活動にも貢献していくと明言している。また別途，2022年前半にECBによるボトムアップ方式の「気候リスクストレステスト」を実施している。ストレステストと呼んでいるが，現段階では金融機関の自己資本の充足度を検証するものでなく，あくまでも銀行が直面する脆弱性，ベストプラクティス，銀行による気候変動リスク管理上の課題を洗い出すための学習的な実践に過ぎないと説明している。集計結果は2022年7月に公表される。

グリーン金融規制の動向

　気候変動リスクが金融システムの安定化に甚大な影響を及ぼすことが広く理解されるようになり，プルーデンス規制についての見直しを始める中央銀行・規制当局が見られつつある。金融規制とは，主に，BCBS が定める，銀行などの健全性を高めるための自己資本比率規制や流動性規制（流動性カバレッジ比率と安定調達比率）などを指している。この背景には，市民社会の働きかけも影響を及ぼしていると見られる。たとえば，Finance Watch は，ベルギーのブリュッセルに拠点をもつ環境・格差などの環境・社会的課題を金融の力によって解決を目指す欧州の NGO であるが，EU の欧州委員会に対して金融規制の見直しを提唱している（Finance Watch 2021）。現在の EU 規制の枠組みの下では，自己資本比率規制（リスク資産に対する自己資本の比率）について，企業への投融資に対するリスクウエイトは 20〜150％ となっているが，CO_2 排出の多い化石燃料企業の格付けが高いためにリスクウエイトが 20〜50％ と低くなっていると問題点を指摘する。そのため，化石燃料関連の投融資に対するリスクウエイトを 125％ へ引き上げ，新しい化石燃料採掘・生産に関連する投融資のリスクウエイトは 1250％ へ引き上げるべきと提案する。保険会社に対しても，健全性を測るソルベンシー・マージン比率において化石燃料資産への株式投資については最低自己資本要件の引き上げを主張している。

　イングランド銀行の傘下の PRA は前述したように，2021 年に「気候適応報告書」を発表し，気候プルーデンス政策の一環として自己資本比率について検討を続けており，現時点での見解を示している。結論としては，自己資本規制は，気候変動の「結果」として生じる損失に対する金融機関の対応力や健全性を高めるために活用できると評価している。このため GHG 排出量の多い資産をもつ金融機関に対しては多くの自己資本の確保を義務づけることが考えられるとしたうえで，金融システム全体の自己資本比率の妥当性や金融機関の間の連関などの検討がさらに必要だと付け加えている。その一方で，気候変動の「原因」への対処として自己資本規制を活用することには否定的な立場を明確にしている。その理由として，金融機関はさまざまな機会とコストの観点からどこに投融資するかなどの経営判断をしているので，よほど厳格な自己資本規制を導入しないと GHG 排出の多い活動を減らす効果が限定的になるからと説

明している。このことから，「原因」への対応については，政府の気候政策（排出規制やカーボンプライシングなど）でより効果的に対応できると強調している（PRA 2021）。気候変動の「結果」への対応とは気候変動への「適応」に対する金融規制を意味しており，「原因」への対応とはGHG排出削減など気候変動の「緩和」に対する金融規制に相当する。気候変動が進み金融機関の投融資ポートフォリオで損失が発生するリスクに対処するにはそうした資産に対する信用リスクウエイトなどを引き上げることで，金融機関の健全性を高めることができる。しかし，気候変動を緩和するためにGHGの排出削減を促していくには，政府の気候政策により企業・金融機関・個人の行動変容を促していく方が，効果が高いと明快な論理を展開している（PRA 2021）。

　同時に，適応報告書では，自己資本比率規制などに過度に依存することへの危険性も指摘している。その理由として，金融機関の活動に対する「グリーンの度合いや適合度」（Greeness）に関する現在の測定方法ではそれらの活動が直面する財務リスクを必ずしも十分反映できているとは限らないからである。このためPRAが監督指針として掲げる適切なリスクベースのアプローチと位置づけるには，まだ課題があると結論づけている。つまり自己資本比率規制は，金融機関の直面する気候関連のリスクの「結果」への対応を促すうえでは適切ではあるが，データやタクソノミーおよび情報開示の欠如やリスク評価手法の開発などまだ課題が多く，実践していくにはさらなる考察・分析が必要だとして，今後の計画を示している。

　これを踏まえて，イングランド銀行のアンドリュー・ベイリー総裁は2021年11月のUNFCCC第26回締約国会議（COP26）において，イギリスの金融機関はGHG排出量について開示が義務づけられ気候プルーデンス対応を進めていることを指摘したうえで，自己資本比率規制は金融機関が将来の気候変動からの損失を十分吸収するだけの自己資本の確保を促すうえで効果があり，金融機関の安全性と健全性の確保を通じて金融システムの安定化に貢献しうるとの見解を展開している。また，イングランド銀行がボトムアップで実践している金融機関への気候シナリオ分析では自己資本などの計測や調整を実施していないとしたうえで，将来的には気候変動リスクに脆弱な金融機関に対して自己資本の積み増しなどを要請するなど自己資本比率規制を適用していく意向を表

明している。ただし，資本規制は気候変動の「結果」に対する対応であり，「原因」への対応は金融機関と企業のカーボンニュートラルへの移行を促す国の政策によって行うべきで，それは政府の責任であると釘を刺している。

　ECB についても，前述した気候リスクストレステストとそれにもとづくレビューを踏まえて，銀行に対する自己資本比率規制に関する議論を始める方針を示している。まずはこのテストで，気候変動が，個別の銀行経営にどのような影響があるかを把握していく予定である。FSB は，ECB が現在検討しているアプローチは，銀行部門に適用している自己資本比率規制の下での既存のシステミックリスクバッファーを使って気候変動リスクへ対応することを検討しているのに対して，イギリスの PRA は自己資本比率自体の調整を検討しているといった違いがあると指摘している（FSB 2022）。ECB のメンバーであるフランス中央銀行総裁のフランソワ・ビルロワドガロー氏は，積極的にグリーン自己資本規制の導入を提唱している。2022 年 3 月に，気候変動リスクが金融市場において適切に評価されるようになれば，次の段階として規制当局が自己資本の積み増しを要請することもありうると指摘している。また銀行に対してカーボンニュートラルに向けた移行計画の作成を義務づけるべきで，排出削減目標と整合的でない銀行については重大な移行リスクに直面することになるため，自己資本の積み増しを行う可能性にも言及している。フランスは，ECB が 2022 年にボトムアップで域内の大手金融機関に実施している気候ストレステストは別に，2021 年にフランスの金融規制当局が主導して独自の気候ストレステストを行っている。また，こうしたストレステストを銀行と保険会社の両方に義務づけるべきだとも主張している（Villeroy de Galhau 2022）。2018 年に世界の中央銀行として初めて気候変動のストレステストを実施したオランダ中央銀行では，気候シナリオによっては民間銀行の自己資本比率が最大 4％ほど低下しうると試算している。

　新興国では，中国人民銀行やブラジルの中央銀行も自己資本規制などに環境基準をいれることを積極的に検討または実施している。グリーン自己資本規制などを導入していくには，低炭素（グリーン）な経済活動の定義やタクソノミーの共通化のほか，どのように気候変動の移行リスクと物理的リスクが金融機関の財務に影響を及ぼしうるのかに関して評価手法の開発・検討が必要にな

る。また金融機関に対する投融資ポートフォリオなどの GHG 排出削減についての算出方法を確立し，データの収集を第 3 者による検証・認証制度を整備するなどの基盤づくりが必要になる。将来的には，そうしたグリーンな活動に対する金融機関の投融資に対するリスクウエイトを引き下げ，気候変動リスクの高い投融資に対するリスクウエイトを引き上げるような自己資本規制の議論が世界の中央銀行・金融規制当局の間で活発に進んでいく可能性がある。

中央銀行自身の情報開示：世界をリードするイギリス

　イギリスや EU のように規制対象の金融機関に対して TCFD ガイドラインに沿った情報開示の義務化を進める国・地域も増えている。日本ではコーポレートガバナンス・コードにおいて東京証券取引所のプライム市場の上場企業に対して，上場規則として TCFD 提言などにもとづく質と量の情報開示の改善を求めている。こうした情報開示の動きを推進していくうえで，中央銀行が自らお手本となって TCFD ガイドラインにもとづいて気候変動の財務への影響について開示すべきであるとの見解を NGFS が表明している（NGFS 2021d）。これは政府が進める企業・金融機関に対する情報開示に関する基準や規制を，中央銀行としてサポートする活動でもある。

　NGFS の報告書では，TCFD ガイドラインをもとに中央銀行がガバナンス，戦略，リスク管理，評価と目標に沿って開示するための原則を示している（第 3 章を参照）。「ガバナンス」項目では，中央銀行業務は金融政策以外にも多岐にわたるがそのすべての業務に気候変動リスクを組み入れること，そして中央銀行の取締役会が気候変動リスクを把握しどのように対応しているのかを開示することと明記している。「戦略」については，中央銀行業務や金融政策を通じて金融システム，マクロ経済，そして中央銀行自身による気候変動に対する強靱性を高めていくことについての記述が中心になる。「リスク管理」では，具体的な業務におけるリスク管理方法を明記し，「評価・目標」については中央銀行業務からの GHG 排出量を測定し，排出量のカーボンニュートラル目標を設定することも考えられると指摘している。

　中央銀行による TCFD ガイドラインに沿った開示で，世界に先行するのがイングランド銀行である。中央銀行としては世界で初めて TCFD ガイドライ

ンに沿った詳細な開示を2020年から実施している。自らベストプラクティスを実践することで，世界の中央銀行・金融界の規範づくりを促す狙いもある。非常に興味深い点は，中央銀行が金融政策として買い入れた金融資産のGHG排出量について，TCFDガイドラインが推奨するGDP原単位ベースの加重平均の排出量をもとに算出し数値を公開している点にある。

　2021年6月に公表された第2回目の開示報告書によれば，保有する資産は総額8,950億ポンド（約144兆円）であるが，この内の約98％が国債，2％が投資適格社債である。国債についてはGDP100万ポンド当たり222tCO$_2$（トンCO$_2$換算）の排出量があると算出している。そして，この排出量は，参考値（G7の中央銀行が保有する資産の排出量384tCO$_2$換算）よりも40％も低いことを示し，イングランド銀行の保有する国債のGHG排出量が他の主要国よりも削減が進んでいると指摘している。保有する社債については，発行体の企業の排出量について，収益原単位ベースで251tCO$_2$換算になると発表している。そして，その排出量は，参照値（ポンド建て社債市場全体の排出量）と整合的であること，1年前よりも9％減っていることを挙げ，排出削減が進んでいることを強調している。

　もっとも，イングランド銀行はこうした算出方法やデータについては，中央銀行が保有する金融資産に対する気候変動の影響を評価するうえで部分的なアプローチに過ぎないとして，カーボンニュートラルと整合的な将来を見据えてこうした排出量をどのように削減していくのか予測を示していくことも重要だと認めている。毎年開示方法などを工夫していくと表明している。また，保有する社債については原単位ベースで2025年までに2020年対比で25％削減し，2050年までにカーボンニュートラル目標の実現を掲げている。

　もうひとつイングランド銀行が先駆的なのは，2020年に中央銀行業務で直接発生するGHG排出量（スコープ1）と電力購入で間接的に発生するGHG排出量（スコープ2），およびスコープ3に含まれる職員による出張などから発生する排出量については開示を始めていることである。これらの排出量の合計については，2016年から2030年の間に63％削減する目標も掲げており，この削減目標はパリ協定目標と整合的であると主張している。2021年6月には同排出目標を引き上げて，遅くとも2050年までにカーボンニュートラルの実現

を掲げている。

第3節　中央銀行による気候変動対応②：
　　　　気候マクロ経済モデリング

　中央銀行の金融政策運営では，さまざまな経済データやマクロ経済モデルによる経済予測や多数の統計分析などをもとに金融政策の判断を実施している。気候変動をマクロ経済モデルに統合させるのは非常にチャレンジングであるが，気候変動が金融システムやGDPや物価などにも影響を及ぼすことが明らかになっていることから，経済モデリングの開発に取り組んでいかなければならない（図表7-1を参照）。その際，気候変動が主要なマクロ経済変数にどのような影響を及ぼすのか，気候変動が金融政策の波及経路に及ぼす影響とはどのようなものなのか，中央銀行の伝統的な統計モデルでは気候変動を十分織り込むことができるのか，そして金融政策の枠組みの違いによって気候変動が波及経路に及ぼす影響は異なっているのかなど，複雑な課題に取り組んでいく必要がある。

　一般的に，中央銀行は3〜4年先のGDP成長率やインフレ率の見通しを示しており，その見通しのもとで毎回の金融政策決定会合において，次期会合までの金融政策判断をしている。気候変動はかなり長い期間をかけて経済に影響を及ぼしていくと予想されるが，それをどのように金融政策運営に取り込んでいくか考察を深めることが重要である（NGFS 2020d）。

　また，気候変動リスクのタイプに応じてインフレやGDPに及ぼす影響の時間軸が変わることへの理解も必要になる。たとえば，移行リスクは，大雑把に言えばカーボンプライシングが引き上げられる最初の10年ほどに集中する可能性があるが，物理的リスクはもっと長い時間をかけてその多くが2050年以降に顕在化してくると考えられている（第1章を参照）。気候変動の物理的リスクでも，慢性リスクと急性リスクがあり，それらがマクロ経済や物価など及ぼすに影響について区別する必要がある。

気候変動と自然利子率の関係

　NGFS が 2020 年に発表した「気候変動と金融政策」報告書では，GDP，個人消費，設備投資，生産性，雇用，賃金，貿易，為替レート，インフレ，インフレ予想（たとえば，家計・企業・エコノミストの 10 年先のインフレ予想）などについて気候変動が及ぼすと予想される潜在的な影響，方向性，不確実性の性質などを考察している（NGFS 2020d）。中央銀行による金融政策の判断においては「自然利子率」または「均衡利子率」が重要になる。自然利子率は，資金の需給を等しくさせる金利で，経済が完全雇用かつ設備の稼働率が高い状態にありインフレ率が低く安定している状態で成立する利子率と定義されている。中央銀行では自然利子率を推計し，それと実際の実質金利（政策金利からインフレ率を差し引いた金利）を比較して，現在の金融緩和が十分かどうかを判断することが多い。たとえば，自然利子率よりも実質金利が下回っている（上回っている）と金融政策スタンスは緩和的（引き締め的）と判断されることになる。景気後退期には，実質金利を自然利子率より下回る状態に誘導するように金融政策判断がなされる傾向がある。このため気候変動が自然利子率にどのような影響を及ぼすのかというテーマは，金融政策を考えるうえで非常に重要になる。

　同報告書では，あくまでも概念的な考察として，自然利子率に影響すると思われる経済指標（たとえば経済成長率，技術，貯蓄行動，リスクプレミアム，財政政策など）について，それぞれ想定される潜在的な影響の方向性を示している。たとえば，経済成長が自然利子率に及ぼす影響については，上下両方向の影響が起こりうると指摘している。その理由は，物理的リスクの顕在化により，労働供給量が減って経済成長を下押しすることで自然利子率は低下するが，気候変動で居住が困難な地域から移民が流入する国では労働供給量が増えて経済成長を高め自然利子率が上昇しうるからである。

　技術についても自然利子率への影響は，上下両方向が考えれる。気候変動がイノベーションを抑制し自然利子率を下押しする恐れもあるが，気候政策により再生可能エネルギーや水素燃料・CCU などの新しいイノベーションが生まれて自然利子率が上昇する可能性も見込まれるからである。

　その一方で，貯蓄行動やリスクプレミアムを通じた気候変動が自然利子率に

及ぼす影響の方向性は明確で，どちらも下押しされると予想されている。貯蓄行動については，経済の不確実性が高まることから予備的貯蓄が増える。しかも，（消費性向が高い）低所得者ほど気候変動への備えが乏しく打撃が大きいために格差が拡大するので，経済全体の消費が抑制されて貯蓄率が高まる。こうして貯蓄率が高まることで，自然利子率が低下すると考えられている。リスクプレミアムについては，不確実性が高くなると国債などの安全資産への需要が高まるので，国債のリスクプレミアムが低下するため，自然利子率は低下すると見込まれる。

　財政政策を通じた自然利子率への影響については，上昇していくと予想されている。その理由としては，GHG排出量を減らすための気候政策（緩和政策）あるいは大自然災害などへの予防対策（適応政策）のいずれによっても財政支出は拡大し公的債務が増えるため，自然利子率の上昇が見込まれる点を挙げている。以上のように，自然利子率は複数の要因によって影響を受けるため，経済モデルでの推計は容易ではないが，まずは気候変動の影響についてひとつひとつ理解し概念化を進めていくことが最初のステップとなる。

　こうしたプロセスを通じて，気候変動が金融政策の波及経路や金融政策運営にどのような影響を及ぼすのかについて中央銀行が理解を深め，分析の開発を進めていくことが期待されている。金融政策の波及経路については，たとえば気候変動が銀行の資産価値や銀行ローンの担保価値を低下させることで，家計・企業に対する銀行の貸出意欲が減退することも考えられる。そうなると，中央銀行が金利の引き下げによる金融緩和を実施したとしても消費や設備投資などの需要を喚起する効果が弱まってしまう可能性がある。

2021年に発表したECBによる金融政策の戦略的レビュー

　こうした問題意識をもとに，ECBは2021年7月に，「金融政策の戦略的レビュー」を発表し，気候変動はEUの優先課題であると強調し，EU条約と整合的に，中央銀行として金融政策運営に気候変動の観点を組み入れる行動計画を発表している。とくに，気候変動に関してマクロ経済モデリングの開発とそれによる分析能力を高めること，そのためにも金融機関からの情報開示を進めること，社債買い入れに環境基準を組み入れる金融政策も検討していくことな

どを挙げて，2024 年までに実践するための工程表を示している。2022 年から段階的に，気候変動の経済と金融システムへの影響，そして金融市場や銀行システムを通じて金融政策がどのように家計・企業に影響を及ぼしていくのかなど金融政策の波及経路についても分析可能な新しい気候変動の経済モデルを開発していくことを表明している。その一環として，2022 年に金融機関の投融資に関する GHG 排出量の開示やグリーン関連の金融商品に関する指標も開発していく方針を示している。

第 4 節　中央銀行による気候変動対応③：
　　　　資産の脱炭素・低炭素化

　カーボンニュートラル社会の実現のためには多額の投資とそのための資金の動員が必要である。このため，NGFS は中央銀行が金融機関や投資家に対して，自らお手本となり ESG 投資のアプローチを示すことが重要であるとして，自ら保有する資産について ESG 投資をするよう呼び掛けている。2019 年の報告書では，NGFS メンバーの中央銀行に対する調査結果を公表しており，それによれば 6 割の中央銀行が広範囲な ESG 投資を既に採用しており，16％が気候変動に焦点を当てた投資をしていることを明らかにしている（NGFS 2019b）。そして中央銀行の保有する資産管理方針の中に ESG 観点を統合するための，世界初の実践的なアプローチの概要を提示しており，実際の事例も挙げて提言を行っている。

中央銀行が保有する 4 つの資産タイプ
　中央銀行は，さまざまな金融資産のほか，中央銀行職員の年金基金運用資産や外貨準備を保有していることが多い。NGFS は，こうした資産の運用・管理についてサステナビリティ要素を組み入れることを率先して主導していくべきであると主張している。その目的で，中央銀行のポートフォリオをマンデート（目的）別に 4 つの資産に分類している。それらは，① 政策目的で保有する資産，② 政策以外の目的で保有する資産，③ 年金資産，④ 第 3 者機関に代わって運用する資産である。

　このうち，第1の政策目的で保有する資産については，中央銀行法などで金融政策の目的（マンデート）が決まっており，その下で金融資産を保有している。非伝統的な金融政策として，量的緩和などを実施する中央銀行の資産は膨張しているため，前述したイングランド銀行のように，保有する資産についてGHG排出量を算出していくことも重要になっている。金融政策目的で保有する資産については，先進国の場合は，量的緩和によって買い入れた資産が中心になっている。自国通貨建ての国債や高格付けの社債を保有することが多い。この他，米国のFRBはエージェンシー住宅ローン担保証券，ユーロ圏のECBはカバードボンド，日本銀行は社債やコマーシャルペーパーのほかに株式の上場投資信託や不動産投資信託なども保有している。また新興国・途上国の中央銀行では，為替レートの変動を緩和するために外国為替市場へ介入することが多い。主に自国の為替レートが増価しているときに，外国為替市場から外貨を購入し自国通貨を市場に供給して増価を抑えるための為替介入をすることが多い。この結果，多くの外貨建て資産を外貨準備として保有している。こうした資産は主に外国為替市場の介入につかう目的で保有しているため，一定の基準（信用力，流動性，リターンなど）を定めて保有する外貨資産構成を決めている。流動性を重視して，主要国の中央銀行への預金や国債を保有することが多く，このマンデートの範囲内で，環境などESGの観点から投資構成を変えることは可能であると，NGFSは主張している。

　第2の政策以外の目的で保有する資産については，幾つかの中央銀行は中央銀行業務の運営費（人件費，システム開発費，紙幣発行費用など）を捻出する目的で資産を保有している。中央銀行によってはある程度のリスクを許容してリターンを稼ぐ目的，あるいは自ら運用することで市場の動向を理解・把握する目的でも運用している。ただし，金融政策や為替政策に影響しないように運用の際には配慮が必要になる。第1の政策目的よりも幅広いリスク資産を運用している。掲げた運用目的を満たす範囲内でESG投資が可能である。

　第3の資産は，中央銀行職員の年金基金で，年金負債の性質や受託者責任の下で必要なリターンの水準によって運用する資産内容が決められている。第1と第2の資産に比べて，より幅広い種類の資産や外貨建て資産を運用することが多い。受託者責任を満たす限り，ESG投資の余地がある。長期志向の運用

になるので，短期の資産価格の変動についてはあまり注視していないため，ESG投資には適している。

　第4の資産は，第3者に代わって中央銀行が運用する資産である。中央銀行によっては地方政府のための外貨準備の運用や政府系ファンドを運用しているところもある。ECBの場合には，ユーロ圏の各加盟国の中央銀行が，ECBに代わって外貨準備を運用している。リターン，流動性，外国為替市場への介入などの目的があり，その目的の範囲内でESG投資ができると考えられている。

　以上の4つのタイプの資産を用いて，中央銀行がサステナブル投資を実践する場合，たとえば，気候変動リスクがそうした資産価値やリターンに及ぼすマイナスの影響を考慮して，そうしたリスクからポートフォリオを保護するために資産構成を変えていくことなどが予想される。中央銀行が資産構成を変えることがシグナルとなって，金融機関や投資家に影響を及ぼし，環境・社会的課題の解決に貢献することができるのであれば，そうした投資も理にかなっていると言えるのかもしれない。

政策目的以外の保有資産に対するサステナブル投資：積極的な欧州中銀勢

　以上の4つの資産のうち，主なものは政策目的で保有する資産と政策目的以外で保有する資産になる。前者については，後ほど扱うことにし，ここでは政策目的以外で保有する資産や年金資産に対する中央銀行の対応を見ていくことにする（図表7−1を参照）。近年，こうした資産の運用に環境基準などを導入または検討する中央銀行が増えている（白井 2021b）。

　フランス中央銀行は，2017年に設立されたNGFSの事務局を務めていることからも分かるように，環境意識の高い中央銀行として世界で認知されている。2018年からは中央銀行として世界で初めて，ファンドと年金資産のポートフォリオについて「責任投資アプローチ」を適用している。中央銀行が自ら金融市場に対してお手本をみせるべきとの意識から，積極的な投資行動を示している。その下で，ファンドが投資する株式についてはGHG排出量の多い企業への投資を排除しており，ESGのスコアをもとにスコアの高い企業への投資ウエイトを引き上げるなどの調整を実施している。年金資産の運用についても2022年末までにそうしたアプローチを採用する計画である。石炭関連から

の投資については遅くとも2024年までに売却（ダイベストメント）すると宣言しており，2018年以来，投資対象について石炭関連の売上高が20％を超える企業を除外しており，2021年にはこの閾値を2％へ引き下げている。石油関連資産についても，2024年までに石油関連からの売上高10％以上の企業およびガスからの売上高50％以上の企業は投資先から除外する予定である。

　フランスの中央銀行のビルロワドガロー総裁は，同中銀が自ら保有するファンドについてGHG排出量は現在世界平均気温の2℃程度と整合的であるとの試算を公表している。そのうえで，排出量を徐々に1.5℃まで下げていくよう保有資産構成を調整する意向を示している。そして政策目的以外の保有資産すべてについてこうした排出量を測定する仕組みを段階的に適用していく計画も示している（Villeroy de Galhau 2022）。

　オランダ中央銀行も，NGFSの創始メンバーとして環境意識の高い中央銀行である。2019年に中央銀行として初めて国連責任投資原則（PRI）に署名した点でも，画期的である。外貨資産や国内資産についてESG観点を既に組み入れている。さらに，クラスター爆弾，地雷，化学兵器，生物化学兵器，原子力兵器などの生産に関与する企業は，投資対象から排除している。最低限の倫理的基準として国連グローバルコンパクト原則をもとに，問題がある企業については投資対象から除外するネガティブ・スクリーニングを実践している。イタリアの中央銀行も自行の株式ファンドについてESG基準を適用することを決定している。

　フィンランド中央銀行も，オランダ銀行に追随して，同じ2019年にPRIに署名し自行の投資についてESG基準を反映させると宣言している。2021年に自行の投融資ポートフォリオについて遅くとも2050年までにカーボンニュートラルを達成する計画を発表し，そのためのロードマップと中間目標を策定したと発表している。投資要件として，これまでの流動性，安全性，リターンに加えて，新たに4番目の基準として「責任」を追加して，責任投資の観点からもポートフォリオ全体を見直していくと発表している。さまざまな資産の中で，まずは株式と債券について2050年削減目標と相いれないビジネスモデルをもつ企業への投資を減らし，2050年より前にカーボンニュートラルが達成できる見通しを示している。

　ユーロ圏全体のアプローチとしては，ECB とユーロ圏 19 カ国の中央銀行で構成する欧州中央銀行制度（ユーロシステム）は，2021 年 2 月に政策以外の目的で保有しているユーロ建てポートフォリオに関して，気候関連について持続的で責任ある投資原則についてユーロ圏共通のスタンスで対処していくことで合意している。この共通の投資方針により，中央銀行の保有する資産に対する気候変動リスクの情報開示と理解が促進されると期待されている。ユーロシステムは 2 年以内にこれらのポートフォリオについて，少なくとも TCFD ガイドラインなどとも整合的に気候関連の情報開示を開始することも目指している。ポートフォリオにおける GHG 排出量の測定やそれ以外のサステナブルで責任ある投資関連の評価基準についても現在準備を進めている。2023 年までに最初の開示を計画している。

　スウェーデンのリクスバンクが保有する自国通貨建て資産ポートフォリオは，国債，地方債，カバードボンド，社債，コマーシャルペーパーなどから構成されている。すでに社債などについては信用格付けだけでなく国際的な規範やサステナビリティの規範等の最低要件を適用して資産買い入れを進めてきている。ある種の規範にもとづくスクリーニングとネガティブ・スクリーニングに相当する投資手法だと思われる（第 2 章を参照）。

　スイス国立銀行については，2020 年に（政策目的で保有する資産に入るが）外貨準備の資産運用で，石炭採掘に関与している企業を運用ポートフォリオから除外するネガティブ・スクリーニングを発表している。スウェーデン中央銀行（リクスバンク）も，外貨準備資産として米国やドイツの債券のほかに，オーストラリアとカナダの連邦地方債なども保有している。2019 年から環境基準を導入し，同年末に排出量の多いカナダのアルバータ州とオーストラリアのクイーンズランドなどの地方債の売却に踏み切っている。

第 5 節　中央銀行による気候変動対応④：グリーン金融政策

　中央銀行は，中央銀行法によって金融政策の目的として物価安定というマンデートが与えられている。先進国の場合には，物価安定とは，2％程度のイン

フレ率を中長期的に実現することと解釈されている。このため中央銀行の取り組みは，物価安定のマンデートに抵触しない限り，気候変動に対応していくと考える中央銀行は増えている。このことは，経済全体に影響を及ぼす短期金利（政策金利）の調整などの従来型の金利政策を主要な金融政策手段として維持しながらも，一部の金融資産買い入れや銀行に対する長期資金供給などにおいて環境基準を導入することなどが考えられている（図表7-1を参照）。最近ではこうした金融政策手段についてはグリーン金融政策として注目されている（Shirai 2022）。

　金融政策運営への影響については，中央銀行の銀行に対する資金供給の際に受け入れる担保となる資産をどう評価するのか，および銀行への流動性供給の際にどのような割引率を適用するべきか，どのような資産を買い入れるべきか，資金供給の対象となる金融機関を気候変動の観点から限定すべきなのか，といった問題が関係している。たとえば，担保として中央銀行が受け入れる資産として，グリーンローンやグリーンボンドを通常のローンや債券よりも気候変動リスクの見地から安全だとみなして，担保の割引率を低くして優遇すべきなのかといった検討が必要になる。中央銀行が量的緩和政策によって保有する資産としては，グリーンな金融商品を優先すべきなのかといった論点も考えられる。中央銀行が銀行に資金供給をする際に，銀行のグリーンな投融資活動に対して低金利で融資を行うなどの優遇をすべきなのかを検討する中央銀行もある。さらに，中央銀行の準備預金制度などで金融機関が中央銀行に預ける当座預金に対して，中央銀行が利息を支払うことが多いが，そうした利率に対して環境対応を活発にしている銀行への利息を増やして優遇すべきかという観点もグリーン金融政策に含まれている。

社債買い入れで中立性原則を撤廃したイングランド銀行

　気候変動問題に対処するための量的緩和政策については，イギリスの動きが先行している。イギリス政府による積極的な気候変動への取り組みの一環として，2021年3月にリシ・スナック財務大臣がイングランド銀行総裁のアンドリュー・ベイリー氏に宛てた書簡の中で，金融政策運営のマンデートとして物価安定などのほかに，GHG排出量のネットゼロ社会へ向けた移行を追加して

おり，主要な中央銀行としては画期的な動きを示した。イングランド銀行は1998年のイングランド銀行法によって，金融政策の目的として，価格安定を維持すること，そしてそのうえで，政府の経済政策をサポートすることと明確化されている。2021年3月の財務大臣からの書簡では，金融政策の第一義的目的として2%のインフレ率の実現は維持しつつ，政府の経済政策についてより具体化し，「政府の目的は強い，持続的な，バランスのとれた経済成長を達成すること」と明記し，政府の気候政策への支援を明確に示したのである。

イングランド銀行はこの発表に対して，ただちに歓迎するとの声明文を出し，この新しいマンデートの下で2021年5月に社債買い入れについて具体的な原則を示した協議文書を公表している。そしてカーボンニュートラルへの移行と整合的でないと判断される企業が発行する社債を投資対象から除外する可能性を検討するとした。

つまり，社債買い入れについて物価安定の目標に抵触しない限り，従来の中立性原則を撤廃し，カーボンニュートラル達成に向けた企業行動の変容を促すために，環境規準を社債の買い入れに導入する方針を掲げたのである。具体的には，カーボンニュートラル目標との関係で，同じ業界の中で気候変動の観点でパフォーマンスの良い企業の社債をより多く買い入れる傾斜方式（ティルテイング），および段階的にその基準を強化して傾斜を強めていき，将来的には基準に満たない発行体の社債は対象から除外し売却の可能性も含む方式（エスカレーション）を組み合わせた方針である。ポジティブ・スクリーニング手法に近いアプローチと思われる。これにより，社債買い入れについては中立性原則から環境対応を重視する資産買い入れ方針へと完全に切り替えている。

イングランド銀行は，前述しているように保有する社債200億ポンド（約3兆円）について原単位排出量について，2025年までに25%削減，2050年までにカーボンニュートラルを実現する目標を抱えている。もっとも，2021年12月には資産買い入れを終了する予定になっていたため，償還が到来する債券の再投資が行われることになった。償還期限が到来した社債を再投資をする際にカーボンニュートラル目標を達成するために環境対応に努める企業が発行する社債をより多く買い入れるといった仕組みを，2021年11月から適用を始めている。前述の保有する社債全体としての排出量目標を満たすように，再投資す

る社債の構成を決めている。

　イングランド銀行が保有する社債総額はごくわずかである。それでも中央銀行が再投資について社債の買い入れ方針と実際の買い入れ行動を市場に対して示していくことで，社債市場や企業の行動に影響を十分及ぼすことができるとの見解に立っている。発電用の石炭採掘からの収益がある企業の社債を買い入れ対象から外すネガティブ・スクリーニングも実施している。石炭を消費する電力会社についても，排出削減対応がなされていない石炭火力発電所や再生エネルギーが占める電力の割合が 20％以上といった条件を満たさない社債も投資対象から除外する。またイギリス政府は 2021 年 9 月からグリーン国債を発行しており，今後も定期的に発行していく予定である。投資家のグリーン国債への需要が高いが，必要があればイングランド銀行の資産買い入れ対象も通常国債からグリーン国債に転換することもできるとしている。

　その後，イングランド銀行はインフレ率が急上昇していることから，2021年 12 月に利上げに転じており，社債については早くも 2022 年 2 月に再投資を停止し，2023 年末までにすべて売却することを決めている。国債についても再投資をやめて，政策金利が少なくとも 1％に到達すると売却を開始すると決めている。このため資産買い入れに関するグリーン金融政策は当面実施されないことになったとみられる。

社債買い入れに環境基準の組み入れを検討する ECB

　ECB は以前から域内で発行されているさまざまなグリーンボンドを量的緩和政策でも対象資産として購入しており，2021 年からはサステナビリティリンクボンドも買い入れ対象としている。しかし，中立性原則を維持して買い入れを進めてきたため，保有する社債には排出量の多い企業が発行する社債が多く含まれていることへの批判が高まっていた。そこで，2021 年 7 月に金融政策の戦略レビューを公表し，金融政策運営で気候変動を含めるための行動計画も公表し，社債買い入れについてはイングランド銀行のような環境基準の導入について傾斜方式の導入の検討に着手している。また社債買い入れに対象企業の情報開示を条件とすること，ECB が金融機関に資金供給をする際の担保要件として，たとえば割引率に環境基準の導入を検討していくとしている。社債

の発行体企業の GHG 排出量の情報開示については，スコープ 3 も含めた開示
や排出削減目標なども検討している。ECB は 2022 年 6 月に，資産買い入れを
2022 年 7 月 1 日に終了させ，7 月中に政策金利を現在のマイナス 0.5％からマ
イナス 0.25％へ引き上げる可能性を示唆している。ECB では再投資は比較的
長くつづけられていくと予想される。このためイングランド銀行と比べて，よ
り長くグリーン金融政策を実行していける可能性がある。

　ドイツの中央銀行（ブンデスバンク）のイエンス・ワイトマン総裁（当時）
は，気候変動を金融政策と関連させることについて，市場の歪みを是正し排出
を削減するのは中央銀行の責務ではないと発言し，中立性の撤廃に否定的な発
言を繰り返してきた。しかし，その後は，ECB が 2021 年 7 月に発表した金融
政策の戦略的レビューで金融政策として気候変動対応をしていくことに賛同し
ており，ブンデスバンクの消極的な立場も転換している。

　ほかの中央銀行についても，金融安定理事会を中心に気候変動のリスクをと
りこんだ金融機関への監督指針がつくられ実践されるようになれば，こうした
動きが進む可能性はある。気候変動が金融システムの安定に及ぼす構造的なリ
スクについてコンセンサスが形成されつつあり，中央銀行も金融政策において
可能な限りそうした気候変動リスクへのエクスポージャーを減らすことを検討
することへの期待が高まっていくかもしれない。気候変動リスクはこれまでの
金融機関や中央銀行の資産からの損失が限定的であるから問題はないとする評
価は妥当ではなく，将来を展望したフォワードルッキングな評価が大切になっ
ている。

環境に配慮した銀行への資金供給政策：中国人民銀行と日本銀行

　中国人民銀行は，グリーンボンドについて中国版タクソノミーの策定で世界
で存在感を高めており，EU ともタクソノミーについて協議を進めており互換
性などの検討が進む。こうした対応により，中国のグリーンボンド市場が大き
く成長している。また積極的にグリーン金融政策を展開しており，さまざまな
国際会議でも積極的に参加して発信をしており，後述するように，世界の評価
は相対的に高い。

　中国人民銀行は，主要国のように量的緩和を実施しているわけではないた

め，主として銀行に対してグリーン関連の情報開示や監督体制を強化すること
と，そして金融政策によって銀行にインセンティブを付与する複数の政策を組
み合わせて，総合的に脱炭素・低炭素化に向けた銀行の行動変容を促してい
る。欧州の中央銀行とは異なる信用政策を中心としたアプローチをもとに積極
的なグリーン金融政策を実践している。

　気候プルーデンス政策とも重なるが，中国人民銀行は 2018 年からグリーン
ファイナンス促進のために，大手銀行に対してグリーンローンの総資産に占め
る割合などの数値をもとにした銀行評価システムを導入している。四半期毎に
銀行に対して情報開示を要請し，グリーンローンのパフォーマンスを評価して
いる。その後，中国のグリーンボンド市場が急速に拡大したことから，2021
年 7 月からはグリーンボンドへの投資も含めた銀行の評価を始めている。さら
に，金融機関に対しては，融資するプロジェクトからの CO_2 排出量の測定を
促し，プロジェクトの気候変動リスクや環境リスクを評価する実証プログラム
も実施している。銀行に対しては預金準備制度のもとで預金利率に環境基準を
既に導入している。また，金融機関に対してグリーンファイナンス製品の開発
を促しており，グリーンローン，グリーンボンド，グリーン農業保険，クリー
ンエネルギー保険，グリーントラストなどさまざまな金融商品が開発されてい
る。銀行に対する自己資本規制についてもグリーン基準の組み入れを検討して
いる。

　金融政策としては，2020 年に中国人民銀行が銀行への資金供給をする際に
受け入れる担保として，グリーンローンを組み入れている。2021 年にはグリー
ンボンドも適格担保として認めている。さらに，2021 年 11 月からクリーンエ
ネルギー開発，省エネの改善，脱炭素・低炭素技術の開発などのプロジェクト
に融資する銀行に対して低利の資金供給制度を導入し，実践を始めている。こ
の制度の下では，商業銀行にはそうしたプロジェクトを実施する企業に対し
て，最優遇貸出金利（1 年物は 3.7%，5 年物は 4.6%）で貸し付けることが認
められており，しかもそうした融資額の 6 割に対して中国人民銀行が 1.75% の
低金利で銀行に資金を融通する仕組みである。銀行に対しては，融資先のプロ
ジェクトについて，第 3 者専門機関が検証した GHG 排出量データの開示を義
務づけている。この融資制度とは別に，同月に，中国人民銀行は，石炭クリー

ン・高効率利用を支援するために銀行に対して資金供給を実施している。石炭のクリーン生産・クリーン燃焼技術の運用など7つの関連分野を支援しており，これらの石炭関連のプロジェクトはエネルギー供給の安全保障と科学的に秩序立った炭素排出削減のために有益でもあると説明している。この制度も排出量などのデータと第3者による検証を義務づけている。

　日本銀行については，銀行に対して満期1年（無制限の借換が可能）で0％の利率で貸し付ける気候変動オペレーションを2021年12月から導入している。日本銀行では，2010年から環境・エネルギー事業を含む19項目を対象とした「成長基盤強化支援資金供給」を運営しており，ここでは満期を4年以内（0.1％の貸付利率）とする長期資金供給を行っている。この制度は2022年6月で終了としているため，この制度に代わる形で，2021年末から，原則1年というより短い満期ではあるが借り換えが可能であり，0％の低金利で2031年3月末まで国際原則などに沿ったグリーンローン，グリーンボンド，サステナビリティボンド，気候変動関連のサステナビリティリンクローンやボンド，トランジッションファイナンスなどの投融資額をもとに，それらの投融資残高に相当する金額を借り入れができる資金供給制度に転換している。この制度で融資を受ける金融機関はTCFDガイドラインや投融資の目標と実績の開示を行っていることが条件とされている。また金融機関はこの制度で借り入れた資金を中央銀行に預ける際にマイナス金利（0.1％）が適用されないといった優遇措置も受けられている。

　中国人民銀行と日本銀行はいずれも保有する外貨準備または外貨資産について2021年に環境基準を組み入れている。

第6節　グリーン中央銀行のランキング

　世界の中央銀行・金融当局のグリーン政策はどの程度進展しているのだろうか。ここでは，主要国の中央銀行および金融当局の気候変動関連の活動や貢献度について総合評価をしているグリーン中央銀行のランキングについて紹介する。カーボンニュートラル経済の実現に向けて，中央銀行・金融当局がとりう

る気候変動対応について全方面から評価しそれを数値化したうえで，ランキングを決定している。気候変動対応については中央銀行と金融規制当局が各々個別に対応している国や，中央銀行が金融規制業務も担っている国もある。ランキングでは，中央銀行と金融規制当局が個別に実践する場合は金融当局の果たしている活動も含めて公正に総合的な判断を行っている。

グリーンな中央銀行の総合評価

　イギリスのNPOであるPositiveMonyは「グリーン・セントラルバンキング・スコアボード」を2021年10月に発表し，G20の中央銀行・金融当局について気候変動対応とその影響度・貢献度を総合的に評価する世界初の試みを行っている。評価項目としては，「研究や発信力・行動力」，「金融政策」，「気候プルーデンス政策」，そして「自ら手本を示す先駆的な姿勢」の4つの観点から評価を実施している（PositiveMoney 2021）。重要なポイントをすべて網羅しており各国・地域の情報収集も行い，説得力ある興味深い分析枠組みを提示していると思われる。

　「研究や発信力・行動力」については中央銀行・金融当局が気候変動・環境リスクに関する研究論文・報告書を多数発表していること，総裁など中央銀行幹部による講演などで気候変動リスクをどのように中央銀行業務に組み入れていくか積極的に発信をして，多数の重要な国際会議・セミナーを主導しているかが重視されている。この点，フランス中央銀行は多数の興味深いグリーンファイナンスと環境リスクに関する講演を実施しているほか，会議・セミナーを主催し，影響力のある論文・報告書も発表しており，圧倒的に世界をリードしていると高い評価を下している。また，ECBとイングランド銀行についても気候変動について発信力・行動力が高いと指摘している。気候変動関連の市民・市場参加者の理解を促進し行動を促すよう発信を活発にしていること，中央銀行・金融当局が主導して金融機関・企業・市民などに対して教育の機会を提供していることなどが重視されている。またNGFSのメンバーとしての積極的な貢献も重視されている。NGFSのさまざまな作業グループに単にメンバーとして参加するだけでなくグループ議長を務めて他のメンバーをリードしていくこと，そうした作業グループが策定する研究報告書の準備段階で多大な

貢献をすることなどが重要だと認識されている。

　「金融政策」については，資産買い入れ，外貨準備，担保の枠組み，金融機関への資金供給，金利の設定，準備預金制度と預金利率などで，気候関連の観点を取り入れているのかを評価対象としている。また，財務省や財政当局との協調行動なども評価基準として考慮している。ECB 総裁のクリスティーヌ・ラガルド氏，オランダの中央銀行総裁のクラース・クノット氏，フランス中央銀行のビルロワドガロー氏が中心になって ECB が保有する社債について脱炭素化を図ることを主張してきており，リーダーシップを発揮していることも指摘している。気候変動の観点での中央銀行の担保の取り扱いについては，中国人民銀行がすでに実施済みであり，ECB は検討中であるが，ほかの中央銀行の取り組みが進んでいないと指摘している。

　「気候プルーデンス政策」については，金融機関に対する情報開示の促進や気候リスク分析・ストレステストの実施，自己資本規制や流動性規制などで環境基準の導入を検討・実践しているのかが考慮されている。気候変動のリスクの数量化には高い不確実性があるが，金融機関の情報開示や気候ストレステストを進めていくことで気候変動リスクの性質への理解，リスクが集中する地域・セクターの識別，金融機関がそうしたリスクの蓄積にどのようにかかわっているのかに関する理解が進むことが期待されている。フランス中央銀行の分析によれば，金融機関に対する気候関連情報開示を進めることにより化石燃料への投融資を大きく減らす効果があると指摘している（Mesonnier and Nguyen 2021）。実際，フランス中央銀行は 2016 年からそうした開示を義務づけている。また，イングランド銀行とニュージーランドの中央銀行については，政府とともに，世界に先駆けて，2020 年に気候変動関連の情報開示を銀行・企業の両方に義務づける計画を発表していると指摘している。

　「自ら手本を示す先駆的な姿勢」については，中央銀行自らが保有する資産ポートフォリオについて気候変動リスクを評価し情報開示をしていること，政策以外の目的で保有する資産に環境基準を取り入れていること，タクソノミーの策定を支援し，グリーンファイナンスやサステナブルファイナンスの発展に貢献していることなどが評価の基準となっている。タクソノミーはサステナブルな資産や投資を分類するうえで欠かせないが，タクソノミーの開発は中央銀

行よりも選挙で選ばれた政府が主導すべきであると指摘する。また，環境リスクやグリーンファイナンスに対する公共教育を実践しており，日々の中銀業務に環境方針を取り入れていることなども評価の対象としている。中央銀行が保有する資産に対する気候変動リスクの影響については，イングランド銀行やフランス中央銀行が既に実施している。またブラジルの中央銀行も検討していると指摘している。政策以外の目的で保有する資産については既に見てきたように，多くの中央銀行が取り組んでいる。イングランド銀行，イタリア中央銀行，ブラジルの中央銀行はさまざまなワークショップ，中央銀行職員への研修，市民への啓蒙活動などを実践している。環境の観点を中央銀行の日々の業務に反映させる点については，フランス中央銀行，オーストラリア中央銀行，カナダ中央銀行などが積極的に実践していると評価している。

　以上の4つの観点からそれぞれ影響度（インパクト）の大きさを推計して，スコアを付与している。中央銀行・金融当局がインパクトの高い政策を実戦していけば，金融市場や金融システムの資金の流れが改善し，気候危機の原因となっている経済活動（化石燃料の採掘，加工，流通など）からカーボンニュートラルを可能にする活動へと再配分が進む可能性が高いと強調している。

グリーン中央銀行として最も評価が高いフランス中央銀行

　全体としてG20のすべての中央銀行・金融当局に対する総合評価は現時点では低いため，すべての当局がさらに改善していく余地があるとの評価を下している。そうした中で，フランスの中央銀行が相対的に最も高い評価を得ている。次いで，第2位がブラジルの中央銀行，そして中国人民銀行が第3位にランクインしている。EUのECBはユーロ圏地域全体の中央銀行として第4位に，そしてイギリスのイングランド銀行は第5位をつけている。

　フランスの中央銀行は単体の評価として，ECBよりも高く評価されている。すでに見てきたように，早くから積極的に政策目的以外の金融資産のグリーン化に努めており，フランス中央銀行が保有するファンドについてGHG排出量や温度レーティング評価を使って評価・開示を率先して行っている。金融当局を通して定期的に金融機関に対して気候変動対応に関する化石燃料採掘・生産に関連する企業への投融資やデリバティブ取引を含めた定量的および定性的な

報告を義務づけている。何よりも NGFS の創始メンバーおよび事務局として，気候シナリオ分析の開発で中心的な役割を果たしている。ビルロワドガロー総裁を筆頭に，主要国の中央銀行・金融当局による気候変動対応を促すために積極的な発信も行っており，ECB の気候変動対応についても大きな影響力を及ぼしている。また，同総裁は，NGFS の気候シナリオ分析についての解説や今後の取り組みの方向性や問題意識などについても分かり易く講演などで発信している。EU が主導するタクソノミー，金融機関や企業に対する気候変動関連の情報開示の義務化，グリーンボンドスタンダードなどについても積極的にサポートを表明している（第4章を参照）。文句なく第1位の評価が妥当であると言えよう。

第2位の評価をうけるブラジルの中央銀行

　ブラジルの中央銀行の評価が高い点については，2008年からアマゾン地域の農村信用を申請する企業に対して融資をする際に，金融機関に環境基準を順守している証拠の提出を義務づけていること，2009年からはアマゾンやほかの環境的に問題のある地域における穀物生産拡大に関連する融資を制限していること，そして環境的に害のある活動に対する投融資を禁止している G20 では唯一の中央銀行であることなどを高い評価の理由として挙げている。さらに，ここ数年については，環境リスクの管理の一環として銀行対して自己資本の充実度に関する内部評価に環境基準を組み入れており，金融機関に環境・社会的責任方針を掲げて実践するよう促していることも評価されている。さらに金融政策として，銀行に対してグリーン関連の投融資を促すための資金供給制度を導入していること，および金融機関に対して気候シナリオ分析を実践していることなども挙げている。2023年からは大手と中堅の金融機関に対して，年に2回気候変動を含む環境と社会的なリスクへの投融資のエクスポージャーについて定量的・定性的に報告することを義務づけている。また，気候プルーデンス政策として環境基準を積極的に組み入れるようになっており，市民への啓蒙活動や教育も実践していることなどが評価されている。

高い評価をうける中国人民銀行

　中国人民銀行対する評価はかなり高く，2021 年初めの評価段階では第 1 位をつけていた。その理由として，1990 年代からグリーンイニシアチブを実践しており，環境保全のための銀行に対する信用政策を行っており，関連政府機関と協力してガイドラインも策定してきていること，グリーン金融政策としてグリーンローンやグリーンボンドを担保要件へ組み入れていることやグリーン活動をしている銀行への資金供給を拡充していることなどを指摘している。また銀行に対してグリーン金融活動の評価にもとづき成績の良い銀行に対して，中央銀行預金の付利（預金金利）を優遇するなどのインセンティブを付与していることも高く評価している。さまざまな気候プルーデンス政策で実行力を発揮していることや関連政府と協力しながらグリーンファイナンス市場を育成するためのガイドラインを策定し，中国版タクソノミーの策定も主導しており，グリーンファイナンス市場の発展に大きく貢献していることなどが指摘されている。また中国人民銀行は国際会議での発信も多く，NGFS の作業グループでもリードしており大きな貢献を果たしているとの評価を受けている。

　しかし 2021 年 10 月の評価段階で 1 位から 3 位へ転落させる判断がなされた

図表 7-2　中央銀行のグリーン度のランキング

順位	国名	総合評価点 （満点は 100 点）	評価
1	フランス	52	C
2	ブラジル	51	C
3	中国	50	C
4	EU	47	C-
5	イギリス	46	C-
6	イタリア	45	C-
7	ドイツ	44	C-
8	インドネシア	26	D
9	日本	25	D
10	インド	18	D-

出所：PositiveMoney のウェブサイトをもとに筆者作成

のは，政府による著しい電力不足対応への一環として，国内石炭・電力生産の利用を促すガイダンスを金融機関に対して実施したことを挙げている（電力不足問題については第5章を参照）。この点については今後改善の余地が大きいと指摘している。

グリーン金融政策についてのまとめ

　最後に，気候変動を重視する中央銀行が増える中で，現在の中央銀行界では，物価安定を金融政策のマンデートとして最優先しつつ，その範囲内で気候変動対策を積極的に実践していくという見解でコンセンサスがある。そのため主要政策手段である政策金利については，経済全体に満遍なく影響を及ぼす従来の方針を維持しながら，量的緩和や銀行への長めの資金供給に環境基準を適用する枠組みが採用されつつある。ただし，世界の中央銀行では量的緩和や長期の銀行資金供給を実践している中央銀行は少ないため，社債買い入れについてはイングランド銀行とECB，あるいは信用政策については中国人民銀行と日本銀行のような取り組みについては，他の中央銀行の間で大きな広がりをみせていくかは定かではない。

　中央銀行による気候変動対応については，気候プルーデンス政策，気候シナリオ分析の開発やボトムアップ方式での金融機関への気候シナリオ分析の実施要請などが中心となっていくと見られる。また，政策以外の目的で保有する資産に対する環境などのESG基準を組み入れること，あるいは外貨準備に環境基準やESGの観点を組み入れる動きは，今後さらに広まっていくと予想される。また多くの中央銀行はNGFSでの研究・議論を通じて気候のマクロ経済モデリングの開発を進めていくと見込まれる。

　今後，世界各国・地域で物理的リスクが顕在化し，今世紀末に向けて世界平均気温が3℃を超えて大きく上昇していく可能性もある。その過程において，生産活動や生活拠点が打撃を受けて経済成長率が大きく下押しされ，食料価格やコモディティ価格の高騰などによるインフレ率の上昇や，生産量・物価の変動が大きくなるスタグフレーションが発生し，金融システムの安定を損なうリスクが高まっていくかもしれない。中央銀行によるインフレ率，経済成長率，雇用などの見通しも大きな影響を受けることになる。また，その一方で，カー

ボンニュートラルの実現を目指した気候政策を実践していくと，一定の期間イ
ンフレを引き上げる可能性もある。たとえば，カーボンプライシングを導入す
ると，炭素価格を引き上げていく段階でインフレ率が上昇しグリーンインフレ
が生じる可能性がある（第1章を参照）。

　このように，将来的には，さまざまな気候変動や気候政策によって経済や物
価が大きく影響を受けるようになると考えられている。中央銀行は，こうした
気候変動のマクロ経済や物価安定へ及ぼす潜在的な影響について，どのように
考えていくべきか，どのように対応していくべきか，不断の考察が求められて
いる。将来的には，インフレ目標について現在の水準を維持するのか，どのよ
うに気候変動をインフレ目標に織り込むべきかなどの議論も活発化していくと
予想される。また，金融政策のマンデートの精緻化を含むより抜本的な金融政
策の見直しが必要となる時代も来るかもしれない。いずれにしても中央銀行は
世界が直面する気候変動に対して今から理解を深め，世界および国内で議論を
進めていくことが重要になる。従来の金融政策の枠組みや中立性原則にこだわ
り過ぎるのではなく，カーボンニュートラルを目指し，地球が直面するさまざ
まな課題に対して，柔軟な思考で，中央銀行としてどのように貢献ができるの
か考えて発信していくことが期待されている。

最後に　〜カーボンニュートラルを目指す日本〜

　日本は 2020 年 10 月に 2050 年までにカーボンニュートラルを実現すると宣言し，同年 12 月にはグリーン成長戦略を発表した。翌年 4 月の米国主催の気候変動サミットにおいてカーボンニュートラルと整合的な 2030 年目標として，（2013 年度に比べて）46％の削減を掲げている。カーボンニュートラル目標は，改正地球温暖化対策推進法によって法制化されており気候変動課題へ立ち向かう日本政府の強いコミットメントを示している。2021 年 6 月にはグリーン成長戦略を改訂し，成長が期待できる分野としてエネルギー関連（再生可能エネルギー，水素・アンモニア，次世代エネルギーなど），輸送・製造関連（蓄電池，半導体，炭素の有効活用など），家庭・オフィス関連（建物，電力管理，資源循環など）を含む 14 分野をとりあげ，今後の取り組みについて明確化している。

　日本の GHG 排出量は，2011 年の東日本大震災と福島原子力発電所事故により一旦は大きく増加したが，その後 2014 年から減少傾向にあり，2013 年から新型コロナ感染症危機前の 2019 年までに 14％の削減を果たしている。もっとも京都議定書の基準年である 1990 年度と比べれば GHG 排出量は 5％程度の削減に過ぎないため，排出削減を加速していく必要がある。日本は省エネ技術に優れており，太陽光発電や燃料電池を中心にグリーン関連の特許数も世界トップレベルであるため，それらの応用や商品化で国際競争力を高めていける可能性がある。熱エネルギーを取り込むヒートポンプの技術も優れていることから，製造業や建物のボイラーやヒートポンプの電化などをさらに進め，海外への支援でも貢献が期待されている。

カーボンニュートラルをどう実現していくか

　政府は 2021 年に「第 6 次エネルギー基本計画」において 2030 年 46％削減目標と整合的な電力エネルギーミックスを決定している。2019 年度実績と比べた 2030 年の電源構成では，再生可能エネルギーが 2019 年度の 18％から

36〜38%（それ以前の2030年目標を示した第5次計画では22〜24%）へ大きく引き上げられている。原子力については6%から20〜22%へ引き上げているが，2030年の比率は第5次計画と同じである。一方で，液化天然ガスは37%から20%（同，27%）へ，石炭は32%から19%（同，26%）へ引き下げている。石油についても7%から2%（同，3%）へと幾分引き下げている。原子力発電比率の上昇は，既存の原子炉をすべて再稼働しかつ高い稼働率の実現が前提となっている（橘川 2022）。予定通り再開されない場合には，液化天然ガスと再生可能エネルギーの比率をさらに増やしていく必要があると思われる。石炭火力発電については非効率石炭火力をフェーズアウトし，高効率石炭火力について CCS や CCUS の技術およびアンモニアとの混焼・専焼で GHG 排出量を削減していく計画である。これらの技術や実用化については国内外の専門家の間で意見に隔たりがあり，石炭火力の維持方針について国際的には厳しい見方もある。石炭火力の延命ととられないための長期戦略を示しつつ，火力発電所からの排出削減を可能にする水素・アンモニア燃料を使った技術開発は，日本でもアジアでも将来的には重要になるであろう。

　第6次エネルギー基本計画では，前回（第5次計画）時点よりも人口減少が進み経済成長率も緩やかになり，省エネも進むと仮定しているため，エネルギー需要とそれに必要な1次エネルギー供給見通しがその分だけ減少している。それにより，排出削減が以前より進むと想定されている。ただし，人口減少が進んでも人手不足対応のためのデジタル化や自動化，および産業での DX（デジタルトランスフォーメーション）化が進み，輸出もモノからデジタルサービスへと転換が進めば，電力需要がむしろ高まる可能性もあり，想定通りにエネルギー需要が減少していくかは日本の今後の経済成長戦略にも依存するため，議論の余地があるかもしれない。いずれにしても産業と運輸・交通ではこれまで以上に省エネと電化・EV 化を進めるとともに，電化が難しい鉄鋼・セメント・化学などの素材産業を中心に水素技術を使った製造方法や合成燃料などのイノベーションを促進していくことが見込まれる。GHG の大幅な削減にはグリーン水素とグリーンアンモニアの生産も重要になるため，それには再生可能エネルギーの大幅な供給拡大とともに，蓄電池の開発，スマートグリッドの拡充，分散型エネルギー資源のアグリケーション，EV の活用も進められ

るよう政策を推進していくことが期待されている。

サステナブルファイナンス市場育成のための包括的な戦略

　こうした技術開発と設備投資には，多額の官民資金が不可欠となる。岸田文雄首相は 2022 年 5 月初めのイギリスでの講演で，エネルギー分野に今後 10 年間で官民 150 兆円の投資を実現する方針を発表したことは評価できる。世界のESG 投資資金を呼び込むためには，気候政策について明確な時間軸をもった工程表とともに，必要投資総額と公的資金の負担額などの推計を公表して，政策の予見性を高めていくことが重要になるであろう。この点，第 4 章でも見てきたように，EU やイギリスのアプローチは参考になる。またイギリスのような独立組織によるカーボンニュートラルに向けた進展度の確認や政府に提言を行う組織があれば，カーボンニュートラルの実現に向けた強いメッセージを投資家に送ることができると思われる。

　世界の投資家の資金を動員していくには，サステナブルファイナンス市場の育成に向けた包括的な金融戦略を策定していくことも有益である。サステナブルファイナンス市場の発展をめぐり世界の競争は始まっている（本書の序，第 2 章，第 4〜6 章を参照）。とくにグリーンファイナンスについては，EU が策定するタクソノミー規則やそれにもとづく金融機関と企業の情報開示の義務化を含む包括的な「サステナブルファイナンス行動計画」がその内容の精緻さと実行力から見ても世界で大きく先行しており，日本も参考にできる。イギリスは，既存の国際金融センターの高い競争力を生かして「ネットゼロ金融センター」を掲げており，すぐ EU の後を追っている。中国も独自のアプローチを採用しつつも，部分的に EU タクソノミーを取り入れることで，急ピッチでグリーンファイナンス市場を発展させている。

　石炭火力発電への依存度が大きく気候変動に対する政策対応でも出遅れているアジア地域では，今後も世界で高い経済成長を実現していく地域になると予想されている。このためアジア地域での排出削減を支援するグリーンファイナンスやサステナブルファイナンスの市場を発展させることが急務となっており，日本が信頼できるグリーンファイナンス市場の育成に向けて着実に情報開示・法規制にもとづく基盤整備を進めていけば，アジアの国際金融センターと

して東京の存在感を一段と高め，アジアとの金融市場の連関を高めていく機会が到来するであろう。ESG 投資家の信頼を高めて日本に対する投資額を増やしていくためには，企業によるデータを含む情報開示を段階的に強化していくことが鍵となる。この点，2022 年 4 月からコーポレートガバナンス・コード改訂により，プライム市場の上場会社に対して TCFD 提言に沿った開示を促した点は最初のステップとして高く評価できる（第 3 章を参照）。段階的に，スタンダード市場やグロス市場にも適用し，企業への理解を促しつつ，将来的には義務づけを検討していくことも考えられる。

　グリーンボンドやサステナビリティボンドなどの発行は日本でも増えており市場が拡大している。またトランジションファイナンスとして，政府は GHG 排出削減の大幅削減が難しい産業における脱炭素化の移行期の取り組みを支援するために，国際的な気候トランジションファイナンスのガイドラインに沿った方針を掲げて，トランジションボンドやトランジションローンの拡大を促している。こうした金融商品について，カーボンニュートラル目標との整合性や貢献度（影響）を反映したタクソノミーの策定を組み入れていくと，世界の投資家の信頼感をいっそう高めることにつながっていくと思われる。実際，タクソノミーを策定する動きは世界で高まっており，韓国，シンガポール，マレーシア，ASEAN などが先行している。日本もタクソノミーを策定し，アジア諸国との互換性を高めるべくリーダーシップを発揮していけば，アジア域内での共通の枠組みにもとづく金融商品開発も進み，世界の資金がさらにアジア地域に流入する可能性がある。また第 7 章でもふれているように，自己資本規制などの金融規制に環境基準を組み入れる議論が，EU，イギリス，中国，ブラジルで始まっており，金融安定理事会（FSB）も気候変動リスクを金融規制に反映させる可能性に言及している（FSB 2022）。金融規制の議論においても環境的に持続可能な活動やトランジションな活動を示すタクソノミーの議論は関連してくるであろう。こうした観点や気候変動リスクが金融機関に及ぼす影響をどう評価するべきかといった世界的な議論に，日本も積極的に貢献できると期待している。

検討の余地があるグリーン国債の発行

　世界では多くの国がグリーンボンドを発行しており，2021 年には EU，韓国，イギリス，スペインが初めてグリーン国債の発行に踏み切っている。グリーンボンド市場をさらに発展させるためにも，国によるグリーンボンドの発行を検討していく余地があると思われる。気候変動の「緩和」のための公共投資だけでなく，大自然災害による被害が増えていることから，「適応」という観点から被害を少なくし自然災害の激化に対する強靭性を高める公共投資も重要になっている。グリーン国債については満期の異なるグリーン国債を発行することにより，グリーン利回り曲線を形成することができ，民間のグリーンボンドやグリーンローンのベンチマークとしてグリーンファイナンスの発展につながっていくと思われる。政府は 2022 年 6 月に GX 移行国債の発行計画を発表している。国際的なトレンドに沿って信頼できる発行基準が策定されれば，海外投資家の関心を集めるようになると思われる。

期待されるカーボンクレジット市場の育成

　UNFCCC 第 26 回締約国会議（COP26）においてパリ協定の市場メカニズムについての実施指針が明確化されたことで，今後，カーボンクレジット市場が世界で発展していくと見込まれる。日本では既に国が認証する J- クレジット制度や海外のオフセットプロジェクトを通じた二国間クレジット制度があるが，日本の GHG 排出削減目標との関係がやや分かりにくいという課題がある。また，EU，イギリス，中国，韓国，オーストラリア，ニュージーランドのような全国レベルのマンデートリーな排出量取引制度がないためカーボンクレジットを取引する市場があまり発達していない。政府は，ボランタリーな企業間のカーボンクレジットを取引する市場を目指して，2022 年 2 月に GX リーグ設立案を発表し，440 社の賛同企業と 2023 年度から開始する予定である。世界では，ボタンタリーなカーボンクレジット市場の健全な発展を目指して，コア・カーボンクレジット原則が既に策定されている。

　世界の焦点はカーボンクレジットの質の確保，取引の信頼性を高める制度（追加性の確認，検証・認証の仕組み，および監視・トラッキングのプロセスなど），および流動性の向上や金融商品の開発を促す活性化政策に焦点が移り

つつある。カーボンクレジット市場の目的は，企業の排出削減を促し，炭素価格を望ましい方向に引き上げていくことにある。この点，第4章でも指摘しているが，イギリス政府が排出削減を促進するボランタリーカーボンクレジット市場の育成を目指して，排出削減の追加性と科学的根拠にもとづくカーボンクレジットの確立を目指す戦略を掲げていることが注目される。日本についても，世界で信頼できるボランタリーなカーボンクレジット市場を育成していくことに貢献するとともに，より信頼性が高い全国レベルの排出量取引制度を導入する必要があるのかの議論を深め，カーボンニュートラルの実現を高めるためのリーダーシップを発揮していくことができると思われる。

　日本の企業は多くのすぐれた技術をもっており，既に大手企業による脱炭素・低炭素経済に向けたイノベーションが起きている。本書の序で示したように，カーボンニュートラルは，「政策」，「マネー」，「市民社会」が揃って初めて実現に向けた軌道に乗ることができる。このため，市民社会の理解やサポートも重要になっており，国民・企業の理解を促す教育・コミュニケーションのさらなる工夫もしていく必要があるであろう。カーボンニュートラル宣言によって，政府も企業も同一目標を目指して走り出した今，明確なビジョンと戦略について世界に向けて発信を続け，さらにDXとイノベーションをベースにした経済成長とカーボンニュートラルの両立を実現していけると期待している。

参考文献

Bolton, Patrick, Morgan Despres, Luiz Awazu Pereira Da Silva, Frédéric Samam, Romain Svartzman, 2020, "The Green Swan: Central Banking and Financial Stability in the Age of Climate Change" Bank for International Settlements.

Botta, Enrico and Tomasz Koźluk, 2014, "Measuring Environmental Policy Stringency in OECD Countries: A Composite Index Approach", OECD Economics Department Working Papers, No. 1177.

CDP, 2022, "Global Supply Chain Report Emerging the Chain: Driving Speed and Scale", February

Chen Si, Dounia Marbouh, Sherwood Moore, and Kris Stern, 2021, "Voluntary Carbon Offsets: An Empirical Market Survey", SSRN Papers, December 9.

Climate Action Trucker, 2021, Climate Action Trucker's Assessment of the European Union", September.

Climate Bonds Initiative, 2020, "2019 Green Bond Market Summary" February.

————, 2021, "Green Bond Pricing in the Primary Market: January-June 2021", September.

Climate Change Committee (気候変動委員会), 2020, "The Road to Net-Zero Finance", A Report Prepared by the Advisory Group on Finance for the UK's Climate Change Committee, Chaired and Authorized by Nick Robins, December.

Ember, 2021, "European Power Sector in 2021", January.

European Parliament, 2013, "Policy Briefing The Share Gas 'Revolution' in the United States: Global Implications, options for the EU", Directorate-General for External Policies Policy Department, April.

Finance Watch, 2021, "Letter to EU Policymakers to Close 'Climate-Finance Doom Loop' Through CRR, Solvency II Upgrades", Open Letter, May 4.

Financial Stability Board (FSB), 2022, "Supervisory and Regulatory Approaches to Climate-related Risks: Interim Report", April 29.

Fishman David and Jenney Zhang, 2021, "Measures to Accelerate and Deepen Power Sector Reforms Announced in China" China Watching Brief, The Lantau Group, October 15.

Forum for Sustainable and Responsible Investment (US SIF), 2020, "US SIFT Trends Report", November 16.

————, 2022, "Public Comments Overwhelmingly Support US Labor Department Proposal to Allow ESG Considerations in Retirement Plans", Blog, January 26.

Global Sustainable Investment Alliance (GSIA) "Global Sustainable Investment Review 2020".

InfluenceMap, 2021, "Climate Funds: Are they Paris Aligned? An Analysis of ESG and Climate-Themed Equity Fund", August.

Institute for Energy Economics and Financial Analysis (IEEFA), 2021, "Gas-Fired Power Plant Cancellations and Delays Signal Investor Anxiety", Changing Economics, November 18.

Intergovernmental Panel on Climate Change, 2018, Global Warming of 1.5℃. Geneva: Intergovernmental Panel on Climate Change.

International Carbon Action Partnership (ICAP), 2021a, "USA-Regional Greenhouse Gas Initiative",

November.

―――, 2021b, "USA=California Cap-and-Trade Program", November.

International Energy Agency (IEA), 2021a, Net Zero by 2050: A Roadmap for the Global Energy Sector, May

―――, 2021b, Tracking Report, November.

―――, 2021v, Coal 2021: Analysis and Forecast to 2024, December.

International Monetary Fund (IMF), 2020, World Economic Outlook, Chapter 3: Mitigating Climate Change, October.

―――, 2021a, "A Proposal to Scale Up Global Carbon Pricing", IMF Blog, June 18.

――― 2021b, Global Financial Stability Report, Chapter 3: Investment Funds: Fostering the Transition to a Green Economy, October.

――― 2022, "People's Republic of China 2021 Article IV Consultation—Press Release; Staff Report; and Statement by the Executive Director for the People's Republic of China", January.

International Organization of Securities Commissions (IOSCO), 2021, "Environmental, Social and Governance (ESG) Ratings and Data Products Providers Final Report", The Board of the International Organization of Securities Commissions, November.

Luyue Tan, 2022, "The First Year of China's National Carbon Market, Reviewed", China Dialogue, February 17.

London Stock Exchange (ロンドン証券取引所), 2022, "The Long Stock Exchange: Supporting Companies on the Road to Net Zero", February 24.

Mesonnier, Jean-Stephane and Benoit Nguyen, 2021, "Showing-Off Cleaner Hands: Mandatory Climate-Related Disclosure by Financial Institutions and the Financing of Fossil Energy", Banque de France Working Paper No. 800, January.

Network of Central Banks and Supervisors for Greening the Financial System (NGFS).2019a, "First Comprehensive Report «A Call for Action»", April 17.

―――. 2019b, "A Sustainable and Responsible Guide for Central Banks' Portfolio", October 17.

―――. 2020a, "Status Report on Financial Institutions' Experiences from Working with Green, Nongreen and Brown financial assets and a Potential Risk Differential", May 27.

―――. 2020b, "NGFS Climate Scenarios for Central Banks and Supervisors", June 24.

―――. 2020c, "Guide to Climate Scenario Analysis for Central Banks and Supervisors", June 24.

―――. 2020d, "Climate Change and Monetary Policy: Initial Takeaways", June 24.

―――. 2021a. "NGFS Climate Scenarios for Central Banks and Supervisors", June 7.

―――. 2021b, "Progress Report on the Guide for Supervisors", October 26.

―――. 2021c, "Climate-Related Litigation: Raising Awareness About a Growing Source of Risk", November 5.

―――. 2021d, "Guide on Climate-Related Disclosure for Central Banks", December 14.

Odell, Francesca, Ferdisha Snagg, and Clara Cibrario Assereto, Cleary Gottlieb Steen & Hamilton LLP, 2022, "The EU Taxonomy Traffic Light" Harvard Law School Forum on Corporate Governance, May 3.

Parry, Ian, Simon Black, and James Roaf, 2021, "A Proposal to Scale Up Global Carbon Pricing Among Large Emitters", International Monetary Fund Staff Climate Notes 2021/001 June.

Platform on Sustainable Finance (PSF), 2022a, "Final Report on Social taxonomy", February.

―――. 2022b, "The Extended Environmental Taxonomy: Final Report on Taxonomy Extension Options Supporting a Sustainable Transition", March.

PositiveMoney, 2021, "The Green Central Banking Scoreboard: How Green Are G20 Central Banks and Financial Supervisors?", March.

Principles for Responsible Investment (PRI). 2022, "Signatory Update: Oct-Dec. 2021".

Prudential Regulation Authority (PRA), 2021, "Climate-Related Financial Risk Management and the Role of Capital Requirements", Climate Change Adaption Report 2021, Bank of England, October 28.

Rives, Karin, 2021, "GOP Backlash Building Against SEC Climate Disclosure Rule", S&P Global Market Intelligence, December 29.

Science Based Target Initiative (SBTi), 2021a,「科学に基づく目標（SBT）要件と推奨事項，バージョン 5.0」，10 月。

――――, 2021b,「企業ネットゼロ基準 バージョン 1.0」，10 月。

Shirai, Sayuri, 2022, "Central Banks Lead the Way on Green Monetary Policy", Asia Pathways, Asian Development Bank, February 3.

United Nations Environment Programme Finance Initiative (UNEP FI), Principles for Responsible Investment (PRI) and Generation Foundation, 2021, "A Legal Framework For Impact–Project Partners", July.

United Nations - Department of Economic and Social Affairs (UN- DESA) and International Platform on Sustainable Finance (IPSF), 2021, "Improving Compatibility of Approaches to Identify, Verify and Align Investments to Sustainability Goals", Input Paper for the G20 Sustainable Finance Working Group, September.

U.S. Energy Information Administration（米国エネルギー情報局），2022, Annual Energy Outlook 2022, March 3.

US SIF, 2020, "Report on US Sustainable and Impact Investing Trends 2020", November.

Villeroy de Galhau, Francois, 2022, "7th Annual Sustainability Week: Europe in Motion for Climate Transition: Snapshot, Vide and Scenario of the Risks", Speech by the Governor of the Banque de France, London, March 22.

Z/Yen Group, 2021, Global Green Finance Index 8", October.

World Economic Forum (WEF), 2021, Global Gender Gap Report.

World Wildlife Fund (WWF), 2021, "Can Debt Capital Markets Save the Planet?", September.

橘川武郎，2022,「カーボンニュートラルと第 6 次エネルギー基本計画の問題点」世界経済評論 3・4 月号，Vol.66, No.2, pp.15-22.

小林哲也，2020,「中国における新エネルギー車市場の拡大に関する考察」機械振興協会経済研究所 小論文 No.9, 3 月。

経済産業省，2014,「持続的成長への競争力とインセンティブ～企業と投資家の望ましい関係構築～ プロジェクト（伊藤レポート）最終報告書」2014 年 8 月。

――――，2021, 第 1 回 サステナブルな企業価値創造のための長期経営・長期投資に資する対話研究会（SX 研究会），資料 5：事務局説明資料。

日本エネルギー経済研究所，2021,「令和 2 年度 2 国間クレジット取得などのためのインフラ事業整 備調査事業　市場メカニズム交渉等に係る国際動向調査報告書」3 月。

日本貿易振興機構（ジェトロ），2021a,「中国の気候変動対策と産業・企業の対応」海外調査部・北 京事務所，5 月。

――――，2021b,「米国の自動車環境規制をめぐる動向」海外調査部・ニューヨーク事務所，7 月。

白井さゆり，2021a,「環境政策とエンゲージメント」野村サステナビリティクォータリー，2021 Vol.2-1 Winter, Global Trends.

―――――, 2021b,「気候変動対策と金融：中銀脱炭素に積極関与を」日本経済新聞，経済教室，9 月 17 日。

―――――, 2021c,「脱炭素・サステナブル経済への移行を支える金融市場」金融・資本市場リサーチ，第 4 号，リレーエッセイ，11 月。

―――――, 2022,「カーボンプライシングはどうすれば実現できるのか」環境金融研究機構（RIEF），環境金融ブログ，2022 年 1 月 25 日掲載。

竹原美佳，2022,「中国のエネルギー機器と低炭素化への動き」世界経済評論，2022 年 3 月 4 月号，pp.45-52。

藤田勉，2022,「ボード 3.0 と日本のガバナンス改革への示唆」金融・資本市場リサーチ，2022 年春号，pp.113-128。

索　引

著者略歴

白井さゆり（しらいさゆり）

慶應義塾大学総合政策学部教授。アジア開発銀行研究所の Visiting Fellow を兼任し，途上国の環境・気候変動とファイナンスに関する政策分析と G7 に向けた政策提言に関与。野村サステナビリティ研究センターのアドバイザーおよび日清オイリオグループのアドバイザーも兼任。2020-21 年イギリス系の ESG エンゲージメント専門会社 EOS at Federated Hermes の上級顧問として企業や政府とのエンゲージメントを実施し，海外投資家との議論にも参加。2016-20 年アジア開発銀行研究所客員研究員として金融政策や中央銀行デジタル通貨について分析し多くの国際会議で講演と議論を実施。2011-16 年日本銀行政策委員会審議委員として金融政策に関与。2007-08 パリ政治学院客員教授。元 IMF エコノミスト。コロンビア大学大学院・経済学研究科博士課程修了　経済学博士（Ph.D）。

米国，欧州，アジアなど世界の数多くの国際会議で講演を行い，討論会のパネリストとして議論に参加し，中央銀行，国際機関，政府機関，金融機関などと率直な意見交換を実施している。海外の有力な経済 TV 番組や新聞を始めとする多数のメディアから日本経済や世界の金融政策についてインタビューや取材を受けている。国内の多数のメディアからも日本と世界のマクロ経済の動向，国際金融，金融政策，ESG 投資，ESG 経営，気候政策についてインタビューや取材などを受けており解説・コメントを行っている。

最近の著作としては，"Growing Central Banking Challenges in the World and Japan: Low Inflation, Monetary Policy, and Digital Currency"（Asian Development Bank Institute, 2020 年 2 月），"Central Bank Digital Currency and Fintech in Asia"（共同編集書，Asian Development Bank Institute, 2019 年），『仮想通貨時代を生き抜くためのお金の教科書』（小学館，2019 年），『東京五輪後の日本経済』（小学館，2017 年），『超金融緩和からの脱却』（日本経済新聞社，2017 年）などがある。

カーボンニュートラルをめぐる世界の潮流
—政策・マネー・市民社会—

2022 年 7 月 1 日　第 1 版第 1 刷発行　　　　　　　　　検印省略

著　者　白　井　さゆり

発行者　前　野　　　隆

発行所　株式会社　文　眞　堂

東京都新宿区早稲田鶴巻町 533
電　話 03（3202）8480
ＦＡＸ 03（3203）2638
http://www.bunshin-do.co.jp
〒162-0041 振替00120-2-96437

製作・モリモト印刷
©2022
定価はカバー裏に表示してあります
ISBN978-4-8309-5187-9 C3033